苜蓿
MUXU
GAOXIAO ZHONGZHI JISHU

高效种植技术

◎ 杨青川 等 著

中国农业科学技术出版社

图书在版编目（CIP）数据

苜蓿高效种植技术 / 杨青川等著. --北京：中国农业科学技术出版社，2023.12
ISBN 978-7-5116-6586-7

I . ①苜… II . ①杨… III . ①紫花苜蓿—栽培技术 IV . ① S551

中国国家版本馆 CIP 数据核字（2023）第 224708 号

责任编辑 施睿佳
责任校对 王 彦
责任印制 姜义伟 王思文

出 版 者 中国农业科学技术出版社
　　　　　北京市中关村南大街 12 号　　　邮编：100081
电　　话 （010）82105169（编辑室）（010）82106624（发行部）
　　　　　（010）82109709（读者服务部）
网　　址 https://castp.caas.cn
经 销 者 各地新华书店
印 刷 者 北京中科印刷有限公司
开　　本 210 mm × 297 mm　1/16
印　　张 12.75
字　　数 350 千字
版　　次 2023 年 12 月第 1 版　2023 年 12 月第 1 次印刷
定　　价 50.00 元

序　言

　　牧草是发展畜牧业的重要物质基础,据统计,全世界60%以上的畜产品由牧草转化而来。紫花苜蓿堪称"牧草之王",是一种多年生豆科植物,起源于小亚细亚、外高加索等高地。通常所说的"苜蓿"是指紫花苜蓿。公元前138年和公元前119年,汉武帝两次派遣张骞出使西域,第二次出使西域时,从乌孙(今伊犁河南岸)带回有名的大宛马及苜蓿种子。苜蓿种子引入后在长安(西安的古称)种植,以后不断扩展,现遍布于全国许多地区。东自渤海之滨,西自天山脚下,北起黑河沿岸,南自云贵高原,甚至在"世界屋脊"的西藏,都有苜蓿种植。

　　截至2020年年底,我国苜蓿保留面积为3 310万亩,已形成河西走廊、河套灌区及滩区、黄淮海平原、科尔沁沙地、黄土高原等优质苜蓿大面积集中连片种植区域。但受耕地紧缺、水资源匮乏等因素制约,当前我国苜蓿种植区域呈现西部和北方较多、东部和南方偏少的特点。我国主要商品草包括苜蓿干草捆、苜蓿青贮,以及少量草颗粒和草粉等,草产品总产量及质量仍不能满足奶牛等草食动物产业发展的需要,还有较大的提升空间。

　　2022年,我国苜蓿草进口数量为178.86万t,创历史最高;平均到岸价为518美元/t,同比上涨35.6%。2022年,我国苜蓿种子进口量为1 600 t,同比减少69.2%。在消费者对乳制品强劲需求的推动下,我国的乳制品行业正处于快速扩张和牛群规模增加的阶段。当前我国城乡居民草食畜产品消费处在较低水平,2020年,我国人均牛肉和奶类消费量分别为6.3 kg、38.2 kg,只有世界平均水平的69%、33%,未来还有不小增长空间。要确保牛羊肉和奶源自给率分别保持在85%左右和70%以上的目标,对苜蓿等优质饲草的需求总量将超过1.2亿t,而我国尚有近5 000万t的缺口,饲草产业市场前景广阔。

　　在我国苜蓿产业快速发展的背景下,中国农业科学院北京畜牧兽医研究所组织中国农业大学、甘肃农业大学、内蒙古农业大学、河南农业大学、兰州大学、吉林省农业科学院、中国农业科学院草原研究所、新疆农业大学等科研院所,承担了国家行业(农业)科研专项"苜蓿高效种植技术研究与示范",在不同区域开展了适宜苜蓿品种筛选、种植密度技术、测土配方施肥技术、苜蓿收获品质调控技术等方面的研究,经过5年的协同攻关,项目已经完成。为了使种植企业、农民更了解苜蓿高效种植与应用技术,作者组织相关专家参阅了本项目研究成果及国内外最新研究进展撰写了此书。本书具有较高的实用价值,可供从事苜蓿生产与管理的技术人员及有关专业的科研院所的师生参考,也可供土壤治理及饲草爱好者参考应用。

　　由于成书时间较紧,书中难免有疏漏之处,欢迎广大读者提出宝贵意见,以便再版时修改完善。

著者

2023年9月

目　录

第一章

苜 蓿 品 种

第一节 育成苜蓿品种

截至 2023 年，我国审定登记苜蓿品种共 120 个，其中育成品种 58 个、地方品种 22 个、野生栽培品种 5 个、引进品种 35 个，分别占审定登记品种的 48.3%、18.3%、4.2%、29.2%。育成品种类型包括耐盐碱品种、抗寒品种、抗旱品种、高产品种、优质品种、抗病虫品种等。近年来，我国苜蓿育种已实现从专门针对某一抗性到多种抗性、从单纯注重产量到产量与品质并重的转变，如耐盐高产中苜 5 号、优质高产中苜 4 号、耐寒高产公农 4 号、抗虫抗旱抗寒高产草原 4 号、抗病抗寒高产新牧 4 号、多叶高产中天 2 号、抗虫高产甘农 5 号等。

从育成苜蓿品种单位来看，中国农业科学院北京畜牧兽医研究所、甘肃农业大学、吉林省农业科学院、黑龙江省农业科学院畜牧兽医分院、内蒙古农业大学、新疆农业大学、中国农业科学院兰州畜牧与兽药研究所等 7 家单位共育成苜蓿品种 44 个，占育成品种总数的 75.9%。其余 12 家单位育成品种 14 个（表 1.1）。

表 1.1　我国苜蓿育种单位及育成品种

序号	单位	数量	品种名称
1	中国农业科学院北京畜牧兽医研究所	10	中苜 1 号、中苜 2 号、中苜 3 号、中苜 4 号、中苜 5 号、中苜 6 号、中苜 7 号、中苜 8 号、中苜 9 号、中苜 10 号
2	甘肃农业大学	9	甘农 1 号、甘农 2 号、甘农 3 号、甘农 4 号、甘农 5 号、甘农 6 号、甘农 7 号、甘农 9 号、甘农 12 号
3	吉林省农业科学院	7	公农 1 号、公农 2 号、公农 3 号、公农 4 号、公农 5 号、公农 6 号、吉杂 1 号
4	黑龙江省农业科学院畜牧兽医分院	5	龙牧 801、龙牧 803、龙牧 806、龙牧 808、龙牧 809
5	中国农业科学院兰州畜牧与兽药研究所	5	中兰 1 号、中兰 2 号、中天 1 号、中天 2 号、中天 3 号
6	内蒙古农业大学	4	草原 1 号、草原 2 号、草原 3 号、草原 4 号
7	新疆农业大学	4	新牧 1 号、新牧 2 号、新牧 3 号、新牧 4 号
8	东北师范大学	2	东苜 1 号、东苜 2 号
9	内蒙古图牧吉草地研究所	2	图牧 1 号、图牧 2 号

（续表）

序号	单位	数量	品种名称
10	东北农业大学、中国农业科学院草原研究所、克劳沃（北京）生态科技有限公司、西南大学、凉山彝族自治州畜牧兽医科学研究所、赤峰草原工作站、北京林业大学、扬州大学、中国农业科学院农业资源与农业区划研究所、黑龙江省农业科学院草业研究所	10	东农 1 号、中草 3 号、沃苜 1 号、渝苜 1 号、凉苜 1 号、赤草 1 号、北林 201、淮扬 4 号、中育 1 号、龙菁 1 号
	合计	58	

第二节　苜蓿品种介绍

一、黄淮海平原推荐种植品种

1. 中苜 2 号紫花苜蓿

登记时间：2003 年。

品种来源：以 101 份国内外苜蓿品种、种质资源为原始材料，选择没有明显主根、分枝根或侧根强大、叶片大、分枝多、植株较高的优株相互杂交，完成第一次混合选择，而后又对其进行三代混合选择育成。

植物学特征：豆科苜蓿属多年生草本。无明显主根，侧根发达的植株占 30% 以上。株型直立，株高 80 ～ 110 cm，分枝较大，叶色深绿，叶片较大。总状花序，花浅紫色到紫色。荚果螺旋形，2 ～ 4 圈。种子肾形，黄色或棕黄色，千粒重 1.8 ～ 2.0 g。

生物学特性：因侧根发达，有利于改善根的呼吸状况及根瘤菌活动，较耐质地湿重、地下水位较高的土壤。在北京、河北南皮县生育期 100 d 左右。长势好，刈割后再生性好，每年可刈割 4 次。耐寒及抗病虫害较好，耐瘠性好。在华北平原、黄淮海地区种植，年均干草产量为 14 000 ～ 16 000 kg/hm²，种子产量为 360 kg/hm²。初花期干物质中含粗蛋白质 19.79%、粗脂肪 1.87%、粗纤维 32.54%、无氮浸出物 36.15%、粗灰分 9.65%、钙 1.76%、磷 0.26%。适口性好，各种家畜喜食。

2. 中苜 3 号紫花苜蓿

登记时间：2006 年。

品种来源：以耐盐苜蓿品种中苜 1 号为亲本材料，通过盐碱地表型选择，得到耐盐优株，经耐盐性一般配合力的测定，将其中耐盐性一般配合力较高的植株相互杂交，完成第一次轮回选择。然后又经过二次轮回选择，一次混合选择育成。

植物学特征：豆科苜蓿属多年生草本。直根系，根系发达。株型直立，分枝较多，株高 80 ～ 110 cm。叶片较大，叶色深。总状花序，花紫色到浅紫色。荚果螺旋形，2 ～ 3 圈。种子肾形，黄色或棕黄色，千粒重 1.8 ～ 2.0 g。

生物学特性：返青早，再生速度快，较早熟，在河北黄骅地区从返青到种子成熟约 110 d。耐盐性好，在含盐量为 0.18% ～ 0.39% 的盐碱地上，比中苜 1 号增产 10% 以上。在黄淮海地区干草产量平均达 15 000 kg/hm²，种子产量达 330 kg/hm²。营养丰富，初花期干物质中含粗蛋白质 19.70%、粗脂肪

1.91%、粗纤维 32.44%、无氮浸出物 36.31%、粗灰分 9.64%。可用于调制干草、青饲和放牧。

3. 中苜 4 号紫花苜蓿

登记时间：2011 年。

品种来源：在中苜 2 号、Affinity、Sabri 3 个紫花苜蓿品种中选择多个优良单株，经二次混合选择、一次轮回选择育成。

植物学特征：豆科苜蓿属多年生草本。直根型或侧根型。株型直立，分枝多，株高 80 ～ 115 cm。叶色深绿，叶片较大。总状花序，花紫色到浅紫色。荚果螺旋形，2 ～ 3 圈，种子肾形，黄色，千粒重 1.85 ～ 1.91 g。

生物学特性：再生快、产草量高、返青早，在黄淮海地区干草产量达 14 000 ～ 17 000 kg/hm^2。初花期干物质中含粗蛋白质 19.68%、粗脂肪 1.90%、粗纤维 23.9%、无氮浸出物 38.33%、粗灰分 8.68%。

4. 中苜 5 号紫花苜蓿

登记时间：2014 年。

品种来源：以中苜 3 号和 AZ-SALT-Ⅱ为亲本，进行相互杂交，获得杂交一代材料，然后种植在盐碱地，通过盐碱地三代耐盐性表型混合选择（选择耐盐性好、叶量大、节间短、分枝多、再生快、适应性好的优株），结合分子标记辅助育种技术，育成耐盐苜蓿新品种。

植物学特征：豆科苜蓿属多年生草本。根系发达，直根系具侧根。株型直立，株高 80 ～ 115 cm。茎秆上部有棱角，略呈方形，分枝多。叶色深绿，叶片较大。总状花序，花紫色到浅紫色。荚果螺旋形，2 ～ 3 圈，每荚含种子 2 ～ 9 粒。种子肾形，黄褐色，千粒重 1.8 ～ 2.0 g。

生物学特性：耐盐高产型品种，在含盐量 0.21% ～ 0.35% 的盐碱地上，干草产量约 14 000 kg/hm^2。初花期干物质中含粗蛋白质 18.7%、粗纤维 31.3%、粗灰分 8.8%、粗脂肪 1.77%、无氮浸出物 37.82%、中性洗涤纤维 43.6%、酸性洗涤纤维 34.3%。

5. 中苜 7 号紫花苜蓿

登记时间：2018 年。

品种来源：以中苜 1 号、中苜 2 号、保定苜蓿品种的优良早熟单株为亲本材料，建立无性系并相互杂交，经过三代表型混合选择育成。

植物学特征：豆科苜蓿属多年生草本。根系发达，直根型。株型直立，株高 80 ～ 110 cm。分枝多，叶片较大，叶色深绿。总状花序，花色紫到浅紫色。荚果螺旋形，2 ～ 3 圈。种子肾形，黄色或黄棕色，千粒重 1.9 ～ 2.0 g。

生物学特性：具有早熟、产量高、再生快等特性。对土壤选择不严，除重黏土、低湿地、强酸强碱外，从粗沙土到轻黏土皆能生长，但以排水良好、土层深厚、富于钙质土壤生长最好。生长期内最忌积水，连续淹水 24 ～ 48 h 即大量死亡。在黄淮海地区，雨养条件下干草产量达 14 000 ～ 15 000 kg/hm^2。

二、东北寒冷地区推荐种植品种

1. 龙牧 806 苜蓿

登记时间：2002 年。

品种来源：以肇东苜蓿与扁蓿豆远缘杂交的 F_3 代群体为育种材料，根据越冬率、产草量、粗蛋白质含量等选育目标，经系统选育而成。

植物学特征：豆科苜蓿属多年生草本。株型直立，株高 75～110 cm。叶卵圆形，长 2～3 cm，叶缘有锯齿。总状花序，花深紫色。荚果螺旋形，2～3 圈，每荚有种子 4～8 粒。种子肾形，浅黄色，千粒重 2.2 g。

生物学特性：生育期 100～120 d。抗寒，在黑龙江省北部寒冷区和西部半干旱区 -45 ℃以下越冬率可达 92%～100%，比对照高 5%～11%。在 0～60 cm 土层含水量为 7.0%～9.7%、低于正常需水量 30% 的情况下，日生长速度比对照提高 21.6%。耐盐碱性强，在 pH 值 8.2 的碱性土壤上亦可种植。生长期间无病虫害发生。在黑龙江省不同生态区生产试验中，三年平均干草产量 7 500～11 200 kg/hm²，种子产量 347 kg/hm²。初花期干物质中含粗蛋白质 20.71%、粗脂肪 2.42%、粗纤维 29.47%、无氮浸出物 37.73%、粗灰分 9.67%。适口性好，各种家畜喜食。

2. 龙牧 808 紫花苜蓿

登记时间：2010 年。

品种来源：在龙牧 803 苜蓿群体中，采用系统混合选育方法，选择表型性状优良的单株，经过多次继代选育，无性扦插繁殖，建立无性株系材料圃，优选出株型整齐一致、性状稳定的优良株系，实行开放授粉，多元杂交选育而成。

植物学特征：豆科苜蓿属多年生草本。株型直立，株高 100～120 cm。直根系，根系发达。三出羽状复叶，叶片长卵圆形，长 2～3 cm。总状花序，花色为深浅不同的紫色。荚果螺旋形，2～4 圈，每荚有种子 4～9 粒，千粒重 2.4 g。

生物学特性：适应性广，生长速度快，再生能力强。在黑龙江省生育期 120 d 左右。抗寒，在冬季无雪覆盖 -39.5 ℃和有雪覆盖 -44 ℃可安全越冬，越冬率 97%～100%。耐碱性强，在 pH 值 8.2 的盐碱地生长良好。抗旱性强，在年降水量 300～400 mm 的地区生长良好；在土壤含水量为 6.56% 左右的严重干旱情况下，表现出稳产、高产。在黑龙江省 3 个不同生态区，4 种土壤类型，平均干草产量 12 000 kg/hm²。初花期风干物中含干物质 93.21%、粗蛋白质 20.49%、粗脂肪 1.53%、粗纤维 28.31%、无氮浸出物 35.21%、粗灰分 7.67%、钙 2.65%、磷 0.25%。

3. 龙牧 809 紫花苜蓿

登记时间：2019 年。

品种来源：以龙牧 801 紫花苜蓿为亲本，以高产、抗寒、优质为育种目标，经多代系统选择育成。

植物学特征：豆科苜蓿属多年生草本。根系发达，直根型。株型直立，株高 90～110 cm。茎多为四棱形、分枝多。叶卵圆形，叶量丰富。总状花序，蝶形花冠，花色为不同深浅的紫色。荚果螺旋形卷曲，种子肾形，黄色，千粒重 2.2 g。

生物学特性：在黑龙江省西部地区生育期 110 d 左右。该品种不仅保持了龙牧 801 的抗寒性、抗旱性和适应广的特点，而且分枝多、叶量丰富、生长速度快、再生能力强。喜光照，不耐阴。对土壤要求不严，黑风沙土、暗棕壤土、白浆土、黑钙土等均可种植。抗寒、抗旱性强。在东北寒冷地区冬季有雪 -34 ℃可以安全越冬，在冬季无雪情况下越冬率 95% 以上，在土壤 pH 值 8.4 的盐碱地可稳产、高产。在东北地区年干草产量为 10 000～14 000 kg/hm²。

4. 公农 4 号杂花苜蓿

登记时间：2011 年。

品种来源：以 Heinrich、RanmLber、公农 1 号等 12 个苜蓿品种为原始材料杂交选育而成。

植物学特征：豆科苜蓿属多年生草本。株型半直立，根系发达，主根发育不明显，具有根蘖特性，能够从母株上产生一、二级甚至多级分株。茎秆斜生或直立，分枝很多。三出复叶，小叶倒卵形。总状花序，花有紫、黄、白等色。荚果螺旋形，每荚含种子 5 ～ 8 粒。种子肾形，淡黄色，千粒重 1.5 ～ 2.0 g。

生物学特性：生育期 110 d 左右。具根蘖特性，抗寒、耐旱、抗病虫害。在吉林省中部地区旱作条件下，年干草产量达 12 000 kg/hm²，种子产量 370 kg/hm²。初花期干物质中含粗蛋白质 18.44%、粗脂肪 3.95%、酸性洗涤纤维 28.39%、中性洗涤纤维 44.18%、无氮浸出物 41.86%、粗灰分 6.81%。适于放牧利用，同时也可用于调制干草、青饲。

5. 公农 5 号紫花苜蓿

登记时间：2010 年。

品种来源：从公农 1 号紫花苜蓿、公农 2 号紫花苜蓿、肇东苜蓿、龙牧 801 苜蓿和龙牧 803 苜蓿混合杂交后代中选择优良植株集团，再从优良集团中选择优良单株，用优良单株种子混合而成。

植物学特征：豆科苜蓿属多年生草本。株型直立或半直立，叶为羽状三出复叶。总状花序，花以紫色为主。荚果螺旋形，成熟时褐色至黑褐色。种子为不规则肾形，淡黄色至黄褐色，千粒重 1.99 g。

生物学特性：抗寒、抗旱性强，在半湿润森林草原气候地带中的温湿气候类型（公主岭）和温暖气候类型（农安）及半干旱气候地带中的温暖气候类型（大安）越冬率可达 98% 以上。无灌溉条件下，在吉林省中西部地区生长良好，也未发现严重病虫害。干草产量 12 000 ～ 15 000 kg/hm²，种子产量 268 ～ 485 kg/hm²。初花期风干样品中含干物质 90.52%、粗蛋白质 19.88%、粗脂肪 2.57%、粗纤维 28.64%、无氮浸出物 31.87%、粗灰分 7.56%。

三、内蒙古高原推荐种植品种

1. 草原 3 号杂花苜蓿

登记时间：2002 年。

品种来源：在草原 2 号杂花苜蓿原始群体中，依花色（杂种紫花、杂种杂花、杂种黄花）选择优株，采用集团选择法育成。

植物学特征：豆科苜蓿属多年生草本。株型直立或半直立，株高 110 cm 左右，平均分枝数 46.5 个。三出复叶，小叶长 2.85 cm，宽 1.34 cm。总状花序，花色有深紫色、淡紫色、杂色、浅黄、深黄色等，其中以杂色为主，杂化率为 71.9%。荚果螺旋形或环形，少数镰形，每荚含种子平均 4.5 粒。种子为不规则肾形，浅黄色至黄褐色，千粒重 1.99 g。

生物学特性：与原始群体相比杂种优势明显，干草和种子产量高，在内蒙古中西部地区种植生长良好，年均干草产量为 12 330 kg/hm²，种子产量 510 kg/hm²。生育期约 120 d，抗旱、抗寒性强。饲草品质好，初花期干物质中含粗蛋白质 20.42%、粗脂肪 3.61%、粗纤维 25.00%、无氮浸出物 40.52%、粗灰分 10.45%。适口性好，各种家畜喜食。

2.草原 4 号紫花苜蓿

登记时间：2015 年。

品种来源：1987 年从原始材料圃及辐射处理材料中选出不感染蓟马的单株，建立无性系，经抗虫性鉴定、表型选择，选出抗虫性较强的 11 个无性系建立多源杂交圃，再进行表型选择和配合力测定，选出 9 个抗虫性特强的无性系，自由开放授粉，待种子成熟后等量混合收获，经过 3 次轮回选择，育出了抗蓟马苜蓿新品种。

植物学特征：豆科苜蓿属多年生草本。直根系，具有水平生长的根。茎直立具棱，绿色，有茸毛。三出羽状复叶，叶表面有茸毛。花为紫色。荚果螺旋形，2 ～ 3 圈，褐色，每荚 2 ～ 9 粒种子，千粒重 1.8 ～ 2.3 g。

生物学特性：喜温暖、湿润的气候条件。种子最适宜发芽温度为 25 ～ 30 ℃，植株生长最适宜温度为日平均 17 ～ 25 ℃。适应性强，抗旱，抗寒，抗病虫害，耐瘠薄。田间持水量在 70% ～ 80% 时，生长良好。在苜蓿蓟马为害严重的地区干草产量显著高于其他品种。在内蒙古呼和浩特地区每年可刈割 3 茬，干草产量 12 000 ～ 16 000 kg/hm²。粗蛋白质含量 19.0% ～ 21.2%、粗脂肪 1.9%、钙 2.2%、磷 0.18%。

3.中草 3 号紫花苜蓿

登记时间：2010 年。

品种来源：对敖汉、公农 2 号、Algonquin 等 12 个国内外苜蓿品种材料进行田间筛选，获得抗旱优良单株，对优良单株进行三次杂交并经三个世代混合选择培育而成。

植物学特征：豆科苜蓿属多年生草本。株丛直立，高大整齐，株高 92 ～ 108 cm。分枝多，叶量大。总状花序，花色浅紫、紫。荚果螺旋形，2～ 4 圈。种子肾形，黄色，千粒重 2.26 g。

生物学特性：在内蒙古呼和浩特地区生育期约为 104 d。对干旱适应性较强，耐寒、持久性较好，生长速度较快、再生速度较好。干草产量 7 882.5 ～ 16 176 kg/hm²，种子产量 117 ～ 296.5 kg/hm²。初花期风干物质中含干物质 92.54%、粗蛋白质 20.48%、粗脂肪 1.48%、粗纤维 29.72%、中性洗涤纤维 38.36%、酸性洗涤纤维 31.04%、无氮浸出物 32.49%、粗灰分 8.37%。

四、西北荒漠灌区推荐种植品种

1.甘农 4 号紫花苜蓿

登记时间：2005 年。

品种来源：从欧洲引进的 Ondava、Prerovaka、Nitranka、Tabor-ka、Palava、Hbdonika 等 6 个品种中选择多个优良单株，经母系选择法选育而成。

植物学特征：豆科苜蓿属多年生草本。主根明显。株型紧凑直立，茎枝多。叶色嫩绿，叶片稍大。总状花序，长 5 ～ 8 cm，花紫色。荚果螺旋状，2 ～ 4 圈，黄褐色和黑褐色，荚果有种子 6 ～ 9 粒。种子肾形，黄色，千粒重 2.2 g。

生物学特性：节间长，草层较整齐。在灌溉条件下产草量高。抗寒性和抗旱性中等，春季返青早，生长速度较快，适宜灌区高产栽培。和甘农 3 号相比，生态适应性更强一些。初花期干物质中含粗蛋白质 19.79%、粗脂肪 2.79%、粗纤维 30.26%、无氮浸出物 39.38%、粗灰分 7.78%。在甘肃河西走廊灌溉条件下，年可刈割 3 ～ 4 次，干草产量达 15 000 kg/hm²。适宜于调制干草、青饲和放牧。

2. 甘农 5 号紫花苜蓿

登记时间：2010 年。

品种来源：2003 年以来自澳大利亚 3 个高抗蚜虫品种 SARDI 10、Rippa 和 Sceptre 混合配置和选择，经室内和田间抗蚜虫、抗蓟马筛选育成。由收集抗蚜虫种质资源、筛选鉴定抗性单株、混合选择后聚合而成。

植物学特征：豆科苜蓿属多年生草本。根系发达，主侧根明显。植株直立，茎上着生有稀疏的绒毛，多为绿色，少数为紫红色，具有明显的四条侧棱。三出羽状复叶，表面有柔毛，叶色深绿。荚果多为螺旋形，少数为镰刀形，大多数为 2 ～ 3.5 圈，最多达到 6 圈，每荚有种子 1 ～ 15 粒，平均 7.7粒。种子肾形，千粒重 1.76 ～ 2.32 g。

生物学特性：在甘肃兰州和临夏生育期 120 ～ 150 d。高抗蚜虫，兼抗蓟马，秋眠级高（9 ～ 10级）。干草产量 16 000 ～ 27 000 kg/hm²，种子产量可达 450 kg/hm²。初花期风干样品含干物质 93.59%、粗蛋白质 22.05%、粗纤维 22.01%、粗脂肪 2.65%、无氮浸出物 38.42%、粗灰分 8.46%。

3. 甘农 6 号紫花苜蓿

登记时间：2010 年。

品种来源：从新疆大叶苜蓿、秘鲁苜蓿等 11 个国内外苜蓿品种中，选择长穗、种子产量高的单株作为原始材料。采用多次单株选择法，从 11 个品种的穴播区和大田中，每年选择长穗类型扦插，在隔离区繁殖收种，连续进行多次单株选择后，进行株系比较、品系比较试验，选择穗长 8 cm 以上，种子和干草双高产的 7 个无性繁殖系，组成综合品种。

植物学特征：豆科苜蓿属多年生草本。主根明显，根系发达，株型直立。三出复叶，叶色纯绿。总状花序长 8 ～ 12 cm，每花序小花平均 79 个。结荚果序直立，荚果数约为 24 个，每果序种子数约为 65 粒，荚果螺旋形，1 ～ 3 圈。种子肾形，黄色，千粒重 2.02 g。

生物学特性：抗旱性、抗寒性中等水平，在甘肃景泰县生育期 114 ～ 125 d，属中熟品种。在水浇地干草产量 14 000 ～ 16 000 kg/hm²，种子产量 650 ～ 700 kg/hm²；在旱地干草产量 8 000 ～ 10 000 kg/hm²，种子产量 300 ～ 400 kg/hm²。初花期干物质中含粗蛋白质 18.90%、粗脂肪 2.03%、粗纤维 34.13%、无氮浸出物 34.13%、粗灰分 9.26%、钙 1.22%、磷 0.25%、中性洗涤纤维 40.67%、酸性洗涤纤维28.70%。

4. 甘农 7 号紫花苜蓿

登记时间：2013 年。

品种来源：从 Hodchika、Derby、新疆大叶苜蓿等 26 个国内外苜蓿品种的穴播田中，选择株型直立、叶色浓绿、茎叶脆嫩、绿秆活熟的单株和类型，扦插并移栽到隔离区收种繁殖。将收到的种子种成株行，继续进行选择，在隔离区连续单株选择 3 ～ 4 代。对所选单株不同生育阶段的营养成分进行分析，保留粗纤维含量低、粗蛋白质含量高的单株，经茎秆拉伸、茎秆剪切、茎秆抗弯曲试验以及人工瘤胃消化试验，最终选出低粗纤维含量的 24 个无性繁殖系形成综合品种。

植物学特征：豆科苜蓿属多年生草本。主根发达，株型直立，盛花期株高 80 ～ 90 cm。茎圆形至四棱形，分枝数约 70 个。羽状三出复叶，小叶为长圆状或倒卵形。花冠蝶形，花紫色或淡紫色。荚果螺旋形，螺旋数约 2.7 个。种子肾形，千粒重 2.08 g。

生物学特性：在兰州地区种植，生育期约 112 d。抗寒、抗旱性中等水平。生长速度快，产量高，干草产量 13 000～17 000 kg/hm²，种子产量 450～750 kg/hm²。枝条脆嫩，易折断，粗纤维含量低，其酸性洗涤纤维和中性洗涤纤维比一般苜蓿低约 2 个百分点，粗蛋白质高约 1 个百分点，适口性好。

5. 中兰 2 号紫花苜蓿

登记时间：2017 年。

品种来源：以杜普梯、埃及、图牧 2 号、陇中等苜蓿品种为原始材料，以黄土高原旱作栽培条件下的草地丰产、稳产和利用持久性为主要育种目标，采用杂交混合选育法育成。

植物学特征：豆科苜蓿属多年生草本。根系发达，主根入土较深。株型较紧凑，株高近 100 cm，有 10～30 个分枝，多直立。小叶以长椭圆形或披针形为主，大小中等。总状花序，花紫色或浅紫色。荚果螺旋形，1.5～2.5 圈，有种子 2～5 粒。种子肾形，黄色或黄褐色，千粒重 1.9～2.1 g。

生物学特性：适于半干燥、半湿润区的温暖气候条件，以及深厚、疏松、排水良好的土壤。较耐旱。在旱作栽培条件下，年可刈割 2～4 次；灌溉栽培时，年可刈割 3～5 次，干草产量约 14 000 kg/hm²。

6. 新牧 4 号紫花苜蓿

登记时间：2010 年。

品种来源：以美国引进的具有广谱抗病性的苜蓿育种材料 KS220（抗寒性较差）与适应性强而抗霜霉病能力较差的地方品种新疆大叶苜蓿为亲本，将两亲本的优选单株相间种植，开放授粉，混合采种，对其后代以抗霜霉病、抗寒和丰产为主要育种目标，采用轮回选择法育成。

植物学特征：豆科苜蓿属多年生草本。株型直立，株高 90～105 cm。叶片较大，卵圆形或椭圆形。总状花序，花以紫色或浅紫色为主，深紫色占 20%。荚果螺旋形，2～4 圈，黄褐色至黑褐色，每荚有种子 6～9 粒，千粒重 1.8～2.2 g。

生物学特性：该品种秋眠级为 3～4 级，生育期约 110 d。抗病性强，抗霜霉病、褐斑病能力强于新疆大叶苜蓿，抗倒伏和抗寒性较强。在新疆昌吉地区灌溉条件下，年可刈割 3～4 次，干草产量达 15 000～18 000 kg/hm²；在新疆南疆大多数地区灌溉条件下，年可刈割 4～5 次，干草产量达 16 000～20 000 kg/hm²。盛花期干物质中含粗蛋白质 17.38%、粗纤维 27.82%。

第二章

苜蓿品种筛选

第一节 概 述

优良苜蓿品种是决定饲草生产潜力和品质的重要因素之一，正确选择适宜当地条件的品种十分关键。近年来，我国紫花苜蓿种子的需求量随种植面积的增加而迅速增加。国内苜蓿种子在质量、价格和供应稳定性方面优势不及进口品种，苜蓿草种进口量仍较大。虽然这些引进品种暂时缓解了苜蓿种子短缺的困局，丰富了我国的紫花苜蓿品种市场，但是多数品种在推广种植前未进行全面、科学的筛选评价，许多苜蓿干草生产企业和种植户常常因不科学的品种选择而遭受重大经济损失。因此，开展苜蓿品种的系统评价研究，避免盲目引种给农民和相关企业造成诸多损失是当前一项重要任务。我国已在多个苜蓿栽培区域对苜蓿新品种进行适应性评价研究。王成章等研究发现在郑州地区秋眠苜蓿干物质产量显著高于非秋眠品种，不同秋眠级的苜蓿品种第 1 茬产量最高，郑州地区不宜选用非秋眠品种。伏兵哲等在宁夏地区对 21 个苜蓿品种进行评价，综合表现较好的是甘农 5 号、金皇后、WL363HQ、WL319HQ 和三得利这 5 个品种。韩博等综合 8 年的试验结果，筛选出适宜陕西关中地区种植的品种为中苜 1 号、三得利和放牧者。武瑞鑫等在雨养条件下对 22 个紫花苜蓿品种进行了 8 年比较试验，认为中苜 1 号苜蓿更适合海河平原种植。大量研究表明，在连续多次刈割的情况下，苜蓿均以第 1 茬产量为最高，此后各茬产量呈逐渐递减趋势，第 1 茬产量占全年总产量的 40%～50%。因此，做好第 1 茬苜蓿田间管理是实现增产的关键。

苜蓿的植株高度是反映苜蓿生长发育状况和评价其产量高低的重要指标，同时也是构成苜蓿产量较为理想的特征量之一。多数研究者认为苜蓿生长过程的特点为"S"形曲线，这种特性由苜蓿自身的生物学特性决定，是苜蓿平均经济产量的形成规律。苜蓿产量是决定其草地农艺性状和经济性能的主要指标。相对而言，苜蓿株高与产量呈正相关，株高越高，通常具有越高的生产潜力。叶茎比是衡量苜蓿经济性状和营养价值的重要指标之一，其叶片比例越大，所含蛋白质含量就越多，适口性和营养价值也就越好。牧草营养成分是反映牧草品质的重要指标，同时可为牧草合理利用和选育提供依据，其中，粗蛋白质（CP）、中性洗涤纤维（NDF）、酸性洗涤纤维含量（ADF）和相对饲用价值（RFV）是衡量苜蓿营养价值的重要指标。ADF 与饲草消化率有关，ADF 含量越低越容易被家畜消化；饲草中 NDF 含量与家畜采食量相关，NDF 含量越低则家畜采食量越多。RFV 是近年来人们将 ADF 和 NDF 值用于建立一种牧草品质评定和比较的相对简单的指数，是 ADF 和 NDF 的综合反映，它可用于预测某一特定饲草的采食量和能量价值，是衡量饲草为家畜提供营养能力的一个良好指标，其值越高，说明该饲草的营养价值越高。根据 RFV 值，我国将苜蓿品质分为 5 个等级，其中 RFV 大于 150 为一级。

随着国内新审定苜蓿品种的推广和引进苜蓿品种的大量推广应用，需要持续开展紫花苜蓿品种的研究评价。

第二节　黄淮海平原适宜种植苜蓿品种筛选

黄淮海平原位于燕山以南，淮河以北，东临黄海、渤海，西依太行山及豫西山地，即黄河、淮河、海河冲积平原及部分丘陵地区。黄淮海地区总耕地面积，占全国总耕地面积的 25%，是我国几大农业区中耕地面积最多的地区。

黄淮海平原属半干旱、半湿润地区，热量资源可满足喜凉、喜温作物一年两熟的要求，该区主要栽培方式是冬小麦—夏玉米。光、温、水资源的配合优于东北、西北地区，其光照仅次于青藏高原和西北地区。年降水量 500～900 mm，季节分配不均，集中在夏季，7—8 月的降水量占全年的 45%～65%。秋、冬、春三季为水分亏缺的干旱期。

一、河北沧州地区适宜种植苜蓿品种筛选

1. 试验地概况

试验地位于河北省沧州市沧县沧州市农林科学院前营试验站，属暖温带半干旱半湿润季风气候，年降水量约 600 mm，主要集中在 7 月和 8 月。年平均气温 13 ℃左右，最冷月份（1 月）平均气温为 -3.0℃，最热月份（7 月）平均气温为 26.5 ℃。前茬作物为玉米。试验地土壤检测概况见表 2.1。

表 2.1　试验地土壤检测概况

取样深度（cm）	pH 值	有机质（%）	全盐（%）	全氮（g/kg）	碱解氮（mg/kg）	全磷（g/kg）	速效磷（mg/kg）	全钾（g/kg）	速效钾（mg/kg）
0～10	7.90	1.01	0.09	0.13	69.42	0.21	24.79	9.4	176.47
10～20	7.98	0.87	0.12	0.12	64.29	0.20	19.62	9.0	169.84
20～30	8.01	0.69	0.12	0.11	62.07	0.18	15.49	8.2	162.04

注：土壤取样日期为 2013 年 4 月 5 日。

2. 试验材料与设计

供试国内外苜蓿品种 15 个，供试品种名称及来源见表 2.2。

表 2.2　供试品种名称及来源

品种	原产地	种子来源	秋眠级
SK3010	加拿大	北京克劳沃草业技术开发中心	2.5
BR4010	加拿大	北京克劳沃草业技术开发中心	3.6
SR4030	加拿大	北京克劳沃草业技术开发中心	4
MF4020	加拿大	北京克劳沃草业技术开发中心	4
MagnumSalt	美国	北京克劳沃草业技术开发中心	4
MagnumVI	美国	北京克劳沃草业技术开发中心	4
WL319HQ	美国	北京正道生态科技有限公司	2.8
WL363HQ	美国	北京正道生态科技有限公司	4.9
WL525HQ	美国	北京正道生态科技有限公司	8.2

（续表）

品种	原产地	种子来源	秋眠级
WL656HQ	美国	北京正道生态科技有限公司	9.3
WL712HQ	美国	北京正道生态科技有限公司	10.2
WL903HQ	美国	北京正道生态科技有限公司	9.5
驯鹿	加拿大	北京克劳沃草业技术开发中心	1
中苜 2 号	中国	中国农业科学院北京畜牧兽医研究所	3～4
中苜 3 号	中国	中国农业科学院北京畜牧兽医研究所	3～4

试验采用随机区组排列，每个品种重复 3 次，小区面积 15 m²（6 m×2.5 m），行长 6 m，相邻小区间隔 60 cm。播种日期为 2013 年 4 月 10 日。播种方式为条播，行距 30 cm，人工开沟。播种深度为 1～2 cm，播量为 15 kg/hm²。试验期间不施肥，每年 11 月底浇冻水 1 次。刈割收获在初花期进行，留茬高度 5 cm。根据不同年份的具体长势情况确定刈割次数，其中建植当年（2013 年）刈割 3 茬，2014 年、2015 年、2016 年、2017 年、2018 年和 2019 年均刈割 4 茬。

3. 不同苜蓿品种干草产量的比较

不同品种年干草产量的对比关系随种植年份的推移而发生变化。建植当年（2013 年），WL712HQ 的干草产量最高，为 9 375.6 kg/hm²，较 WL319HQ（4 360.0 kg/hm²）增产 115.0%（表 2.3）。但从 2014—2019 年，中苜 3 号和中苜 2 号的年干草产量始终排名前 2 位。7 年总干草产量最高的是中苜 3 号（86 758.9 kg/hm²），其次是中苜 2 号（82 998.9 kg/hm²），均显著高于其他品种（$P<0.05$），较 WL319HQ 分别增产 38.6% 和 32.6%。

表 2.3 不同苜蓿品种干草产量比较

品种	干草产量（kg/hm²）							7 年总干草产量（kg/hm²）	排序
	2013 年	2014 年	2015 年	2016 年	2017 年	2018 年	2019 年		
SK3010	5 866.7	7 845.6	11 872.2	16 423.3	7 302.8	14 338.9	8 959.4	72 608.9 b	7
BR4010	6 057.8	7 385.0	11 671.1	15 956.7	7 091.1	13 038.9	9 468.9	70 669.4 b	12
SR4030	6 104.4	6 969.4	11 318.9	16 416.7	7 361.1	13 861.1	9 639.4	71 671.1 b	9
MF4020	5 744.4	7 740.6	12 027.8	17 020.0	7 812.8	14 427.8	9 766.7	74 540.0 b	3
MagnumSalt	6 126.7	7 813.3	12 122.2	17 230.0	7 681.7	14 085.0	9 321.1	74 380.0 b	4
MagnumVI	6 382.2	8 588.9	11 717.8	17 116.7	7 308.3	13 205.6	8 960.6	73 280.0 b	5
WL319HQ	4 360.0	6 645.6	11 261.8	14 968.3	6 143.1	11 318.9	7 895.6	62 593.2 c	15
WL363HQ	5 217.8	7 450.6	12 064.4	16 672.2	7 357.2	12 361.1	9 272.2	70 395.6 b	13
WL525HQ	7 146.7	7 778.3	11 645.6	16 768.3	7 767.2	11 964.4	7 640.0	70 710.6 b	11
WL656HQ	8 171.1	7 581.7	11 865.6	15 807.8	7 712.2	12 608.3	7 486.1	71 232.8 b	10
WL712HQ	9 375.6	7 952.2	11 136.7	16 416.7	7 616.1	12 185.6	8 268.3	72 951.1 b	6
WL903HQ	8 404.4	8 070.6	11 617.8	16 106.7	7 185.0	12 681.1	7 995.0	72 060.6 b	8

（续表）

品种	干草产量（kg/hm²）							7年总干草产量（kg/hm²）	排序
	2013年	2014年	2015年	2016年	2017年	2018年	2019年		
驯鹿	4 846.7	7 447.8	12 608.9	15 927.8	6 716.1	13 193.3	9 393.3	70 133.9 b	14
中苜2号	5 022.2	9 285.0	14 825.6	18 501.1	9 252.2	15 230.0	10 882.8	82 998.9 a	2
中苜3号	5 704.4	9 563.9	15 183.3	19 711.1	9 578.3	15 131.1	11 886.7	86 758.9 a	1

注：同列数值后不同小写字母表示差异显著（$P<0.05$）。

4. 不同苜蓿品种各茬次产量的比较

通过对2016年15个苜蓿品种的4茬产量分析表明，第1茬干草产量显著高于其他茬次的产量（$P<0.05$），第4茬产量最低；第2茬与第3茬基本持平，其中，WL525HQ、WL712HQ、WL903HQ和中苜3号的第2茬的产量高于其第3茬产量（表2.4）。值得注意的是，中苜3号和中苜2号第1茬产量分别达到8 140 kg/hm²和7 540 kg/hm²，显著高于其他品种，除了品种MagnumVI（6 490 kg/hm²）以外，其他12个引进品种的第1茬产量均在5 000～6 100 kg/hm²，中苜3号第1茬产量较除了品种MagnumVI以外的其他12个引进品种增产35.4%～61.2%；除品种WL319HQ第2茬（2 870 kg/hm²）和MF4020第3茬（4 090 kg/hm²）以外，15个品种第2茬和第3茬的产量均在3 000～4 000 kg/hm²。可见，中苜3号和中苜2号的高产主要得益于第1茬的产量较高。第1茬至第4茬干草产量占年产量的百分比整体上表现为下降趋势（表2.4）。第1茬产量占比平均为37.8%，明显高于第2～4茬，第2茬、第3茬产量的平均占比分别为21.3%和23.2%，第4茬产量的占比最低，平均为17.7%。

表2.4 不同苜蓿品种各茬次产量及占比情况

品种	各茬产量（kg/hm²）				各茬产量占比			
	第1茬	第2茬	第3茬	第4茬	第1茬	第2茬	第3茬	第4茬
SK3010	5 670	3 010	4 000	2 580	37.2%	19.7%	26.2%	16.9%
BR4010	5 560	3 050	3 570	2 560	37.7%	20.7%	24.2%	17.4%
SR4030	5 560	3 040	3 860	2 710	36.7%	20.0%	25.4%	17.9%
MF4020	5 840	3 120	4 090	2 680	37.1%	19.8%	26.0%	17.0%
MagnumSalt	6 010	3 440	3 840	2 730	37.5%	21.5%	24.0%	17.0%
MagnumVI	6 490	3 230	3 370	2 870	40.7%	20.2%	21.1%	18.0%
WL319HQ	5 250	2 870	3 330	2 490	37.7%	20.6%	23.9%	17.9%
WL363HQ	5 300	3 490	3 720	2 970	34.2%	22.5%	24.0%	19.2%
WL525HQ	5 510	3 580	3 340	2 850	36.1%	23.4%	21.9%	18.7%
WL656HQ	5 050	3 260	3 310	2 680	35.3%	22.8%	23.1%	18.7%
WL712HQ	5 300	3 500	3 170	2 820	35.8%	23.7%	21.4%	19.1%
WL903HQ	5 200	3 390	3 330	2 590	35.8%	23.4%	22.9%	17.8%
驯鹿	5 520	3 170	3 580	2 670	36.9%	21.2%	24.0%	17.9%
中苜2号	7 540	3 480	3 580	2 760	43.4%	20.0%	20.6%	15.9%

（续表）

品种	各茬产量（kg/hm^2）				各茬产量占比			
	第1茬	第2茬	第3茬	第4茬	第1茬	第2茬	第3茬	第4茬
中苜3号	8 140	3 790	3 460	3 030	44.2%	20.6%	18.8%	16.4%
平均	5 863	3 295	3 570	2 733	37.8%	21.3%	23.2%	17.7%

5. 不同苜蓿品种株高比较

表2.5显示，建植当年（2013年）各品种的年株高最低，随种植年限的增加，各品种株高整体呈增加趋势。比较各个品种的年株高，4年中年株高最高的品种分别是WL656HQ（2013年）、WL903HQ（2014年）、WL712HQ（2015年）和WL903HQ（2016年），其中品种WL712HQ和WL903HQ每年始终在前3位，表现较好，品种WL712HQ 4年平均株高最高。品种SR4030 4年平均株高最低。

表2.5　不同苜蓿品种不同年份的年株高

品种	年株高（cm）				4年平均株高（cm）	排序
	2013 年	2014 年	2015 年	2016 年		
SK3010	86.3 b	227.3 f	266.3 b	279.1 fg	214.8 hi	14
BR4010	87.2 b	240.5 def	271.3 b	288.4 ef	221.9 fghi	12
SR4030	82.1 b	228.3 ef	260.3 b	280.9 fg	212.9 i	15
MF4020	79.8 b	247.7 def	277.4 b	288.9 ef	223.7 fghi	11
MagnumSalt	79.7 b	254.7 cdef	280.9 b	294.4 de	227.4 efgh	9
MagnumVI	80.1 b	259.6 bcd	271.8 b	292.3 e	225.9 efghi	10
WL319HQ	76.5 b	245.7 def	266.7 b	276.0 g	216.2 ghi	13
WL363HQ	81.8 b	262.4 bcd	273.6 b	304.1 bcd	230.5 def	6
WL525HQ	107.1 a	286.9 ab	299.9 ab	306.3 abc	250.0 bc	3
WL656HQ	113.4 a	265.6 abcd	297.3 b	297.4 cde	243.4 bcd	4
WL712HQ	113.3 a	284.8 ab	349.1 a	309.8 ab	264.1 a	1
WL903HQ	111.1 a	290.2 a	303.3 ab	314.7 a	254.8 ab	2
驯鹿	85.9 b	255.5 cde	283.4 b	294.5 de	229.8 defg	7
中苜2号	83.1 b	275.4 abc	285.8 b	309.5 ab	238.4 cde	5
中苜3号	80.2 b	253.4 cdef	269.9 b	307.4 abc	227.7 efgh	8

注：同列数值后不同小写字母表示差异显著（$P<0.05$）。

6. 结论

通过7年的综合比较分析，结果表明中苜3号和中苜2号整体表现突出，适宜在河北沧州及类似地区进行大面积的推广种植。

二、河北衡水地区适宜种植苜蓿品种筛选

1. 试验地概况

试验地位于河北省深州市河北省农林科学院旱作农业节水试验站，北纬37°44′、东经115°42′，

海拔 20 m，属暖温带半干旱半湿润季风气候；年平均降水量 497.1 mm，其中 70% 的降水集中在 7—8 月；年平均温度 13.3℃，最热月平均温度 27.1℃，最冷月平均温度 -2.1℃，极端最高温度 42.8℃，极端最低温度 -23.0℃；无霜期 202 d，初霜日 10 月 22 日，终霜日 4 月 2 日；年积温（≥0℃）5 003.5℃，年有效积温（≥10℃）4 603.7℃。

2. 试验材料与设计

供试材料为 14 个紫花苜蓿品种，均为全国草品种审定委员会审定登记品种。其中，公农 1 号、公农 2 号、公农 3 号、龙牧 806、保定苜蓿、中苜 1 号、中苜 2 号共 7 个国内品种，其余 7 个为国外引进的优良品种，见表 2.6。

表 2.6　供试品种名称及来源

编号	品种	来源	秋眠级
1	驯鹿	加拿大	1
2	皇冠	美国	4
3	三得利	美国	5
4	德宝	荷兰	5
5	赛特	法国	5
6	维多利亚	美国	6
7	标杆	澳大利亚	6
8	公农 1 号	吉林省农业科学院畜牧兽医研究所	1
9	公农 2 号	吉林省农业科学院畜牧兽医研究所	1
10	公农 3 号	吉林省农业科学院畜牧兽医研究所	1
11	龙牧 806	黑龙江省农业科学院畜牧兽医分院	1
12	保定苜蓿	中国农业科学院北京畜牧兽医研究所	3～4
13	中苜 1 号	中国农业科学院北京畜牧兽医研究所	3～4
14	中苜 2 号	中国农业科学院北京畜牧兽医研究所	3～4

本试验对所有参试品种在雨养和灌溉两种条件下的生长进行评价。本地的苜蓿返青时间为 3 月，这一时期降水较少，苜蓿处于相对缺水期，因此灌溉处理为在春季浇返青水 1 次，灌溉量 75 mm。试验采用随机区组排列，每个品种设 3 个重复，小区面积为 15 m²(3 m×5 m)，行距 30 cm，每小区播种 10 行。播种日期为 2011 年 9 月 3 日，播种量为 15 kg/hm²，播深为 1.5～2.0 cm，播后镇压。播前施底肥磷酸二铵 450 kg/hm²，其余年份均不施肥。适时进行中耕锄草和病虫害防除。2014 年 10 月由于极端干旱，雨养和灌溉两种条件下的所有品种均浇水 1 次，灌水量 60 mm。2012—2015 年返青时间为 3 月 5—22 日，现蕾期至初花期进行刈割，留茬高度为 3～5 cm。全年刈割 5 次，5 茬草的刈割时间分别为：5 月 3—19 日、6 月 3—25 日、7 月 1—27 日、7 月 31 日—9 月 30 日、10 月 7—13 日。

2012 年 1—3 月，只有 3 月有降水（4.7 mm），灌溉处理极显著增加了 2012 年 14 个品种的平均产草量（$P < 0.01$）。这可能与苜蓿处于苗期，根系还欠发达，因此对水分比较敏感有关。2014 年降水只有 329.2 mm，约为常年降水量的 62%，属于极度干旱特殊年份，因担心越冬会受到明显影响从而导致试验失败，2014 年 10 月雨养和灌溉两种条件下的所有品种均浇水 1 次，灌水量 60 mm。

3. 雨养和灌溉处理 14 个苜蓿品种的产草量

由表 2.7 可知，雨养处理下中苜 1 号和保定苜蓿 4 年总产草量显著高于 7 个国外品种和公农 3 号；灌溉处理下中苜 1 号、保定苜蓿、中苜 2 号、公农 1 号和公农 2 号 5 品种 4 年总产草量显著高于其余品种（$P<0.05$）；国外苜蓿品种与国内品种相比不具有产量上的优势。灌溉处理下 14 个品种 4 年总产草量的平均值只比雨养处理增产了 2.28%。灌溉处理下皇冠、公农 3 号和维多利亚 3 个品种的 4 年总产草量比雨养处理分别增产了 8.89%、7.12% 和 7.10%，而龙牧 806、中苜 1 号、赛特和三得利则表现出不同程度的减产。2012 年和 2014 年 14 个品种产草量的平均值较低，其余年份产草量明显增加。这是由于苜蓿为 2011 年秋季播种，2012 年春季尚处于幼苗阶段，导致当年的产草量较低；2014 年出现极端干旱的气候条件，导致苜蓿出现了明显的减产。对 14 个品种雨养和灌溉处理下的产草量数值进行 T 检验（表 2.7），结果表明灌溉处理下 14 个品种 4 年总产草量的平均值没有显著增加；除公农 2 号在雨养和灌溉处理下 4 年总产草量差异显著（$P<0.05$）外，其余品种均不显著。说明该地区除公农 2 号外，返青期灌溉对其余 13 个品种的 4 年总产量均没有显著影响。

4. 雨养和灌溉处理 14 个苜蓿品种的株高、叶茎比、冬前株高

雨养和灌溉处理下各品种 2012—2015 年株高平均值分析表明（表 2.8），灌溉处理增加了刈割时部分品种株高总平均值，但是并没有增加所有品种刈割时株高的平均值。雨养处理下，赛特、德宝的株高较高，显著高于其余品种，公农 3 号最低且显著低于其余品种（$P<0.05$）；灌溉处理下，德宝、三得利、中苜 1 号、维多利亚的株高较高，显著高于其余品种，龙牧 806、公农 3 号较低且显著低于其余品种（$P<0.05$）。

14 个品种叶茎比分析结果表明（表 2.8），灌溉处理降低了除中苜 1 号外其余所有品种 4 年叶茎比的平均值。雨养处理下，公农 3 号、驯鹿、龙牧 806、维多利亚、标杆的叶茎比较高，中苜 1 号、德宝较低；灌溉处理下，公农 3 号叶茎比最高，德宝最低。

秋眠性是苜蓿在秋季刈割后的再生中对低温和短日照的生理反应。一般秋眠级高的品种越冬前再生能力较强，冬前株高较高。由表 2.8 可知，雨养处理下，秋眠级为 6 级的维多利亚和标杆冬前株高最高，秋眠级为 1 级的公农 3 号和龙牧 806 冬前株高最低；灌溉处理下，维多利亚株高最高，标杆次之，公农 3 号和龙牧 806 最低；均表现出秋眠级高的品种冬前株高较高。

5. 雨养和灌溉处理不同苜蓿品种的饲用品质

将 2014 年的 1～5 茬草充分混合后测定饲用品质（表 2.9），结果表明相同处理下不同品种粗蛋白质含量差异不显著；驯鹿、公农 1 号、公农 3 号和龙牧 806 粗蛋白质含量较高，标杆最低。酸性洗涤纤维和中性洗涤纤维含量表现为：雨养处理下，中苜 2 号、德宝、中苜 1 号较高，公农 3 号、皇冠较低；灌溉处理下，维多利亚、保定苜蓿、中苜 2 号较高，驯鹿、龙牧 806 较低。相对饲用价值分析结果表明：雨养处理下，公农 3 号、驯鹿、皇冠较高，中苜 2 号最低；灌溉处理下，驯鹿、龙牧 806 较高，保定苜蓿最低。同一品种的相同指标在两种处理间进行独立样本 T 检验结果表明，除维多利亚的酸性洗涤纤维含量、保定苜蓿的中性洗涤纤维和相对饲用价值差异显著外（$P<0.05$），其余品种各饲用品质指标均在两种处理间差异不显著。按照《苜蓿干草质量分级》标准进行评价，雨养处理下，除中苜 2 号满足二级标准外，其余各品种均满足一级干草的标准；灌溉处理下，维多利亚、标杆、保定苜蓿和中苜 2 号满足二级标准，其余 10 个品种满足一级干草的标准。

表 2.7　雨养和灌溉处理 14 个苜蓿品种产草量比较

品种	2012 年产草量（kg/hm²）		2013 年产草量（kg/hm²）		2014 年产草量（kg/hm²）		2015 年产草量（kg/hm²）		4 年总产草量（kg/hm²）			增产（%）
	雨养	灌溉	雨养	灌溉	雨养	灌溉	雨养	灌溉	雨养	灌溉	T 检验	
驯鹿	14 052 cde	15 944 d	18 032 d	18 755 de	13 298 d	14 075 def	17 275 cd	17 021 cde	62 657 d	65 795 c	0.70	5.01
皇冠	15 075 bcd	17 289 c	19 183 abcde	19 550 abcd	14 341 cd	16 479 bcd	17 370 cd	18 518 abcd	65 969 cd	71 836 bc	0.10	8.89
三得利	12 927 de	15 249 d	18 466 cde	17 775 e	13 724 d	13 706 f	17 854 bcd	16 106 de	62 971 d	62 836 c	0.47	-0.21
德宝	16 771 b	18 959 a	19 304 abcde	18 896 cde	16 136 bc	16 206 f	19 743 abcd	18 496 abcd	71 954 bc	72 557 b	0.32	0.84
赛特	14 291 cde	15 645 d	18 576 bcde	17 842 e	13 777 d	14 275 def	17 145 cd	15 359 e	63 789 d	63 121 c	0.53	-1.05
维多利亚	13 072 de	13 546 e	17 453 e	18 341 de	14 964 cd	16 731 bc	17 726 bcd	19 082 abc	63 215 d	67 700 bc	0.29	7.10
标杆	10 548 f	13 414 e	18 461 cde	18 824 cde	13 143 d	13 968 ef	16 705 d	15 813 de	58 857 d	62 019 d	0.95	5.37
公农 1 号	16 044 bc	18 372 abc	20 442 abc	20 791 a	19 269 a	19 323 a	20 551 abc	19 820 abc	76 306 ab	78 306 a	0.88	2.62
公农 2 号	15 949 bc	18 752 ab	20 890 a	20 550 ab	19 306 a	19 419 a	20 285 abc	19 205 abc	76 430 ab	77 926 a	0.57	1.96
公农 3 号	14 141 ef	15 257 d	17 799 de	17 741 e	13 940 cd	15 176 cdef	17 454 cd	17 526 cde	61 334 d	65 700 c	0.44	7.12
龙牧 806	16 83 6b	17 505 bc	19 784 abcd	18 895 cde	17 844 ab	18 233 ab	19 451 abcd	17 967 bcde	73 915 ab	72 600 b	0.38	-1.78
保定苜蓿	17 393 b	19 091 a	20 338 abc	20 191 abc	19 504 a	19 328 a	22 107 a	20 968 a	79 342 a	79 578 a	0.46	0.30
中苜 1 号	19 755 a	18 663 ab	20 677 ab	20 848 a	19 522 a	19 538 a	20 874 ab	20 628 ab	80 828 a	79 677 a	0.99	-1.42
中苜 2 号	17 361 b	19 375 a	20 338 abc	19 335 bcd	19 384 a	19 546 a	21 211 a	20 656 ab	78 744 ab	78 912 a	0.09	0.21
平均值	15 158	16 933	19 267	19 167	16 329	16 857	18 982	18 369	69 736	71 326		2.28
T 检验	0.001**		0.586		0.405		0.381		0.794			

注：表中增产数据为灌溉处理比雨养处理增产的百分数。同列数值后不同小写字母表示差异显著（P<0.05）。

* 代表在 0.05 水平下差异显著，** 代表在 0.01 水平下差异极显著。

表 2.8　雨养和灌溉处理 14 个苜蓿品种的株高、叶茎比和冬前株高

品种	株高（cm）		叶茎比		冬前株高（cm）	
	雨养	灌溉	雨养	灌溉	雨养	灌溉
驯鹿	59.99 gh	61.92 c	0.87 ab	0.80 abcd	11.65 de	8.90 de
皇冠	64.70 bcde	65.56 ab	0.81 b	0.75 fg	9.31 def	10.11 d
三得利	67.37 abc	66.99 a	0.80 b	0.77 cdefg	13.66 cd	13.66 c
德宝	67.54 ab	67.13 a	0.73 c	0.69 h	9.21 ef	8.69 e
赛特	68.33 a	65.91 ab	0.81 b	0.79 bcdef	16.92 bc	13.08 c
维多利亚	63.84 cdef	66.41 a	0.85 ab	0.80 abcde	22.11 a	23.40 a
标杆	65.31 abcde	65.50 ab	0.85 ab	0.77 cdefg	18.47 ab	18.35 b
公农 1 号	63.29 defg	64.59 abc	0.81 b	0.74 g	6.57 ef	6.44 ghi
公农 2 号	62.18 efgh	63.09 bc	0.81 b	0.81 abc	6.80 ef	6.92 fgh
公农 3 号	59.07 h	57.58 d	0.90 a	0.85 a	6.31 f	6.11 hi
龙牧 806	60.49 fgh	58.67 d	0.85 ab	0.82 ab	5.93 f	5.39 i
保定苜蓿	64.74 bcde	65.89 ab	0.74 c	0.74 fg	6.78 ef	7.07 fgh
中苜 1 号	65.23 abcde	66.87 a	0.72 c	0.75 efg	8.00 ef	8.19 ef
中苜 2 号	66.05 abcd	66.08 ab	0.81 b	0.76 defg	7.76 ef	7.58 efg
平均值	64.15	64.44	0.76	0.72	10.68	10.28

注：表中数据为 2012—2015 年株高、叶茎比和冬前株高的平均值。

同列数值后不同小写字母表示差异显著（$P<0.05$）。

表 2.9　雨养和灌溉处理 14 个苜蓿品种饲用品质比较

品种	粗蛋白质（%）		酸性洗涤纤维（%）		中性洗涤纤维（%）		相对饲用价值		质量等级	
	雨养	灌溉	雨养	灌溉	雨养	灌溉	雨养	灌溉	雨养	灌溉
驯鹿	20.25 a	20.99 a	28.58 a	27.69 c	36.41 c	36.81 b	170 ab	170 a	一级	一级
皇冠	19.73 a	19.45 a	27.93 a	29.67 abc	36.76 bc	38.66 ab	170 ab	158 abcd	一级	一级
三得利	19.55 a	19.66 a	27.77 a	29.20 abc	37.30 bc	38.41 ab	168 abcd	160 abc	一级	一级
德宝	19.02 a	19.84 a	30.50 a	30.67 abc	39.29 ab	39.34 ab	154 de	154 bcd	一级	一级
赛特	19.51 a	19.85 a	28.30 a	28.99 abc	37.55 bc	38.43 ab	166 abcd	160 abc	一级	一级
维多利亚	19.54 a	19.14 a	27.55 a	31.82 a	37.52 bc	41.19 a	167 abcd	145 cd	一级	二级
标杆	19.00 a	19.12 a	30.10 a	30.47 abc	39.29 ab	40.32 a	155 cde	150 cd	一级	二级
公农 1 号	20.10 a	20.08 a	29.14 a	31.14 abc	38.08 abc	39.62 ab	162 abcde	152 cd	一级	一级
公农 2 号	19.25 a	19.60 a	30.11 a	29.67 abc	39.01 ab	39.54 ab	156 bcde	155 abcd	一级	一级
公农 3 号	20.90 a	20.39 a	27.36 a	29.03 abc	35.65 c	38.32 ab	176 a	161 abc	一级	一级
龙牧 806	20.73 a	20.66 a	28.29 a	28.29 abc	37.32 bc	36.80 b	167 abcd	169 ab	一级	一级
保定苜蓿	19.06 a	19.61 a	29.85 a	31.71 ab	39.04 ab	41.50 a	156 bcde	144 d	一级	二级
中苜 1 号	19.49 a	20.71 a	30.32 a	30.67 abc	39.26 ab	39.98 ab	155 de	151 cd	一级	一级
中苜 2 号	19.12 a	20.11 a	30.60 a	31.60 ab	40.25 a	40.37 a	150 e	148 cd	二级	二级
平均值	19.66	19.94	29.03	30.04	38.05	39.24	162	155	一级	一级
T 检验	0.770		0.402		0.199		0.172			

注：同列数值后不同小写字母表示差异显著（$P<0.05$）。

6. 结论

综合考虑产量、品质等农艺性状，中苜 1 号适合在河北衡水地区推广，并且可以采用纯雨养的栽培管理方式。

三、山东东营地区适宜种植苜蓿品种筛选

1. 试验地概况

试验地位于山东省东营市广北农场三分厂（北纬 37°13′、东经 118°33′），属温带季风型大陆性气候，年日照时数 2 440.3 h，无霜期为 203 d，年平均气温 12.2 ℃，年平均降水量 543.3 mm，主要集中在 7 月和 8 月，雨热同季。土壤为壤质潮土（重壤土），耕层（0～30 cm）土壤主要理化性质（表 2.10）：有机质平均含量 1.97%、全氮平均含量 0.82 g/kg、速效氮平均含量 73.02 mg/kg、速效磷平均含量 15.84 mg/kg、速效钾平均含量 251.69 mg/kg、pH 值平均 8.55。

表 2.10　耕层土壤检测概况

取样深度（cm）	pH 值	电导率（μS/cm）	有机质（%）	全氮（g/kg）	速效氮（mg/kg）	速效磷（mg/kg）	速效钾（mg/kg）
0～10	8.53	331.06	2.34	1.06	92.40	5.46	161.12
10～20	8.55	450.36	1.85	0.78	68.54	33.27	196.28
20～30	8.58	503.70	1.72	0.61	58.23	6.79	197.66
平均	8.55	428.37	1.97	0.82	73.02	15.84	251.69

2. 试验材料与设计

21 个紫花苜蓿供试品种的详细信息见表 2.11。

表 2.11　供试品种名称及来源

编号	品种	来源
1	中苜 3 号	中国农业科学院北京畜牧兽医研究所
2	中苜 4 号	中国农业科学院北京畜牧兽医研究所
3	中苜 5 号	中国农业科学院北京畜牧兽医研究所
4	耐盐之星	中国农业科学院北京畜牧兽医研究所
5	WL-SALT	山东农业工程学院
6	巨能 2	中国农业科学院北京畜牧兽医研究所
7	巨能 801	中国农业科学院北京畜牧兽医研究所
8	SK3010	中国农业科学院北京畜牧兽医研究所
9	SR4030	中国农业科学院北京畜牧兽医研究所
10	皇冠	中国农业科学院北京畜牧兽医研究所
11	苜蓿王	山东农业工程学院
12	WL298HQ	山东农业工程学院
13	WL353LH	山东农业工程学院
14	WL414	中国农业科学院北京畜牧兽医研究所
15	WL712	中国农业科学院北京畜牧兽医研究所

（续表）

编号	品种	来源
16	赛迪 7	中国农业科学院北京畜牧兽医研究所
17	三得利	中国农业科学院北京畜牧兽医研究所
18	中苜 1 号（对照）	中国农业科学院北京畜牧兽医研究所
19	WL326GZ	中国农业科学院北京畜牧兽医研究所
20	Bara 416WET	百绿（天津）国际草业有限公司
21	Bara 420YQ	百绿（天津）国际草业有限公司

2017 年 4 月 6 日播种，采用随机区组排列，每个品种 3 次重复。每个小区面积 15m² (3 m × 5 m)，区间距 0.8 m，走道宽 1 m，条播，行距 30 cm，播种量为 15 kg/hm²，播种深度为 1～2 cm。播后浅覆土、轻镇压，苗期进行人工中耕除草。2017 年未测产，次年返青后，在初花期进行刈割，共刈割 3 次。

3. 不同苜蓿品种株高比较

表 2.12 方差分析表明，21 个苜蓿品种第 1 茬和第 2 茬株高差异极显著（$P<0.01$）。第 1 茬时，Bara 420YQ 品种的株高显著低于对照品种（$P<0.05$），其余品种与对照无显著差异；第 2 茬时，Bara 420YQ 的株高仍然显著低于对照品种（$P<0.05$）；第 3 茬时，皇冠的株高显著高于其他品种（$P<0.05$）。总体来看，苜蓿平均株高第 1 茬（99.73 cm）＞第 3 茬（82.38 cm）＞第 2 茬（77.27 cm）；3 茬平均值，巨能 801 最高，其次为 WL712、WL414、赛迪 7、三得利和 WL298HQ。

表 2.12　不同苜蓿品种株高比较 单位：cm

品种	第 1 茬株高	第 2 茬株高	第 3 茬株高	平均
中苜 3 号	106.72 a	68.13 d	77.65 b	84.17 ab
中苜 4 号	93.30 ab	72.46 bcd	77.00 b	80.92 ab
中苜 5 号	104.96 a	76.40 abcd	82.86 b	88.07 ab
耐盐之星	106.05 a	76.38 abcd	79.31 b	87.25 ab
WL-SALT	103.52 a	82.04 ab	82.36 b	89.31 a
巨能 2	101.10 a	82.39 ab	84.06 b	89.18 a
巨能 801	104.42 a	83.62 ab	82.55 b	90.20 a
SK3010	100.39 a	75.25 abcd	78.52 b	84.72 ab
SR4030	106.60 a	76.78 abcd	78.94 b	87.44 ab
皇冠	103.07 a	79.95 abc	111.60 a	98.21 a
苜蓿王	106.26 a	78.34 abcd	81.85 b	88.82 a
WL298HQ	105.97 a	82.22 ab	79.76 b	89.32 a
WL353LH	97.21 ab	78.92 abcd	84.20 b	86.78 ab
WL414	103.86 a	80.92 abc	85.31 b	90.03 a
WL712	103.91 a	84.38 a	81.97 b	90.09 a
赛迪 7	104.03 a	84.39 a	80.15 b	89.52 a
三得利	106.57 a	78.55 abcd	83.17 b	89.43 a
中苜 1 号	94.01 ab	69.54 cd	79.50 b	81.02 ab
WL326GZ	100.90 a	76.70 abcd	86.78 b	88.13 ab

（续表）

品种	第1茬株高	第2茬株高	第3茬株高	平均
Bara 416WET	85.82 b	80.61 abc	76.17 b	80.87 ab
Bara 420YQ	55.62 c	54.61 e	76.26 b	62.16 b
F 值	7.74**	4.04**	1.04	0.76

注：同列数值后不同小写字母表示差异显著（$P<0.05$）。

* 代表在 0.05 水平下差异显著，** 代表在 0.01 水平下差异极显著。

4. 不同苜蓿品种的鲜干比

第 1 茬各苜蓿品种的鲜干比变化范围在 3.28～5.07（表 2.13），最大的品种为巨能 801，最小的品种为 WL326GZ；第 2 茬鲜干比变化范围在 3.08～5.20，最小的品种为 Bara 420YQ，最大的品种为 WL712；第 3 茬鲜干比变化范围在 2.70～3.93，最小的品种为中苜 5 号，最大的品种为 SR4030。

表 2.13　不同苜蓿品种的鲜干比

品种	第1茬	第2茬	第3茬
中苜 3 号	4.57 ab	4.26 abc	3.07 bcde
中苜 4 号	4.17 ab	5.08 a	2.86 de
中苜 5 号	4.47 ab	4.37 abc	2.70 e
耐盐之星	4.53 ab	4.63 abc	3.33 abcde
WL-SALT	4.57 ab	5.23 a	3.57 abc
巨能 2	4.94 a	4.83 ab	3.22 bcde
巨能 801	5.07 a	4.58 abc	3.51 abcd
SK3010	4.69 ab	4.96 ab	3.53 abcd
SR4030	4.85 ab	4.50 abc	3.93 a
皇冠	4.93 a	5.02 a	3.53 abcd
苜蓿王	4.44 ab	4.69 abc	2.97 cde
WL298HQ	4.86 ab	4.90 ab	3.17 bcde
WL353LH	4.65 ab	4.76 abc	3.66 abc
WL414	4.67 ab	3.80 cd	3.00 bcde
WL712	4.72 ab	5.20 a	3.44 abcd
赛迪 7	4.70 ab	4.02 bc	3.26 abcde
三得利	4.56 ab	4.43 abc	3.48 abcd
中苜 1 号	3.92 bc	4.82 ab	3.67 ab
WL326GZ	3.28 c	4.74 abc	3.66 abc
Bara 416WET	3.93 bc	4.63 abc	3.39 abcde
Bara 420YQ	4.43 ab	3.08 d	3.46 abcd
平均	4.64	4.67	3.34

注：同列数值后不同小写字母表示差异显著（$P<0.05$）。

5. 不同苜蓿品种的茎粗

由表 2.14 可知，第 1 茬时，Bara 420YQ 的茎粗均显著低于对照品种（$P<0.05$）；第 2 茬时，巨

能 2 和 Bara 416WET 的茎粗显著高于对照（$P < 0.05$），其他各品种茎粗与对照差异均不显著；第 3 茬时，巨能 801 的茎粗显著低于对照（$P < 0.05$），其余品种与对照差异不显著。从 3 茬平均值来看，除 Bara 420YQ 显著低于对照外，其余各品种间差异不显著。从 3 茬茎粗平均值来看，第 1 茬（3.78 mm）＞第 2 茬（2.96 mm）＞第 3 茬（2.62 mm）。

表 2.14　不同苜蓿品种茎粗的比较　　　　　单位: mm

品种	第 1 茬茎粗	第 2 茬茎粗	第 3 茬茎粗	平均
中苜 3 号	3.57 a	3.22 abc	2.64 abcd	3.14 a
中苜 4 号	3.98 a	3.07 abc	2.62 abcd	3.22 a
中苜 5 号	3.88 a	2.74 bcde	2.54 bcde	3.05 a
耐盐之星	3.84 a	2.52 cde	2.52 bcde	2.96 a
WL-SALT	3.79 a	2.66 bcde	2.58 abcde	3.01 a
巨能 2	4.10 a	3.64 a	2.67 abcd	3.47 a
巨能 801	3.87 a	3.22 abc	2.33 e	3.14 a
SK3010	3.83 a	2.97 abcd	2.47 cde	3.09 a
SR4030	3.59 a	2.90 bcd	2.66 abcd	3.05 a
皇冠	4.27 a	2.86 bcd	2.61 abcd	3.25 a
苜蓿王	3.93 a	2.89 bcd	2.63 abcd	3.15 a
WL298HQ	3.79 a	3.22 abc	2.63 abcd	3.21 a
WL353LH	3.72 a	3.19 abc	2.76 ab	3.22 a
WL414	4.03 a	3.17 abc	2.74 abc	3.31 a
WL712	4.15 a	3.26 ab	2.82 a	3.41 a
赛迪 7	3.49 a	2.75 bcde	2.72 abcd	2.99 a
三得利	4.02 a	2.89 bcd	2.76 ab	3.22 a
中苜 1 号	3.55 a	2.74 bcde	2.71 abcd	3.00 a
WL326GZ	4.01 a	2.35 de	2.57 abcde	2.98 a
Bara 416WET	3.53 a	3.66 a	2.45 de	3.21 a
Bara 420YQ	2.38 b	2.16 e	2.52 bcde	2.35 b
平均	3.78	2.96	2.62	3.12

注：同列数值后不同小写字母表示差异显著（$P < 0.05$）。

6. 不同苜蓿品种的枝条数和枝条重

枝条数方差分析结果（表 2.15）表明：第 1 茬时，赛迪 7 每平方米枝条数显著高于对照（$P < 0.05$），其余品种与对照差异不显著；第 2 茬时，WL298HQ、Bara 416WET 和皇冠每平方米枝条数显著高于对照（$P < 0.05$），其余各品种与对照差异不显著；第 3 茬时，各品种每平方米枝条数与对照相比均无显著差异。从 3 茬每平方米枝条数平均值来看，第 2 茬（512）＞第 1 茬（460）＞第 3 茬（366）。

对枝条重进行方差分析（表 2.15），第 1 茬时，WL326GZ 枝条重显著高于对照（$P < 0.05$）；第 2 茬时，Bara 420YQ 枝条重显著低于对照（$P < 0.05$）；其余品种与对照差异不显著；第 3 茬时，各品种枝条重与对照差异不显著。从 3 茬枝条重平均值来看，第 1 茬（2.00 g）＞第 3 茬（1.44 g）＞第 2 茬（1.04 g）。

表2.15　不同苜蓿品种的枝条数和单个枝条重

品种	每平方米枝条数			枝条重（g）		
	第1茬	第2茬	第3茬	第1茬	第2茬	第3茬
中苜3号	484 abcd	398 bcd	400 abc	1.65 b	1.07 abcde	1.23 ab
中苜4号	454 abcd	374 cd	388 abc	1.94 b	1.03 abcde	1.21 ab
中苜5号	426 abcd	496 abcd	294 abc	2.19 b	1.10 abcde	1.53 ab
耐盐之星	648 ab	596 abcd	598 a	1.84 b	1.03 abcde	0.93 b
WL-SALT	520 abcd	500 abcd	578 ab	1.70 b	0.98 abcde	1.28 ab
巨能2	670 ab	552 abcd	384 abc	1.75 b	1.35 ab	1.32 ab
巨能801	312 bcd	502 abcd	324 abc	1.59 b	1.03 abcde	1.43 ab
SK3010	608 abc	482 abcd	334 abc	1.68 b	0.81 cde	1.69 a
SR4030	428 abcd	484 abcd	370 abc	1.66 b	1.47 a	1.66 a
皇冠	428 abcd	692 ab	202 c	2.02 b	0.70 ef	1.75 a
苜蓿王	396 bcd	580 abcd	282 bc	2.64 b	0.90 bcde	1.48 ab
WL298HQ	210 d	754 a	294 abc	2.18 b	1.10 abcde	1.63 ab
WL353LH	448 abcd	360 cd	368 abc	1.60 b	1.24 abcd	1.73 a
WL414	528 abcd	396 cd	452 abc	1.61 b	1.00 abcde	1.19 ab
WL712	294 bcd	302 d	384 abc	2.17 b	1.28 abc	1.85 a
赛迪7	790 a	374 cd	362 abc	1.47 b	1.24 abcd	1.39 ab
三得利	606 abc	570 abcd	458 abc	1.94 b	1.07 abcde	1.48 ab
中苜1号	338 bcd	380 cd	298 abc	2.62 b	1.12 abcde	1.51 ab
WL326GZ	376 cd	640 abc	280 bc	5.07 a	0.76 def	1.34 ab
Bara 416WET	452 abcd	696 a	274 bc	1.06 b	1.13 abcde	1.15 ab
Bara 420YQ	250 cd	632 abc	352 abc	1.64 b	0.35 f	1.51 ab
平均	460	512	366	2.00	1.04	1.44

注：同列数值后不同小写字母表示差异显著（$P<0.05$）。

7. 不同苜蓿品种干草产量的比较

对21个苜蓿品种干草产量进行分析，结果（表2.16）表明，苜蓿第1茬各品种产量呈极显著差异，各品种年产量差异显著。除Bara 420YQ外，其他20个品种干草产量均是第1茬最高，其中，中苜5号和耐盐之星第1茬产量分别达到8 584.94 kg/hm² 和8 121.52 kg/hm²。除SR4030外，其他品种第2茬产量最低，第3茬产量略高于第2茬，两茬产量分别介于2 565.81～3 378.62 kg/hm² 和3 006.03～4 711.31 kg/hm²。苜蓿年产量最高的是中苜5号，为15 475.92 kg/hm²，其次为中苜3号、耐盐之星和WL414。可见，第1茬产量对苜蓿的高产起主要作用。

表2.16　不同苜蓿品种干草产量的比较　　　　　　　　单位：kg/hm²

品种	第1茬产量	第2茬产量	第3茬产量	年产量
中苜3号	7 644.40 ab	3 186.49 abc	3 788.76 bc	14 619.64 ab
中苜4号	7 110.77 abc	2 673.17 bc	3 955.14 ab	13 739.08 abcd
中苜5号	8 584.94 a	2 988.74 abc	3 902.25 b	15 475.92 a

（续表）

品种	第 1 茬产量	第 2 茬产量	第 3 茬产量	年产量
耐盐之星	8 121.52 ab	2 988.35 abc	3 467.98 bc	14 587.85 ab
WL-SALT	7 430.58 abc	3 037.89 abc	3 244.67 bc	13 713.14 abcd
巨能 2	6 787.25 abc	2 947.85 abc	3 561.02 bc	13 296.12 bcde
巨能 801	6 378.40 abc	3 378.62 ab	3 866.62 bc	13 623.65 abcd
SK3010	7 719.33 ab	2 734.06 bc	3 349.44 bc	13 802.82 abcd
SR4030	6 420.53 abc	3 223.62 abc	3 006.03 c	12 650.18 bcde
皇冠	6 657.79 abc	2 675.96 bc	3 226.06 bc	12 559.81 bcde
苜蓿王	5 346.61 c	2 774.77 abc	3 586.00 bc	11 707.37 de
WL298HQ	6 832.09 abc	2 914.57 abc	3 322.96 bc	13 069.61 bcde
WL353LH	6 218.42 bc	3 040.62 abc	3 149.41 bc	12 408.45 cde
WL414	7 293.79 abc	3 295.37 abc	3 574.29 bc	14 163.45 abc
WL712	6 769.80 abc	2 795.78 abc	3 487.09 bc	13 052.66 bcde
赛迪 7	7 892.01 ab	2 951.56 abc	3 161.00 bc	14 004.56 abc
三得利	6 489.54 abc	3 185.36 abc	3 374.60 bc	13 049.50 bcde
中苜 1 号	6 601.66 abc	2 809.14 abc	3 637.66 bc	13 048.44 bcde
WL326GZ	6 430.96 abc	2 565.81 c	3 561.22 bc	12 557.99 bcde
Bara 416WET	6 423.19 abc	2 808.31 abc	3 445.11 bc	12 676.60 bcde
Bara 420YQ	3 002.19 d	3 192.59 a	4 711.31 a	11 206.09 c
F 值	3.073**	1.31	2.07	2.602*

注：同列数值后不同小写字母表示差异显著（$P<0.05$）。

* 代表在 0.05 水平下差异显著，** 代表在 0.01 水平下差异极显著。

8. 不同苜蓿品种营养成分的比较

2018 年采集第 1 茬干草分析营养成分，测定结果（表 2.17）表明，不同品种间粗蛋白质含量、粗脂肪含量、粗灰分含量和无氮浸出物含量呈显著差异（$P<0.05$）。粗蛋白质含量最高的品种是 Bara 420YQ，占干物质的 23.54%。粗脂肪含量最高的品种是耐盐之星，占干物质的 4.48%。粗灰分含量变化范围为 8.57%～11.76%，中苜 4 号粗灰分含量最低。Bara 420YQ 的无氮浸出物含量为 34.22%，显著低于对照品种。不同品种间粗纤维含量、酸性洗涤纤维含量和中性洗涤纤维含量没有显著性差异（$P>0.05$）。粗纤维含量变化范围为 21.00%～23.72%，WL298HQ 的粗纤维含量最低。酸性洗涤纤维含量变化范围为 26.54%～31.64%，巨能 801 的酸性洗涤纤维含量最低。中性洗涤纤维含量变化范围为 31.82%～39.94%，WL712 的中性洗涤纤维含量最低。

表 2.17　不同苜蓿品种第 1 茬干草营养成分的比较　　　　　　　单位：%

品种	粗蛋白质	粗脂肪	粗纤维	粗灰分	无氮浸出物	酸性洗涤纤维	中性洗涤纤维
中苜 3 号	22.48 ab	3.40 d	23.02 a	11.76 a	36.07 cd	29.01 a	33.27 a
中苜 4 号	16.61 c	3.70 abcd	23.63 a	8.57 c	43.56 ab	27.32 a	39.94 a
中苜 5 号	14.67 c	3.47 cd	21.75 a	8.97 bc	47.64 a	31.64 a	34.30 a
耐盐之星	17.76 bc	4.48 a	23.17 a	10.12 abc	41.24 abc	27.18 a	35.60 a

（续表）

品种	粗蛋白质	粗脂肪	粗纤维	粗灰分	无氮浸出物	酸性洗涤纤维	中性洗涤纤维
WL-SALT	14.77 c	3.68 abcd	22.58 a	9.46 ab	46.28 ab	31.49 a	34.87 a
巨能 2	17.48 bc	3.64 abcd	23.17 a	9.84 abc	42.54 abc	30.18 a	34.03 a
巨能 801	18.31 bc	3.92 abcd	23.72 a	11.17 abc	39.27 bcd	26.54 a	39.37 a
SK3010	18.09 bc	4.33 abc	22.19 a	9.65 abc	42.40 abc	27.30 a	38.30 a
SR4030	15.74 c	3.53 bcd	22.61 a	9.13 bc	45.58 ab	30.34 a	34.29 a
皇冠	16.78 c	4.33 abc	23.11 a	9.92 abc	42.50 abc	29.23 a	35.45 a
苜蓿王	17.88 bc	3.59 abcd	22.53 a	9.90 abc	42.82 abc	29.68 a	32.95 a
WL298HQ	18.44 bc	3.24 d	21.00 a	9.47 abc	44.58 ab	27.99 a	37.14 a
WL353LH	16.91 c	3.25 d	21.31 a	8.99 bc	45.71 ab	30.43 a	35.99 a
WL414	16.84 c	3.80 abcd	21.23 a	8.99 bc	46.03 ab	27.32 a	37.22 a
WL712	18.92 abc	3.62 abcd	22.47 a	10.51 abc	41.03 abc	29.76 a	31.82 a
赛迪 7	18.75 abc	3.75 abcd	21.50 a	9.26 abc	43.27 ab	31.37 a	36.05 a
三得利	17.41 bc	3.93 abcd	22.74 a	9.91 abc	42.48 abc	28.28 a	36.87 a
中苜 1 号	19.20 abc	3.74 abcd	22.65 a	8.91 bc	42.15 abc	28.41 a	39.63 a
WL326GZ	17.82 bc	4.42 ab	21.76 a	8.84 bc	43.90 ab	27.03 a	39.04 a
Bara 416WET	15.48 c	3.68 abcd	21.61 a	9.40 abc	46.66 a	31.21 a	31.99 a
Bara 420YQ	23.54 a	4.09 abcd	23.67 a	11.31 ab	34.22 d	29.23 a	35.99 a
F 值	2.113*	1.861	0.717	1.289	2.518*	1.196	0.724

注：同列数值后不同小写字母表示差异显著（$P<0.05$）。

* 代表在 0.05 水平下差异显著。

9. 结论

从生产性能和营养价值综合考虑，中苜 5 号、中苜 3 号综合性状突出，为山东东营地区建植苜蓿草地的优选品种。

第三节　东北寒冷地区适宜种植苜蓿品种筛选

东北寒冷地区包括东北三省和内蒙古自治区的东部，主要的地区有小兴安岭、长白山地和东北平原，山环水绕，黑土肥沃。东北地区是中国重要的商品粮基地、畜牧业基地、林业基地和重工业基地。

东北地区大部分是温带湿润、半湿润大陆性季风气候。夏季气温较高，光照充足。降水量中等。早晚温差比较大。冬季过于寒冷，大雪天气较多，虽然对土壤的墒情较有利，但不适宜越冬农作物的生长，熟制为一年一熟，主要种植春小麦、玉米、大豆、高粱等喜阳耐寒的农作物。

该类气候的主要特征是：冬季漫长而严寒，每年有 5～7 个月月平均气温 0℃以下，并经常出现 -50℃ 的严寒天气；夏季短暂而温暖，月平均气温在 10℃ 以上，高者可达 18～20℃，气温年较差特别大；年降水量一般为 300～600 mm，以夏雨为主。因蒸发微弱，相对湿度高。

一、吉林白城地区适宜种植苜蓿品种筛选

1. 试验地概况

试验地位于吉林省白城市畜牧科学研究院试验基地，属温带大陆性季风气候，降水集中在夏季，雨热同期，春季干燥多风，十年九春旱，夏季炎热多雨，雨热不均；冬季干冷，雨雪较少。年平均日照时数 2 885.8 h，年平均气温 4.4℃，无霜期 142 d，年平均降水量 354.9 mm，年有效积温（≥10℃）2 927℃。地形平坦，土壤为草甸黑钙土，海拔 155 m，地下水位 15 m，土壤 pH 值平均为 7.15、有机质平均含量 17.25 g/kg、全氮平均含量 0.10%、有效磷平均含量 22.11 mg/kg、速效钾平均含量 165.62 mg/kg、铵态氮平均含量 1.64 mg/kg。

2. 试验材料与设计

供试国内外苜蓿品种 15 个，品种名称及来源见表 2.18。

表 2.18　供试品种名称及来源

编号	品种	来源
1	公农 5 号	吉林省农业科学院
2	Power4.2	丹麦丹农种子股份公司
3	Super nova	丹麦丹农种子股份公司
4	Saskia	丹麦丹农种子股份公司
5	Fortune	丹麦丹农种子股份公司
6	Creno	丹麦丹农种子股份公司
7	Gibraitar	丹麦丹农种子股份公司
8	Instinct	丹麦丹农种子股份公司
9	Vision	丹麦丹农种子股份公司
10	DLF-192	丹麦丹农种子股份公司
11	WL343H	北京正道生态科技有限公司
12	WL319HQ	北京正道生态科技有限公司
13	WL354HQ	北京正道生态科技有限公司
14	WL343HQ	北京正道生态科技有限公司
15	WL168HQ	北京正道生态科技有限公司

试验采用随机区组排列，每个品种重复 3 次，小区面积 15 m²（5 m×3 m），相邻小区间隔 50 cm。播种日期为 2014 年 5 月 11 日，条播，行距 30 cm，人工开沟。播种深度为 1～2 cm，每小区播种量 30 g，施用 100 kg/hm² 磷酸二铵底肥，杂草防除使用人工铲除。刈割收获在初花期进行，留茬高度 5 cm。建植当年（2014 年）刈割 2 茬，2015 年、2016 年和 2017 年均刈割 3 茬。

3. 不同苜蓿品种干草产量的比较

从表 2.19 可知，建植当年（2014 年）Power4.2 总产量数值最高达到 9 335.05 kg/hm²，其次为公农 5 号 9 292.70 kg/hm²，显著高于除 WL343H 外的其他品种；2014—2017 年，各年干草产量和 4 年总干草产量最高的都是公农 5 号（74 840.52 kg/hm²），显著高于其他所有品种（$P<0.05$），较排名第 2 位的品种 WL343H（65 286.56 kg/hm²）和排名第 3 位的品种 Power4.2（63 242.11 kg/hm²）分别增产 14.63% 和 18.34%。

表2.19 不同首蓿品种干草产量比较

品种	干草产量（kg/hm²）				4年总干草产量（kg/hm²）	排序
	2014年	2015年	2016年	2017年		
公农5号	9 292.70 a	28 615.43 a	19 048.81 a	17 883.58 a	74 840.52	1
WL354HQ	8 480.67 bc	20 304.33 cd	14 834.45 cd	15 172.94 cde	58 792.39	7
WL343HQ	8 221.00 bc	23 896.67 b	14 056.19 de	15 750.84 cd	61 924.70	4
WL343H	8 828.63 ab	24 549.00 b	16 830.78 b	15 078.15 de	65 286.56	2
WL319HQ	7 940.00 cde	19 827.00 cde	15 650.44 c	15 920.68 bc	59 338.12	5
WL168HQ	7 930.00 cde	20 756.67 c	13 483.12 e	14 452.14 e	56 621.93	8
Vision	7 347.50 ef	14 677.00 hi	10 253.37 f	8 984.68 h	41 262.55	14
Super nova	7 400.00 def	17 762.00 efg	17 128.469 b	16 683.54 b	58 974.00	6
Saskia	7 806.00 cde	15 110.50 hi	13 983.97 de	11 505.62 g	48 406.09	11
Power4.2	9 335.05 a	18 671.00 cdef	17 584.17 b	17 651.89 a	63 242.11	3
Instinct	7 903.00 cde	14 649.00 hi	10 275.98 f	8 517.47 hi	41 345.45	13
Gibraitar	8 159.00 bcd	18 401.00 def	9 210.75 f	8 165.56 hi	43 936.31	12
Fortune	7 430.50 def	15 653.00 ghi	13 967.01 de	12 934.52 f	49 985.03	10
DLF-192	6 845.00 f	13 783.00 i	9 859.96 f	7 745.15 i	38 233.11	15
Creno	6 940.50 f	16 824.00 fgh	13 243.86 e	13 194.85 f	50 203.21	9

注：同列数值后不同小写字母表示差异显著（P＜0.05）。

4. 不同首蓿品种株高的比较

2014—2017年15个首蓿品种间株高表现的差异性并不相同（表2.20、表2.21）。2014年第1茬公农5号株高最高；第2茬WL354HQ株高最高。2015年第1茬WL343HQ株高最高，与株高排名第2的公农5号差异不显著；第2茬Power4.2株高最高，与公农5号差异不显著；第3茬Power4.2株高最高，显著高于公农5号（P＜0.05）。2016年第1茬公农5号株高最高，显著高于其他品种（P＜0.05）；第2茬Instinct株高最高，与株高排名第2位的公农5号差异不显著；第3茬公农5号株高最高。2017年第1茬Power4.2株高最高，显著高于其他品种（P＜0.05）；第2茬Supev nova株高最高，第3茬Saskia株高最高，均显著高于公农5号（P＜0.05）。

2014—2017年不同首蓿品种的株高均随刈割次数的增加而降低，公农5号的第1茬株高均表现较好，而在第2茬和第3茬则表现一般，说明公农5号的再生性与部分国外品种相比有一定的弱势，但公农5号的平均株高（75.49 cm）总体排名在第1位，其次是Power4.2（74.61 cm）。

表2.20 2014—2015年不同首蓿品种的株高比较

品种	2014年株高（cm）		2015年株高（cm）		
	第1茬	第2茬	第1茬	第2茬	第3茬
公农5号	71.20 a	46.27 def	93.83 ab	86.37 abc	66.47 cd
WL354HQ	69.47 ab	54.00 a	89.83 ab	84.07 bcd	71.23 ab
WL343HQ	68.17 ab	52.37 ab	94.80 a	77.07 d	71.87 ab
WL343H	66.50 bc	49.37 bcd	92.60 ab	93.60 a	73.70 a
WL319HQ	63.90 c	46.97 cdef	91.70 ab	93.50 a	70.90 abc

（续表）

品种	2014 年株高（cm）		2015 年株高（cm）		
	第 1 茬	第 2 茬	第 1 茬	第 2 茬	第 3 茬
WL168HQ	63.07 c	45.57 f	91.43 ab	81.77 cd	67.17 bcd
Vision	53.80 ef	45.80 ef	68.05 de	81.00 cd	65.65 cd
Super nova	57.60 de	49.50 bcde	90.40 ab	90.05 abc	69.65 abcd
Saskia	56.55 de	47.90 cdef	88.75 ab	92.25 ab	65.35 e
Power4.2	68.95 ab	48.55 cdef	89.70 ab	94.65 a	74.75 a
Instinct	63.00 c	47.80 cdef	79.25 c	76.25 d	70.80 abcd
Gibraitar	66.40 bc	49.95 bc	74.45 cd	76.75 d	70.95 abcd
Fortune	58.60 d	48.00 cdef	87.05 b	91.05 ab	68.15 bcd
DLF-192	53.40 ef	41.90 g	66.60 e	75.90 d	70.00 abcd
Creno	51.95 f	48.05 cdef	90.20 ab	91.20 ab	71.30 abc

注：同列数值后不同小写字母表示差异显著（$P<0.05$）。

表 2.21　2016—2017 年不同苜蓿品种的株高比较

品种	2016 年株高（cm）			2017 年株高（cm）		
	第 1 茬	第 2 茬	第 3 茬	第 1 茬	第 2 茬	第 3 茬
公农 5 号	95.00 a	78.40 ab	63.97 a	89.10 a	77.30 cd	62.47 ef
WL354HQ	76.90 ef	74.60 abc	55.73 abc	84.83 b	68.63 f	67.17 cd
WL343HQ	81.43 cd	73.67 bc	56.63 abc	85.17 b	73.37 e	69.37 bc
WL343H	83.67 c	73.23 c	58.00 ab	77.97 cd	72.63 e	58.57 f
WL319HQ	80.73 cd	77.37 abc	52.97 abc	86.17 b	72.77 e	71.07 abc
WL168HQ	74.90 f	72.87 c	45.37 bcd	86.47 b	76.57 d	69.33 bc
Vision	46.45 i	71.95 c	31.40 d	73.85 f	65.60 g	62.30 def
Super nova	81.65 cd	75.45 abc	43.65 bcd	78.35 cd	85.60 a	72.30 ab
Saskia	79.15 de	77.25 abc	47.15 abcd	77.45 de	79.25 c	76.00 a
Power4.2	89.55 b	76.35 abc	45.35 bcd	89.15 a	77.25 cd	66.50 cde
Instinct	56.95 g	79.45 a	40.15 cd	78.20 cd	66.00 g	61.70 ef
Gibraitar	45.95 i	77.90 abc	43.25 bcd	76.30 def	66.70 fg	58.60 f
Fortune	87.85 b	74.70 abc	43.00 bcd	76.60 de	78.10 cd	61.00 f
DLF-192	52.05 h	73.15 bc	44.70 bcd	74.95 ef	59.20 h	60.15 f
Creno	79.80 de	76.20 abc	45.90 bcd	80.10 c	82.55 b	71.05 abc

注：同列数值后不同小写字母表示差异显著（$P<0.05$）。

5. 结论

通过 4 年的综合比较分析，结果表明公农 5 号产量、株高性状整体表现良好且稳定，适宜在吉林西部及类似地区进行大面积的推广种植。

二、黑龙江哈尔滨地区适宜种植苜蓿品种筛选

1. 试验地概况

试验地位于黑龙江省哈尔滨市道外区黑龙江省农业科学院科技示范园区，年平均气温 3.1℃，年有效积温（≥10℃）2 546.2 ℃，无霜期 150 d，地势平坦，土壤为黑土，速效氮平均含量 113.6 mg/kg、速效磷平均含量 84.3 mg/kg、速效钾平均含量 215.0 mg/kg、有机质平均含量 41.4 mg/kg、土壤 pH 值平均 7.15。

2. 试验材料与设计

引进国内外紫花苜蓿品种共 18 个，见表 2.22。于 2017 年在哈尔滨试验圃播种，3 次重复，随机排列，小区面积 15 m^2（3 m×5 m），小区间隔 50 cm。播前翻耙平整后开沟，沟深 2～3 cm；采用条播，条播行距 30 cm，播种量为 20.0 kg/hm^2。试验期间各小区统一管理，人工除草一次，2018 年在现蕾期进行各项指标测定。

表 2.22　供试品种名称及来源

编号	品种	来源
1	旱地苜蓿	美国
2	雷霆	美国
3	农菁 1 号	中国
4	WL168HQ	美国
5	218TR	美国
6	威神	美国
7	WL298HQ	美国
8	WL319	美国
9	耐盐之星	美国
10	SK3010	加拿大
11	北极熊	美国
12	巨能	美国
13	SR4030	加拿大
14	前景	美国
15	莫斯特	美国
16	310sc	美国
17	MF4020	加拿大
18	公农 1 号	中国

3. 不同苜蓿品种的草产量比较

由表 2.23 可知，北极熊的 3 茬总干草产量最高，为 19 051 kg/hm^2，显著高于其他品种（$P<0.05$）。

表 2.23　不同苜蓿品种干草产量比较

品种	干草产量（kg/hm²）				排序
	第 1 茬	第 2 茬	第 3 茬	3 茬总干草产量	
旱地苜蓿	6 338 b	7 164 a	5 334 d	18 836 a	2
雷霆	6 237 bc	5 747 d	6 576 a	18 560 b	3
农菁 1 号	6 432 b	6 783 b	5 266 d	18 481 b	5
WL168HQ	6 171 c	5 635 d	6 683 a	18 489 b	4
218TR	5 955 d	4 762 f	6 111 b	16 828 c	6
威神	6 176 c	5 464 d	3 984 g	15 624 d	9
WL298HQ	5 683 e	5 860 c	5 224 d	16 767 c	7
WL319	4 321 h	5 826 c	5 703 c	15 850 d	8
耐盐之星	5 061 f	4 966 f	4 984 e	15 011 e	11
SK3010	5 178 f	5 072 e	3 959 g	14 209 f	12
北极熊	8 756 a	5 110 e	5 185 de	19 051 a	1
巨能	4 849 f	5 666 d	4 587 f	15 102 e	10
SR4030	4 279 h	5 179 e	4 070 g	13 528 g	15
前景	4 408 h	4 419 g	4 068 g	12 895 h	16
莫斯特	4 746 g	4 828 f	4 064 g	13 638 g	14
310sc	2 097 i	5 301 e	6 735 a	14 134 f	13
MF4020	3 395 i	3 711 h	3 392 h	10 498 h	17
公农 1 号	2 473 i	4 491 g	3 140 h	10 104 h	18

注：同列数值后不同小写字母表示差异显著（$P<0.05$）。

4. 不同苜蓿品种株高及生长速度比较

由表 2.24 可知，第 1 茬各品种株高在 62.00～77.00 cm，其中 WL168HQ 株高最高，前景株高最低；第 2 茬各品种株高在 80.00～103.00 cm，雷霆株高最高，MF4020 株高最低；第 3 茬各品种株高在 48.00～82.00 cm，旱地苜蓿、莫斯特株高最高，北极熊、公农 1 号株高最低。现蕾期间各品种生长速度在 0.76～1.96 cm/d，WL319 生长速度最大，310sc 生长速度最慢。

表 2.24　不同苜蓿品种株高及生长速度比较

品种	第 1 茬株高（cm）	第 2 茬株高（cm）	第 3 茬株高（cm）	生长速度（cm/d）
旱地苜蓿	68.00	85.00	82.00	1.60
雷霆	69.00	103.00	60.00	1.60
农菁 1 号	74.00	83.00	60.00	1.64
WL168HQ	77.00	89.00	54.00	1.27
218TR	72.00	88.00	62.00	0.80
威神	64.00	87.00	61.00	1.04
WL298HQ	71.00	92.00	57.00	1.78
WL319	73.00	87.00	70.00	1.96
耐盐之星	63.00	87.00	77.00	1.33

（续表）

品种	第 1 茬株高（cm）	第 2 茬株高（cm）	第 3 茬株高（cm）	生长速度（cm/d）
SK3010	63.00	84.00	74.00	1.51
北极熊	71.00	88.00	48.00	1.44
巨能	68.00	85.00	75.00	1.53
SR4030	63.00	85.00	73.00	1.49
前景	62.00	83.00	52.00	1.91
莫斯特	65.00	85.00	82.00	1.29
310sc	69.00	81.00	74.00	0.76
MF4020	65.00	80.00	64.00	1.49
公农 1 号	69.00	89.00	48.00	1.42

5. 不同苜蓿品种农艺性状的比较

由表 2.25 可知，品种 218TR 的中央小叶叶长、中央小叶叶宽最大，分别为 2.17 cm、0.70 cm，各品种的中央小叶叶长、中央小叶叶宽由高到低排序为：218TR＞WL168HQ＞巨能＞雷霆＞公农 1 号＞WL298HQ＞310sc＞WL319＞旱地苜蓿＞农菁 1 号＞威神＞MF4020＞莫斯特＞耐盐之星＞SR4030＞SK3010＞北极熊＞前景；品种 WL298HQ 的茎粗最大，为 3.80 mm，各品种的茎粗由高到低排序为：WL298HQ＞耐盐之星＞雷霆＞218TR＞WL319＞MF4020＞莫斯特＞公农 1 号＞北极熊＞农菁 1 号＞WL168HQ＞威神＞旱地苜蓿＞前景＞巨能＞310sc＞SR4030＞SK3010；品种 218TR 的单株分枝数最高，为 29.00 个，单株分枝数由高到低排序：218TR＞旱地苜蓿＞农菁 1 号＞雷霆＞MF4020＞SK3010＞莫斯特＞巨能＞WL319＞WL298HQ＞威神＞310sc＞SR4030＞前景＞公农 1 号＞北极熊＞WL168HQ＞耐盐之星。

表 2.25　不同苜蓿品种农艺性状的比较

品种	中央小叶叶长（cm）	中央小叶叶宽（cm）	茎粗（mm）	单株分枝数（个）
旱地苜蓿	1.80	0.50	3.02	24.00
雷霆	2.07	0.57	3.67	22.00
农菁 1 号	1.77	0.67	3.20	23.00
WL168HQ	2.10	0.63	3.16	13.00
218TR	2.17	0.70	3.37	29.00
威神	1.77	0.63	3.03	18.00
WL298HQ	1.90	0.67	3.80	18.00
WL319	1.83	0.57	3.37	19.00
耐盐之星	1.57	0.57	3.76	11.00
SK3010	1.57	0.47	2.77	20.00
北极熊	1.53	0.67	3.20	15.00
巨能	2.10	0.50	2.96	20.00
SR4030	1.57	0.50	2.78	17.00
前景	1.37	0.53	2.99	16.00
莫斯特	1.67	0.60	3.34	20.00
310sc	1.83	0.60	2.85	17.00

（续表）

品种	中央小叶叶长（cm）	中央小叶叶宽（cm）	茎粗（mm）	单株分枝数（个）
MF4020	1.77	0.57	3.35	20.00
公农1号	2.00	0.60	3.32	15.00

6. 不同苜蓿品种的营养成分

由表2.26可知，品种WL168HQ、WL298HQ的粗蛋白质含量排名第1、第2，分别为22.06%、22.03%，显著高于其他品种（$P<0.05$），公农1号的粗蛋白质含量最低，仅为16.81%。品种WL319和SR4030的相对饲用价值排名第1、第2，分别为185和182，显著高于其他品种（$P<0.05$），品种310sc相对饲用价值最低，为138。

表2.26 不同苜蓿品种的营养成分

品种	粗蛋白质（%）	酸性洗涤纤维（%）	中性洗涤纤维（%）	相对饲用价值	排序
旱地苜蓿	19.76 b	30.81 ab	37.06 d	163 cd	10
雷霆	17.28 def	31.18 b	37.82 de	159 d	13
农菁1号	18.56 bc	30.11 a	35.71 abc	170 b	4
WL168HQ	22.06 a	31.44 b	36.34 d	165 c	7
218TR	18.35 de	31.07 b	41.36 e	145 f	17
威神	18.00 de	34.70 d	36.79 d	156 de	15
WL298HQ	22.03 a	33.25 c	34.04 abc	172 b	3
WL319	20.64 b	32.56 c	31.86 a	185 a	1
耐盐之星	18.17 de	36.33 e	34.36 abc	164 c	9
SK3010	16.92 f	30.49 ab	36.69 d	165 c	8
北极熊	18.85 bc	31.55 bc	35.95 abcd	166 c	6
巨能	17.98 de	33.60 c	36.12 abcd	162 cd	11
SR4030	19.27 bc	31.22 b	32.95 ab	182 a	2
前景	16.86 f	33.65 c	37.15 d	157 de	14
莫斯特	20.76 b	33.34 de	34.50 abc	170 b	5
310sc	17.72 de	34.23 de	42.06 e	138 f	18
MF4020	21.01 ab	33.25 de	36.53 d	160 d	12
公农1号	16.81 f	30.30 a	39.11 d	155 de	16

注：同列数值后不同小写字母表示差异显著（$P<0.05$）。

7. 不同苜蓿品种农艺性状与品质的灰色关联度分析

由表2.27可知，综合性状最好的品种依次是旱地苜蓿、农菁1号、WL168HQ，其等权关联度分别为0.632、0.610、0.595；其加权关联度分别为0.641、0.613和0.607。

表2.27 不同苜蓿品种关联度及排序

品种	等权关联度	权重系数	加权关联度	排序
旱地苜蓿	0.632	0.133	0.641	1
雷霆	0.560	0.118	0.573	4

（续表）

品种	等权关联度	权重系数	加权关联度	排序
农菁1号	0.610	0.128	0.613	2
WL168HQ	0.595	0.125	0.607	3
218TR	0.555	0.117	0.543	6
威神	0.463	0.097	0.462	14
WL298HQ	0.549	0.115	0.553	8
WL319	0.548	0.115	0.566	9
耐盐之星	0.441	0.093	0.448	17
SK3010	0.512	0.108	0.527	12
北极熊	0.545	0.114	0.547	10
巨能	0.515	0.108	0.526	11
SR4030	0.554	0.116	0.572	7
前景	0.452	0.095	0.431	15
莫斯特	0.557	0.117	0.583	5
310sc	0.467	0.098	0.466	13
MF4020	0.448	0.094	0.461	16
公农1号	0.435	0.091	0.455	18

8. 结论

综合考虑18个国内外紫花苜蓿品种的生产性能、营养品质等性状，旱地苜蓿、农菁1号和WL168HQ生产性能和营养品质较好，适宜在黑龙江哈尔滨地区种植。

第四节　内蒙古高原适宜种植苜蓿品种筛选

内蒙古高原位于阴山山脉之北，大兴安岭以西，北至国界，西至东经106°附近。介于北纬40°20′～50°50′、东经106°～121°40′。一般海拔1 000～1 200 m，南高北低，北部形成东西向低地，最低海拔降至600 m左右。是中国多风地区之一，年均风速4～6 m/s。以温带大陆性季风气候为主。有降水量少而不匀、风大、寒暑变化剧烈的特点。大兴安岭北段地区属于寒温带大陆性季风气候，巴彦浩特—海勃湾—巴彦高勒以西地区属于温带大陆性气候。总的特点是春季气温骤升，多大风天气，夏季短促而炎热，降水集中，秋季气温剧降，霜冻往往早来，冬季漫长严寒，多寒潮天气。

内蒙古高原的东部边缘属森林草原黑钙土地带，东部广大地区为典型草原栗钙土地带，西部地区为荒漠草原棕钙土地带，最西端已进入荒漠漠钙土地带。内蒙古高原夏季风弱，冬季风强。年均风速4～6 m/s，从东向西增大。8级以上大风日数50～90 d，冬春两季占全年大风日数的60%左右。风速6～7 m/s即可发生明显的起沙。气候干燥，冬季严寒，日照丰富。年均温3～6 ℃，西高东低，1月均温-28～-14 ℃，极端最低温可达-50 ℃。7月均温16～24 ℃，炎热天气很少出现。牧草生长期10 ℃以上活动积温2 000～3 000 ℃。年日照2 600～3 200 h。降水量分布东多西少，介于150～400 mm，6—8月集中降水占全年降水量的70%，降水年际变率大。

一、内蒙古呼和浩特地区适宜种植苜蓿品种筛选

1. 试验地概况

试验地位于内蒙古呼和浩特市和林格尔县盛乐镇，地理位置北纬 40° 39′、东经 111° 58′，属半干旱大陆性气候，年平均气温 6.7 ℃，年平均降水量 400 mm 左右；土壤为栗钙土，砂砾质，轻度盐碱化；土壤 pH 值 8.4、有机质 5.7 g/kg、碱解氮 13.5 mg/kg、有效磷 25.6 mg/kg、速效钾 118 mg/kg。

2. 试验材料与设计

选用国内外 16 个苜蓿品种为试验材料，其中国内品种 10 个，国外品种 6 个（表 2.28）。试验采用随机区组排列，每个品种 3 次重复，小区面积 5 m²（5 m×1 m）。条播，行距 20 cm，播种深度 2 cm，播种量 20 kg/hm²，播后覆土镇压。生长期间适时灌水、除草、防治病虫害。播种日期为 2018 年 5 月，在初花期刈割测产，年刈割 3 次，留茬 5 cm。

表 2.28　试验材料及来源

编号	品种	来源
1	敖汉	内蒙古农业大学
2	公农 2 号	吉林省农业科学院畜牧科学分院
3	WL323ML	北京中种草业有限公司
4	龙牧 803	黑龙江省农业科学院畜牧兽医分院
5	中苜 2 号	中国农业科学院北京畜牧兽医研究所
6	草原 2 号	内蒙古农业大学
7	甘农 3 号	甘肃农业大学
8	瑞典	百绿国际草业有限公司
9	三得利	百绿国际草业有限公司
10	草原 3 号	内蒙古农业大学
11	惊喜	北京克劳沃种业科技有限公司
12	皇后	百绿国际草业有限公司
13	新疆大叶	新疆农业大学
14	察北	中国农业科学院草原研究所
15	赛特	百绿国际草业有限公司
16	陇东	甘肃草原生态研究所

3. 不同苜蓿品种的草产量

2019—2021 年试验期内，全部品种年平均鲜草产量在 16.35～28.46 t/hm²，年平均干草产量在 8.58～13.96 t/hm²（表 2.29）。2019 年，草原 3 号的鲜草产量和干草产量都是最高，分别为 24.87 t/hm² 和 12.61 t/hm²，显著高于其他品种（$P<0.05$）。2020 年，各品种的产量整体有所提升，草原 3 号的鲜草和干草产量均为最高，分别为 28.96 t/hm² 和 13.40 t/hm²，显著高于其他品种（$P<0.05$）。2021 年，草原 3 号的鲜草产量和干草产量仍是最高，分别为 31.57 t/hm² 和 15.89 t/hm²，显著高于其他品种（$P<0.05$）。草原 3 号、三得利、中苜 2 号和龙牧 803 的 3 年平均干草产量较高（12.00～13.96 t/hm²），产量中等（10.00～11.19 t/hm²）的品种有甘农 3 号、察北、WL323ML、惊喜、公农 2 号、赛特、敖

汉、草原 2 号，其余品种产量较低（8.58～9.99 t/hm²），新疆大叶 3 年平均干草产量最低。

表 2.29　不同苜蓿品种的草产量

单位：t/hm²

品种	2019 年产量		2020 年产量		2021 年产量		3 年平均产量	
	鲜草	干草	鲜草	干草	鲜草	干草	鲜草	干草
敖汉	21.27 f	9.53 ef	22.24 de	10.48 def	20.20 fg	11.28 def	21.24 fg	10.43 de
公农 2 号	21.67 ef	9.66 de	21.90 ef	10.29 defg	22.16 e	11.65 de	21.91 ef	10.53 de
WL323ML	21.89 de	9.90 d	24.17 c	11.72 bc	22.40 de	11.68 de	22.82 de	11.10 cd
龙牧 803	22.35 cd	10.31 c	24.19 c	11.81 bc	24.70 c	13.87 c	23.75 cd	12.00 bc
中苜 2 号	22.89 c	11.56 b	26.60 b	12.21 b	24.83 c	14.79 bc	24.77 c	12.85 ab
草原 2 号	20.70 gh	9.36 ef	20.97 fg	10.21 efg	18.60 h	10.45 fg	20.09 h	10.00 de
甘农 3 号	22.51 c	10.50 c	22.69 de	11.10 cde	23.24 d	11.98 d	22.81 de	11.19 cd
瑞典	18.36 i	8.31 g	20.50 g	9.46 gh	14.19 k	8.11 i	17.68 j	8.63 f
三得利	23.88 b	11.76 b	28.10 a	12.46 b	27.15 b	15.23 ab	26.38 b	13.15 ab
草原 3 号	24.87 a	12.61 a	28.96 a	13.40 a	31.57 a	15.89 a	28.46 a	13.96 a
惊喜	21.29 f	9.54 ef	23.99 c	11.54 bc	20.63 f	11.55 de	21.97 ef	10.88 cd
皇后	18.40 i	8.60 g	20.60 g	9.79 fg	17.57 i	9.67 gh	18.86 i	9.35 ef
新疆大叶	17.16 j	7.60 h	16.60 h	8.77 h	15.29 j	9.37 h	16.35 k	8.58 f
察北	22.43 c	10.33 c	23.82 c	11.22 cd	23.05 de	11.87 d	23.10 d	11.14 cd
赛特	21.20 fg	9.43 ef	23.18 cd	11.13 cde	19.84 fg	10.98 def	21.40 f	10.51 de
陇东	20.46 h	9.23 f	20.85 fg	10.11 fg	19.55 gh	10.62 efg	20.29 gh	9.99 de

注：同列数值后不同小写字母表示差异显著（P＜0.05）。

4. 不同苜蓿品种的营养成分

从表 2.30 可以看出，各品种的粗蛋白质、中性洗涤纤维和酸性洗涤纤维含量年度之间略有不同。所有品种的粗蛋白质含量 2019 年介于 17.02%～20.14%，2020 年介于 17.39%～22.57%，2021 年介于 18.23%～21.68%。依据 3 年平均值分析，可将所有苜蓿品种划分为 3 个等级，其中粗蛋白质含量超过 20% 的品种有 4 个，分别为龙牧 803、敖汉、公农 2 号和中苜 2 号；粗蛋白质含量在 19%～20% 的品种有 7 个，分别为赛特、皇后、察北、草原 2 号、新疆大叶、瑞典和三得利；粗蛋白质含量在 19% 以下的品种有 5 个，分别为草原 3 号、WL323ML、甘农 3 号、惊喜和陇东。

16 个品种的中性洗涤纤维和酸性洗涤纤维含量 3 年平均值差异较大，分别介于 38.10%～47.17% 和 28.53%～34.01%。3 年平均中性洗涤纤维和酸性洗涤纤维含量最低的品种均为龙牧 803，分别为 38.10% 和 28.53%。据此可将所有品种划分为 3 个类群：低含量类群（中性洗涤纤维含量＜40%，酸性洗涤纤维含量＜30%），包括龙牧 803、公农 2 号和中苜 2 号 3 个品种；中等含量类群（中性洗涤纤维含量为 40%～45%，酸性洗涤纤维含量为 30%～33%），包括 WL323ML、草原 2 号、草原 3 号、陇东和瑞典等 8 个品种；高含量类群（中性洗涤纤维含量＞43%，酸性洗涤纤维含量＞32%），包括三得利、甘农 3 号、新疆大叶、察北和敖汉共 5 个品种。

表 2.30　不同苜蓿品种的营养成分

年份	品种	粗蛋白质（%）	中性洗涤纤维（%）	酸性洗涤纤维（%）	相对饲用价值
2019 年	敖汉	19.53 ab	47.83 ab	30.78 bc	125.20 j
	公农 2 号	19.53 ab	41.56 i	27.49 e	149.99 b
	WL323ML	17.02 f	45.50 cd	30.10 cd	134.13 g
	龙牧 803	20.14 a	40.82 i	25.08 f	158.21 a
	中苜 2 号	18.54 cd	42.86 h	27.41 e	147.97 c
	草原 2 号	17.53 ef	44.23 efg	27.98 e	140.84 d
	甘农 3 号	17.28 ef	47.24 b	31.06 abc	126.67 i
	瑞典	17.40 ef	44.53 defg	31.40 ab	134.35 g
	三得利	17.54 ef	45.72 c	32.09 a	129.50 h
	草原 3 号	19.24 bc	45.45 cd	29.37 d	136.35 f
	惊喜	17.14 f	44.03 fg	31.29 ab	136.24 f
	皇后	17.68 ef	43.56 gh	31.25 ab	137.98 e
	新疆大叶	18.14 de	48.84 a	31.58 ab	122.78 k
	察北	18.80 bcd	48.15 ab	31.19 ab	124.24 g
	赛特	18.81 bcd	45.28 cde	28.32 e	137.68 e
	陇东	17.22 f	44.99 cdef	30.93 bc	134.02 g
2020 年	敖汉	21.55 b	44.88 b	29.76 cde	135.49 i
	公农 2 号	21.47 b	42.06 e	27.02 g	149.81 b
	WL323ML	18.08 fg	43.58 cd	29.71 cde	142.22 e
	龙牧 803	22.57 a	40.85 f	27.88 g	154.77 a
	中苜 2 号	21.03 bc	42.28 e	28.78 ef	146.88 c
	草原 2 号	19.46 de	43.21 de	28.78 ef	144.42 d
	甘农 3 号	17.85 g	44.26 bcd	30.31 bcd	136.85 h
	瑞典	18.81 ef	43.68 bcd	31.05 b	137.41 h
	三得利	18.76 ef	43.71 bcd	32.81 a	133.27 j
	草原 3 号	17.39 g	43.97 bcd	29.67 acde	140.15 fg
	惊喜	17.87 fg	43.26 de	29.84 cde	142.09 e
	皇后	20.08 cd	42.24 de	30.19 bcd	140.70 f
	新疆大叶	19.65 de	46.08 a	30.55 bc	132.92 j
	察北	20.33 cd	44.65 bc	29.84 cde	137.12 h
	赛特	21.16 bc	43.83 bcd	29.31 de	139.17 g
	陇东	18.17 fg	43.65 bcd	29.23 de	138.97 g

（续表）

年份	品种	粗蛋白质（%）	中性洗涤纤维（%）	酸性洗涤纤维（%）	相对饲用价值
2021 年	敖汉	20.77 ab	45.55 bc	35.71 cde	123.58 l
	公农 2 号	20.84 ab	33.44 i	35.25 de	169.10 c
	WL323ML	18.59 ef	44.66 cd	35.39 cde	127.39 j
	龙牧 803	21.68 a	32.63 i	32.63 f	182.21 a
	中苜 2 号	19.78 bcde	33.60 i	33.60 f	176.23 b
	草原 2 号	19.37 cdef	43.13 ef	33.63 f	133.65 h
	甘农 3 号	18.76 def	45.12 c	35.41 cde	124.76 k
	瑞典	19.73 bcde	35.54 h	35.97 cd	161.14 d
	三得利	19.60 bcde	42.18 f	37.14 ab	133.53 h
	草原 3 号	20.44 bc	43.75 de	34.67 e	131.23 i
	惊喜	18.23 f	35.41 h	37.74 a	154.92 e
	皇后	20.12 bc	35.74 g	35.78 cd	152.90 f
	新疆大叶	20.18 bc	46.61 a	36.45 bc	120.54 n
	察北	19.96 bcd	46.15 ab	35.62 cde	121.86 m
	赛特	20.36 bc	35.97 h	34.64 e	160.84 d
	陇东	18.65 ef	37.90 g	35.54 cde	149.76 g
平均	敖汉	20.82 ab	46.09 ab	32.08 a	128.09 k
	公农 2 号	20.61 abc	39.02 cd	29.92 a	156.30 b
	WL323ML	18.73 def	44.58 abcd	31.73 a	134.58 h
	龙牧 803	21.23 a	38.10 d	28.53 a	165.06 a
	中苜 2 号	20.02 abcd	39.58 bcd	29.93 a	157.02 b
	草原 2 号	19.35 cdef	43.52 abcd	30.13 a	139.63 f
	甘农 3 号	18.47 ef	45.54 abc	32.26 a	129.43 j
	瑞典	19.11 def	41.25 abcd	32.80 a	144.30 d
	三得利	19.04 def	43.87 abcd	34.01 a	132.10 i
	草原 3 号	18.83 def	44.39 abcd	31.23 a	135.91 g
	惊喜	18.22 f	40.89 abcd	32.96 a	144.42 d
	皇后	19.58 bcde	41.51 abcd	32.41 a	143.86 d
	新疆大叶	19.35 cdef	47.17 abcd	32.86 a	125.42 l
	察北	19.49 cdef	46.32 a	32.21 a	127.74 k
	赛特	19.88 bcd	41.69 abcd	30.76 a	145.90 c
	陇东	18.20 f	42.18 abcd	31.90 a	140.92 e

注：同列数值后不同小写字母表示差异显著（$P<0.05$）。

3 年试验期内，16 个品种的平均相对饲用价值介于 125.42～165.06（表 2.30）。从连续 3 年的产量与相对饲用价值耦合情况（表 2.31）来看，中苜 2 号、龙牧 803、草原 3 号 3 个品种耦合效果较好，适于当地种植。

表 2.31　不同苜蓿品种产量与相对饲用价值耦合情况

品种	耦合作用	排序
敖汉	1 336 938.58	14
公农 2 号	1 647 054.49	5
WL323ML	1 494 739.68	8
龙牧 803	1 981 808.74	2
中苜 2 号	2 019 188.46	1
草原 2 号	1 397 753.72	12
甘农 3 号	1 449 073.56	9
瑞典	1 245 499.29	15
三得利	1 737 892.89	4
草原 3 号	1 898 577.28	3
惊喜	1 571 289.60	6
皇后	1 346 172.37	13
新疆大叶	1 076 730.70	16
察北	1 423 496.76	10
赛特	1 534 501.79	7
陇东	1 407 921.39	11

5. 不同苜蓿品种产量与营养成分的变异系数

从表 2.32 可以看出，各品种的鲜草产量 3 年的变异系数分布于 0.14%～5.87%，干草产量变异系数介于 1.99%～10.49%，稳定性均较好，其中变异系数最大的是新疆大叶；各品种的粗蛋白质含量变异系数在 0.57%～4.75%，草原 2 号的稳定性最好；中性洗涤纤维含量变异系数在 1.40%～13.09%，草原 2 号的稳定性最好；酸性洗涤纤维含量变异系数在 8.03%～15.41%，三得利的稳定性最好；各品种的相对饲用价值均较稳定，变异系数介于 0.10%～0.70%。

表 2.32　不同苜蓿品种产量与营养成分的变异系数　　　　　　单位：%

品种	粗蛋白质	中性洗涤纤维	酸性洗涤纤维	相对饲用价值	鲜草产量	干草产量
敖汉	3.36	3.34	9.88	0.60	0.14	8.34
公农 2 号	4.75	12.40	15.41	0.28	1.11	1.99
WL323ML	3.90	2.15	9.99	0.52	1.73	4.86
龙牧 803	3.20	12.41	13.35	0.16	1.76	6.50
中苜 2 号	4.55	13.09	10.86	0.56	3.48	6.38
草原 2 号	0.57	1.40	10.12	0.15	2.80	5.70
甘农 3 号	2.92	3.36	8.52	0.50	1.67	6.61
瑞典	2.77	12.02	8.35	0.10	3.45	8.46
三得利	2.52	4.03	8.03	0.55	2.56	7.15
草原 3 号	3.82	2.05	9.51	0.44	1.95	5.73
惊喜	1.87	11.64	12.74	0.31	4.09	5.24

品种	粗蛋白质	中性洗涤纤维	酸性洗涤纤维	相对饲用价值	鲜草产量	干草产量
皇后	4.60	7.85	9.16	0.10	3.46	6.95
新疆大叶	1.34	3.10	9.56	0.46	5.87	10.49
察北	2.10	3.78	9.38	0.45	3.02	6.91
赛特	3.27	11.99	11.05	0.52	3.28	8.85
陇东	2.31	8.91	10.22	0.70	3.31	7.01

6. 不同茬次产量占比比较

从表2.33可以看出，试验期内所有品种的各茬次产量占年总产量的比例均呈现第1茬＞第2茬＞第3茬的趋势，其中第1茬干草产量约占年总产量的49.41%～57.83%，平均为53.03%；第2茬占28.83%～35.15%，平均为32.36%；第3茬占13.21%～16.03%，平均为14.61%。龙牧803、中苜2号和陇东这3个高产品种第1茬产量占比都在55.00%以上，龙牧803第1茬产量占比甚至高达57.83%。

表2.33　2019—2021年不同苜蓿品种各茬平均产量占总产量的比例　　　　单位：%

品种	第1茬产量占比	第2茬产量占比	第3茬产量占比
敖汉	51.11	34.68	14.21
公农2号	54.97	29.91	15.12
WL323ML	53.92	32.87	13.21
龙牧803	57.83	28.83	13.34
中苜2号	55.91	29.65	14.44
草原2号	53.94	30.96	15.10
甘农3号	52.77	32.32	14.91
瑞典	50.65	34.60	14.75
三得利	51.39	33.94	14.67
草原3号	49.41	35.08	15.51
惊喜	50.72	35.15	14.13
皇后	54.96	31.10	13.94
新疆大叶	49.68	34.29	16.03
察北	52.23	32.84	14.93
赛特	52.94	32.04	15.02
陇东	56.10	29.52	14.38
平均	53.03	32.36	14.61

7. 结论

中苜2号、龙牧803、草原3号和三得利这4个苜蓿品种在饲草产量及营养品质方面的综合表现均较好，适合在内蒙古呼和浩特地区大面积推广种植。

第五节　西北荒漠灌区适宜种植苜蓿品种筛选

西北地区包括内蒙古自治区西部、新疆维吾尔自治区、宁夏回族自治区和甘肃省西北部。干旱是西北地区的主要自然特征。地面植被由东向西为草原、荒漠草原、荒漠。

西北地区深居内陆，距海遥远，再加上高原、山地地形较高对湿润气流的阻挡，导致本区降水稀少，气候干旱，形成沙漠广袤和戈壁沙滩的景观。由于地处亚欧大陆腹地，除秦岭以南地区外大部分地区降水稀少，全年降水量大部分地区在 500 mm 以下，属大陆性干旱半干旱气候和高寒气候。其中黄土高原年降水量在 300～500 mm，柴达木盆地在 200 mm 以下，河西走廊少于 100 mm，敦煌只有 29.5 mm，吐鲁番不足 20 mm，若羌 10.9 mm，几乎终年无雨。由于降水稀少、气候干旱、沙漠广布等原因，西北地区的地表水量约为 2 200 亿 m^3/ 年，仅占全国总径流量的 8% 左右。

一、甘肃金昌地区适宜种植苜蓿品种筛选

1. 试验地概况

该试验于 2015—2017 年在甘肃永昌县杨柳青牧草饲料开发有限公司苜蓿基地进行，试验地位于河西走廊东端的甘肃省金昌市永昌县朱王堡镇，北纬 37° 30′、东经 103° 15′，平均海拔 1 519 m。气候属温带大陆性气候，年平均气温 4.8 ℃，年有效积温（≥10 ℃）为 2 001 ℃；年平均降水量 185.1 mm，降雨分配很不均匀；无霜期 134 d，平均日照 2 884.2 h，日照率 65%，年蒸发量 2 000.6 mm。该地区具干旱、多风、蒸发量大等特点，又属石羊河水系，引水灌溉条件好。

2. 试验材料与设计

供试苜蓿品种共 13 个，品种及其来源见表 2.34。

表 2.34　供试紫花苜蓿品种及其来源

编号	品种	原产地	种子来源	秋眠级
1	先牧不倒翁	美国	酒泉庆和农业开发公司	5
2	先牧抗冻星	美国	酒泉庆和农业开发公司	5
3	巨能 2 号	美国	北京克劳沃草业技术开发中心	3.2
4	巨能 7 号	美国	北京克劳沃草业技术开发中心	4.1
5	前景	美国	北京百斯特草业有限公司	5
6	WL319HQ	美国	北京正道生态科技有限公司	2.8
7	WL363HQ	美国	北京正道生态科技有限公司	4.9
8	WL366HQ	美国	北京正道生态科技有限公司	5
9	WL354HQ	美国	北京正道生态科技有限公司	3.9
10	WL298HQ	美国	北京正道生态科技有限公司	3
11	WL440HQ	美国	北京正道生态科技有限公司	5
12	WL353LH	美国	北京正道生态科技有限公司	4
13	WL326GZ	美国	北京正道生态科技有限公司	4

试验采用随机区组排列，每个品种 3 次重复，每个小区面积 15 m²（5 m×3 m），相邻小区间隔 50 cm，区组间走道宽 1 m，试验地四周设保护行 1.5 m。试验地土壤肥力相同，播种前施足基肥，同时施过磷酸钙 1 500 kg/hm²、尿素 150 kg/hm²、腐殖质酸铵 500 kg/hm²。2015 年 4 月 23 日播种，撒播，播量 18 kg/hm²。播种前进行精细镇压、平整试验地，并进行灌溉增加底墒。试验期间各小区统一管理，每年返青期、每茬草分枝期和初花期分别灌水一次，适时进行除草。初花期刈割，2015 年刈割 3 茬，2016 年和 2017 年各刈割 4 茬，留茬高度为 5 cm。

3. 不同苜蓿品种干草产量的比较

由图 2.1 可知，各苜蓿品种的干草产量随着种植年限的延长均大幅度提高。1 龄（2015 年），WL363HQ 的干草产量最高，为 14 796.99 kg/hm²；先牧不倒翁的干草产量最低，为 12 265.46 kg/hm²。2 龄（2016 年），WL353LH 的干草产量最高，为 19 048.06 kg/hm²；先牧不倒翁的干草产量最低，为 14 061.28 kg/hm²。3 龄（2017 年），WL363HQ 的干草产量最高，达 24 468.42 kg/hm²；WL440HQ的干草产量最低，为 17 717.87 kg/hm²。

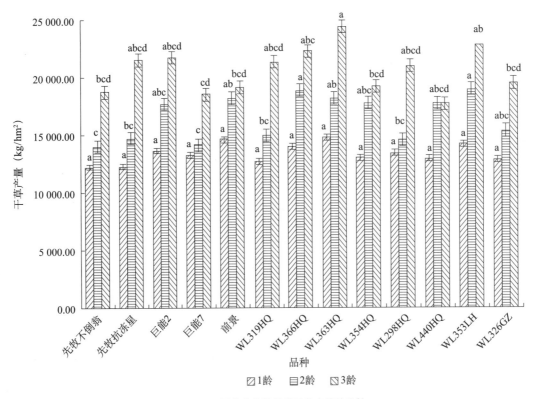

图 2.1 不同紫花苜蓿品种干草产量的比较

注：不同小写字母表示差异显著（P＜0.05）。

4. 不同苜蓿品种株高的比较

由图 2.2 可知，随着种植年限的增加，不同紫花苜蓿品种的株高呈增加趋势，前景的株高年均值最高，为 74.63 cm，先牧不倒翁的株高年均值最低，为 67.24 cm。1 龄（2015 年），WL363HQ 的株高最高，为 65.23 cm；先牧不倒翁的株高最低，为 54.44 cm。2 龄（2016 年），WL366HQ 的株高最高，为 79.70 cm；先牧不倒翁的株高最低，为 71.67 cm。3 龄（2017 年），WL363HQ 的株高最高，为 83.01 cm；先牧不倒翁的株高最低，为 75.60 cm。

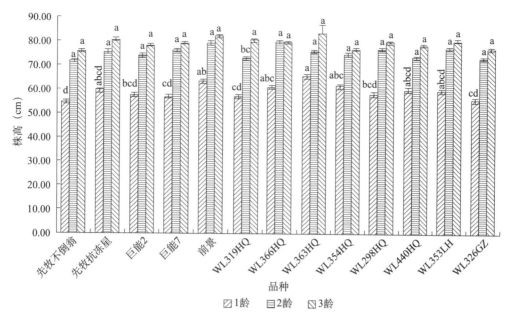

图 2.2　不同苜蓿品种株高的比较

注：不同小写字母表示差异显著（$P<0.05$）。

5. 不同苜蓿品种营养品质的比较

（1）不同苜蓿品种粗蛋白质含量的比较

由图 2.3 可知，各供试苜蓿品种的粗蛋白质含量随着种植年限的增加而增加。1 龄（2015 年），WL363HQ 的粗蛋白质含量最高，达 16.32%；巨能 2 的粗蛋白质含量最低，仅为 12.93%。2 龄（2016 年）和 3 龄（2017 年），粗蛋白质含量最高的品种分别为 WL353LH（18.56%）、WL366HQ（20.19%），粗蛋白质含量最低的品种分别为先牧抗冻星（16.34%）、巨能 7（15.60%），而各供试苜蓿品种间粗蛋白质含量差异均不显著（$P>0.05$）。

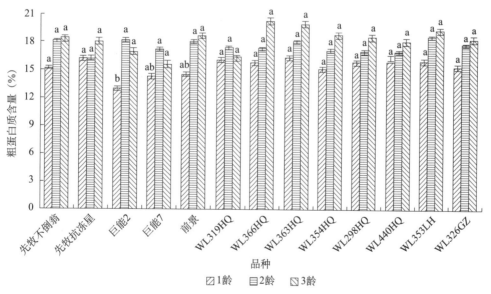

图 2.3　不同苜蓿品种粗蛋白质含量的比较

注：不同小写字母表示差异显著（$P<0.05$）。

（2）不同苜蓿品种中性洗涤纤维含量的比较

由图 2.4 可知，不同苜蓿品种间中性洗涤纤维含量具有不同程度的差异和变化。1 龄（2015年），各苜蓿品种中性洗涤纤维含量的变化范围为 32.93%～40.26%，其中 WL353LH 的中性洗涤纤维含量最低，为32.93%，且显著低于先牧不倒翁和WL363HQ（$P<0.05$）。2龄（2016年），苜蓿品种WL363HQ的中性洗涤纤维含量最低，为35.95%，前景的中性洗涤纤维含量最高，为40.78%，但各苜蓿品种间差异均不显著（$P>0.05$）。3龄（2017年），各苜蓿品种的中性洗涤纤维含量在44.98%～49.43%，WL319HQ的中性洗涤纤维含量最低，前景的中性洗涤纤维含量最高。

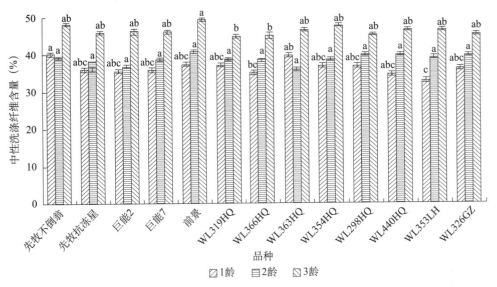

图2.4 不同紫花苜蓿品种中性洗涤纤维含量的比较

注：不同小写字母表示差异显著（$P<0.05$）。

（3）不同苜蓿品种酸性洗涤纤维含量的比较

由图2.5可知，1龄（2015年），WL353LH的酸性洗涤纤维含量最低，为26.52%；WL363HQ的酸性洗涤纤维含量最高，为32.38%。2龄（2016年），各苜蓿品种的酸性洗涤纤维含量在28.80%～32.13%，WL353LH的酸性洗涤纤维含量最低，WL440HQ的酸性洗涤纤维含量最高。3龄（2017年），各苜蓿品种的酸性洗涤纤维含量在31.12%～36.57%，其中酸性洗涤纤维含量最低的是WL366HQ，先牧不倒翁的酸性洗涤纤维含量最高。

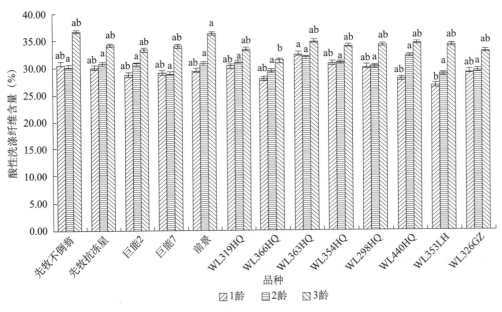

图2.5 不同紫花苜蓿品种酸性洗涤纤维含量的比较

注：不同小写字母表示差异显著（$P<0.05$）。

（4）不同苜蓿品种相对饲用价值的比较

由图 2.6 可知，苜蓿品种 WL366HQ 的相对饲用价值最高，达 159.91，先牧不倒翁的相对饲用价值最低，为 140.83，但各苜蓿品种间的相对饲用价值差异不显著（$P > 0.05$）。

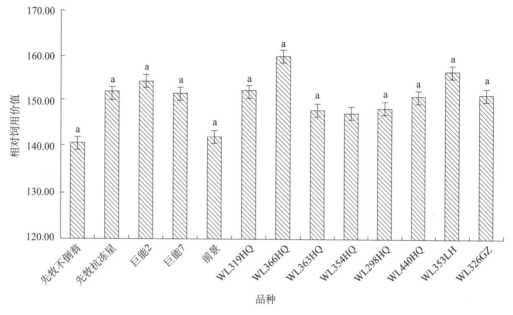

图 2.6　不同苜蓿品种相对饲用价值的比较

注：不同小写字母表示差异显著（$P < 0.05$）。

（5）不同苜蓿品种生产性能与营养价值的综合评价

对各苜蓿品种的株高、干草产量、叶茎比、干物质、粗蛋白质、中性洗涤纤维、酸性洗涤纤维、钙和磷 9 个指标采用 min-max 标准化法进行无量纲化处理，得到相应的关联系数（表 2.35），根据关联度公式，得到供试紫花苜蓿品种的等权关联度和加权关联度（表 2.36）。

表 2.35　不同苜蓿品种的关联系数

品种	株高	干草产量	叶茎比	干物质	粗蛋白质	中性洗涤纤维	酸性洗涤纤维	钙	磷
先牧不倒翁	0.333 3	0.333 3	0.355 6	0.615 1	0.562 8	0.333 3	0.382 9	0.364 5	0.416 1
先牧抗冻星	0.555 6	0.412 4	0.498 3	0.581 8	0.492 8	0.654 8	0.452 7	0.371 4	0.564 4
巨能 2	0.427 3	0.589 5	0.437 0	0.636 1	0.366 1	0.693 5	0.562 7	0.582 0	0.456 0
巨能 7	0.476 9	0.353 7	0.333 4	0.333 3	0.333 3	0.563 8	0.599 5	1.000 0	0.532 7
前景	1.000 0	0.529 6	0.976 7	0.527 7	0.535 8	0.340 7	0.397 4	0.726 6	0.333 3
WL319HQ	0.437 6	0.425 2	0.465 1	0.611 4	0.441 9	0.703 2	0.477 2	0.510 9	0.934 4
WL366HQ	0.711 9	0.731 0	1.000 0	0.785 1	0.764 6	1.000 0	1.000 0	0.559 8	0.587 6
WL363HQ	0.990 2	1.000 0	0.530 4	0.758 8	1.000 0	0.499 1	0.333 3	0.639 3	0.345 5
WL354HQ	0.492 5	0.456 1	0.432 7	1.000 0	0.523 2	0.464 3	0.430 5	0.554 4	1.000 0
WL298HQ	0.514 0	0.424 3	0.385 7	0.536 0	0.554 3	0.512 1	0.471 3	0.520 0	0.600 0
WL440HQ	0.456 8	0.408 1	0.672 9	0.561 1	0.519 4	0.561 0	0.467 9	0.438 2	0.802 8
WL353LH	0.604 7	0.826 0	0.913 5	0.797 3	0.890 3	0.749 0	0.847 5	0.333 3	0.640 4
WL326GZ	0.372 8	0.392 6	0.440 6	0.628 3	0.553 5	0.552 6	0.640 9	0.676 2	0.686 7
权重系数	0.109 3	0.102 0	0.110 3	0.124 1	0.111 7	0.113 0	0.104 7	0.107 8	0.117 1

表2.36 不同苜蓿品种的关联度及排序

品种	等权关联度	等权排序	加权关联度	加权排序
先牧不倒翁	0.410 8	13	0.414 6	13
先牧抗冻星	0.509 4	10	0.512 5	10
巨能 2	0.527 8	9	0.528 3	9
巨能 7	0.503 0	11	0.500 2	12
前景	0.596 4	4	0.593 9	5
WL319HQ	0.556 3	6	0.561 7	6
WL366HQ	0.793 3	1	0.792 4	1
WL363HQ	0.677 4	3	0.675 3	3
WL354HQ	0.594 9	5	0.605 0	4
WL298HQ	0.502 0	12	0.504 0	11
WL440HQ	0.543 1	8	0.547 0	8
WL353LH	0.733 6	2	0.733 8	2
WL326GZ	0.549 4	7	0.552 0	7

6. 结论

WL366HQ、WL353LH 等的综合性状较好，适宜在甘肃金昌地区大面积推广种植。

二、新疆昌吉地区适宜种植苜蓿品种筛选

1. 试验地概况

试验地位于新疆维吾尔自治区昌吉回族自治州呼图壁县的新疆畜牧科学院草业研究所旱生牧草研究中心的牧草基地，北纬 44°14′、东经 86°37′，海拔 616 m，年平均气温 6.7 ℃，无霜期 170 d，年有效积温（≥10℃）3 881 ℃，年均降水量 167 mm，年均蒸发量 2 361.1 mm。土壤类型为灰棕荒漠土，全氮平均含量 0.054%、全磷平均含量 0.101%、全钾平均含量 2.100%、有机质平均含量 7.0 g/kg、碱解氮平均含量 57.2 mg/kg、有效磷平均含量 14.0 mg/kg、速效钾平均含量 478 mg/kg、平均 pH 值 8.8、全盐含量 3.2 g/kg，土壤轻度盐渍化，地势较为平坦。

2. 试验材料与设计

32 个参试苜蓿品种信息见表2.37。

表2.37 参试苜蓿品种及种源信息

编号	品种	原产地	种子来源	秋眠级
1	WL343HQ	美国	北京正道公司	3.9
2	WL354HQ	美国	北京正道公司	4.0
3	北极熊	美国	北京百斯特公司	2.0
4	甘农 5 号	中国	甘肃农业大学	8.0
5	甘农 9 号	中国	甘肃农业大学	7.5
6	皇冠	美国	北京克劳沃公司	4.1

（续表）

编号	品种	原产地	种子来源	秋眠级
7	旱地	美国	北京克劳沃公司	3.0
8	前景	美国	北京百斯特公司	5.0
9	雷霆	美国	北京百斯特公司	4.0
10	巨能 2	美国	北京克劳沃公司	3.2
11	巨能 7	美国	北京克劳沃公司	3.8
12	康赛	美国	北京佰青源公司	3.0
13	耐盐之星	美国	北京克劳沃公司	4.0
14	骑士 T	美国	北京佰青源公司	3.9
15	WL319HQ	美国	北京正道公司	2.8
16	甘农 6 号	中国	甘肃农业大学	3.0
17	阿尔冈金	加拿大	北京克劳沃公司	2.0
18	敖汉苜蓿	中国	内蒙古农业大学	2.0
19	中苜 1 号	中国	中国农业科学院北京畜牧兽医研究所	3.0～4.0
20	中苜 3 号	中国	中国农业科学院北京畜牧兽医研究所	3.0～4.0
21	龙威 3010	中国	新疆农业大学	—
22	公农 5 号	中国	吉林省农业科学院	—
23	陇东苜蓿	中国	新疆农业大学	1.2
24	WL363HQ	美国	北京正道公司	4.9
25	WL168HQ	美国	北京正道公司	2.0
26	阿迪娜	加拿大	北京克劳沃公司	4.5
27	甘农 4 号	中国	甘肃农业大学	3.5
28	甘农 3 号	中国	甘肃农业大学	3.0
29	SR4030	加拿大	北京克劳沃公司	4.0
30	新牧 4 号	中国	新疆农业大学	—
31	MF4020	加拿大	北京克劳沃甘肃	4.0
32	冲击波	加拿大	北京百斯特甘肃	4.0

　　试验采用随机区组排列，32 个苜蓿品种，每个品种 4 次重复，小区面积为 20 m²（4 m×5 m），每小区间隔 50 cm。于 2018 年 5 月 4 日播种，条播，行距 20 cm，前茬作物为苏丹草，播种深度 1～2 cm，播种量为 22.71 kg/hm²。2018 年测产 2 次，2019—2021 年每年测产 3 次，在苜蓿初花期进行刈割测产。2018 年苗期喷施除草剂——苜草净。生长期间不定期浇水，不施肥，不喷杀菌剂和杀虫剂。

　　3. 不同年份苜蓿株高的比较

　　根据表 2.38 可知不同品种不同年份株高的变化为：各品种 2018 年株高最低，随着种植年限的增加株高呈现先增加后降低趋势。2018—2021 年，4 年平均株高排名靠前的品种是甘农 6 号、中苜 3 号、甘农 5 号、中苜 1 号、甘农 4 号，敖汉苜蓿的 4 年平均株高最低。

表2.38 不同苜蓿品种不同年份株高比较

品种	株高（cm）				4年平均株高（cm）
	2018年	2019年	2020年	2021年	
WL343HQ	135.46 abc	227.76 abc	222.01 cdefg	169.87 defghi	188.77 bcde
WL354HQ	131.42 abc	227.53 abc	217.21 defg	168.23 defghi	186.10 bcdef
北极熊	133.11 abc	228.34 abc	222.64 cdefg	172.79 cdefghi	189.22 bcde
甘农5号	138.42 abc	235.85 a	246.28 a	189.09 abc	202.41 a
甘农9号	130.35 abc	227.22 abc	231.02 abcd	182.14 bcd	192.68 abcd
皇冠	129.34 abc	226.98 abc	206.80 fgh	163.54 efghi	181.66 def
旱地	131.84 abc	232.73 ab	222.26 cdefg	171.02 defghi	189.46 bcde
前景	122.17 abc	226.55 abc	209.26 efgh	165.30 defghi	180.82 def
雷霆	133.65 abc	241.63 a	228.05 abcdef	180.08 bcdef	195.85 abc
巨能2	132.90 abc	230.10 abc	219.00 cdefg	160.36 hi	185.59 bcdef
巨能7	130.43 abc	232.75 ab	223.97 bcdefg	169.71 defghi	189.21 bcde
康赛	134.56 abc	227.49 abc	212.48 defgh	160.27 hi	183.70 cdef
耐盐之星	125.06 abc	229.77 abc	224.22 bcdefg	165.44 defghi	186.12 bcdef
骑士T	119.58 bc	224.52 abcd	213.63 defgh	167.85 defghi	181.39 def
WL319HQ	116.71 c	228.09 abc	211.91 defgh	168.35 defghi	181.26 def
甘农6号	141.57 abc	240.40 a	243.19 ab	191.70 ab	204.21 a
阿尔冈金	131.11 abc	226.61 abc	192.99 hi	158.94 i	177.41 efg
敖汉苜蓿	131.05 abc	205.18 cd	177.45 i	162.77 fghi	169.11 g
中苜1号	143.32 ab	230.91 abc	226.69 abcdefg	189.76 ab	197.66 ab
中苜3号	137.83 abc	239.26 a	239.43 abc	198.33 a	207.71 a
龙威3010	126.89 abc	225.47 abcd	212.76 defgh	164.50 defghi	182.40 def
公农5号	126.69 abc	217.61 abcd	208.73 efgh	177.62 bcdefgh	182.66 def
陇东苜蓿	129.53 abc	207.02 bcd	208.55 fgh	171.59 defghi	179.17 efg
WL363HQ	131.24 abc	221.29 abcd	211.05 defgh	161.30 ghi	181.22 def
WL168HQ	117.45 c	215.78 abcd	210.24 defgh	158.62 i	175.52 fg
阿迪娜	129.53 abc	228.05 abc	210.36 defgh	168.12 defghi	184.01 cdef
甘农4号	136.85 abc	240.55 a	229.93 abcde	180.51 bcde	196.96 ab
甘农3号	144.83 a	208.73 bcd	224.47 bcdefg	178.20 bcdefg	189.06 bcde
SR4030	143.89 ab	228.01 abc	216.41 defg	169.62 defghi	189.48 bcde
新牧4号	138.68 abc	231.09 abc	224.70 bcdefg	158.12 i	188.15 bcde
MF4020	128.46 abc	200.87 d	213.40 defgh	169.15 defghi	177.97 efg
冲击波	133.00 abc	221.46 abcd	206.57 gh	164.78 defghi	181.45 def

注：同列数值后不同小写字母表示差异显著（$P<0.05$）。

4. 不同品种干草产量的比较

由表2.39可知，不同年份干草产量存在显著差异（$P<0.05$），2019年各苜蓿品种平均年产量最高，2020年、2021年平均年产量依次下降，但仍显著高于2018年。随着生长年限的延长，各品种年产量表现出先升高后降低趋势，品种间差异显著（$P<0.05$）。2018年，WL354HQ干草产量最

高，较干草产量最低品种康赛增产 42.18%。2019 年，SR4030 干草产量最高，较产量最低品种雷霆增产 27.96%。2020 年，甘农 5 号干草产量最高，较产量最低品种敖汉苜蓿增产 55.16%。2021 年，中苜 3 号干草产量最高，较产量最低品种阿尔冈金增产 33.64%。从 4 年总产量来看，甘农 4 号产量最高，达 58 960.60 kg/hm²，较产量最低品种康赛（47 794.34 kg/hm²）增产 23.36%。

表 2.39　不同苜蓿品种不同年份干草产量比较

品种	各年干草产量（kg/hm²）				4 年总产量（kg/hm²）	排序
	2018 年	2019 年	2020 年	2021 年		
WL343HQ	8 898.93 abcdefg	18 306.98 bcdef	16 558.64 abc	11 089.28 abcd	54 853.83 abcdefg	11
WL354HQ	10 273.97 a	18 713.96 bcdef	15 520.25 bcde	10 599.70 abcd	55 107.88 abcdef	9
北极熊	9 452.02 abcde	18 916.71 abcde	15 207.86 bcdef	10 482.23 abcd	54 058.81 bcdefgh	14
甘农 5 号	9 945.71 ab	18 288.88 bcdef	18 219.22 a	11 414.87 abcd	57 868.68 ab	3
甘农 9 号	9 617.83 abcd	18 487.78 bcdef	15 510.79 bcde	11 514.97 abcd	55 131.37 abcdef	8
皇冠	9 314.89 abcdef	20 313.29 abc	15 451.10 bcde	10 491.00 abcd	55 570.28 abcd	6
旱地	8 523.74 abcdefg	18 258.69 bcdef	14 895.25 cdefg	10 858.28 abcd	52 535.95 defghij	20
前景	8 654.61 abcdefg	18 327.35 bcdef	14 080.83 efgh	10 473.78 abcd	51 536.58 defghijk	23
雷霆	8 482.42 bcdefg	16 450.60 f	16 258.47 bcd	11 067.34 abcd	52 258.83 defghij	22
巨能 2	8 384.39 bcdefg	18 367.43 bcdef	15 146.79 cdef	11 404.12 abcd	53 302.74 cdefghi	16
巨能 7	7 847.19 defg	18 291.46 bcdef	14 164.92 efgh	10 581.21 abcd	50 884.77 fghijk	25
康赛	7 226.26 g	17 180.61 ef	13 289.15 fghi	10 098.32 abcd	47 794.34 k	32
耐盐之星	8 353.97 bcdefg	18 293.39 bcdef	14 246.18 defgh	10 190.63 abcd	51 084.17 efghijk	24
骑士 T	7 268.52 g	18 355.29 bcdef	15 786.38 bcde	10 946.85 abcd	52 357.05 defghij	21
WL319HQ	7 780.81 def	19 868.97 abcd	15 962.56 bcde	11 321.23 abcd	54 933.56 abcdef	10
甘农 6 号	8 600.03 abcdefg	19 602.43 abcd	15 258.91 bcdef	10 991.79 abcd	54 453.15 bcdefg	13
阿尔冈金	8 043.82 cdefg	19 272.01 abcde	13 056.80 ghi	9 328.98 d	49 701.61 ijk	29
敖汉苜蓿	8 561.23 abcdefg	18 059.37 cdef	11 742.22 i	10 081.07 bcd	48 443.89 jk	30
中苜 1 号	9 127.63 abcdef	18 164.56 cdef	15 957.60 bcde	12 017.45 ab	55 267.24 abcde	7
中苜 3 号	7 518.64 fg	18 462.53 bcdef	16 265.56 bcd	12 467.04 a	54 713.77 bcdefg	12
龙威 3010	7 691.22 efg	19 838.95 abcd	14 812.58 cdefg	10 419.34 abcd	52 762.10 defghi	18
公农 5 号	8 204.75 bcdefg	16 988.96 ef	14 581.85 cdefgh	10 841.52 abcd	50 617.09 ghijk	27
陇东苜蓿	8 341.65 bcdefg	17 628.45 def	12 800.84 hi	9 638.14 cd	48 409.08 jk	31
WL363HQ	8 690.45 abcdefg	18 576.26 bcdef	14 204.37 efgh	9 405.93 cd	50 877.02 fghijk	26
WL168HQ	7 685.07 efg	17 956.18 def	13 906.06 efgh	10 363.69 abcd	49 911.01 hijk	28
阿迪娜	9 073.62 abcdef	19 766.10 abcd	14 238.99 defgh	10 112.05 bcd	53 190.75 cdefghi	17
甘农 4 号	9 798.03 abc	20 572.93 ab	17 204.76 ab	11 384.89 abcd	58 960.60 a	1
甘农 3 号	9 245.44 abcdef	19 266.95 abcde	15 567.95 bcde	11 571.63 abc	55 651.96 abcd	5
SR4030	9 600.73 abcd	21 050.78 a	15 597.21 bcde	11 041.64 abcd	57 290.37 abc	4
新牧 4 号	9 291.36 abcdef	17 834.72 def	15 364.70 bcde	10 105.20 bcd	52 595.98 defghij	19
MF4020	8 451.65 bcdefg	20 371.20 abc	18 198.83 a	11 029.85 abcd	58 051.54 ab	2
冲击波	8 570.68 abcdefg	19 161.77 abcde	15 009.60 cdefg	11 156.53 abcd	53 898.59 bcdefghi	15
平均	8 641.29 d	18 718.61 a	15 127.11 b	10 765.33 c		

注：同列数值后不同小写字母表示差异显著（P<0.05）。

5. 不同品种丰产性和产量稳定性分析

由表 2.40 可知，4 年平均干草产量排名前 3 位的品种是甘农 4 号（14 740.15 kg/hm²）、MF4020（14 512.88 kg/hm²）、甘农 5 号（14 467.17 kg/hm²），产量最低的品种是康赛（11 958.59 kg/hm²）。综合评价为"很好"的品种是甘农 4 号、MF4020、甘农 5 号，综合评价为"好"的品种是 SR4030、甘农 3 号、皇冠、中苜 1 号、甘农 9 号、WL354HQ、WL319，综合评价为"较好"的品种是 WL343HQ、中苜 3 号、甘农 6 号、北极熊、冲击波、巨能 2、阿迪娜、龙威 3010、新牧 4 号、旱地、骑士 T，综合评价为"一般"的品种是雷霆、前景、耐盐之星、巨能 7、WL363HQ、公农 5 号、WL168HQ、阿尔冈金，综合评价为"较差"的品种是敖汉苜蓿、陇东苜蓿、康赛。

表 2.40　不同苜蓿品种丰产性和产量稳定性分析

品种	丰产性参数		产量稳定性参数		回归系数	适应地区	综合评价
	产量（kg/hm²）	效应	方差	变异度			
甘农 4 号	14 740.15	1 427.07	443 650.08	4.52	1.11	E1～E4	很好
MF4020	14 512.88	1 199.80	2 171 472.54	10.15	1.24	E1～E4	很好
甘农 5 号	14 467.17	1 154.09	2 180 520.53	10.21	0.93	E1～E4	很好
SR4030	14 322.59	1 009.51	860 163.95	6.48	1.14	E1～E4	好
甘农 3 号	13 912.99	599.91	23 525.20	1.11	0.98	E1～E4	好
皇冠	13 892.57	579.49	611 249.95	5.63	1.11	E1～E4	好
中苜 1 号	13 816.84	503.75	595 374.47	5.58	0.89	E1～E4	好
甘农 9 号	13 782.84	469.76	277 799.03	3.82	0.88	E1～E4	好
WL354HQ	13 776.97	463.89	662 298.85	5.91	0.89	E1～E4	好
WL319	13 733.39	420.31	788 038.30	6.46	1.17	E1～E4	好
WL343HQ	13 713.46	400.37	582 953.26	5.57	0.97	E1～E4	较好
中苜 3 号	13 678.45	365.37	1 661 301.18	9.42	1.03	E1～E4	较好
甘农 6 号	13 613.29	300.20	163 667.89	2.97	1.08	E1～E4	较好
北极熊	13 514.70	201.62	206 861.02	3.37	0.97	E1～E4	较好
冲击波	13 474.65	161.56	87 939.31	2.20	1.02	E1～E4	较好
巨能 2	13 325.68	12.60	199 044.29	3.35	0.96	E1～E4	较好
阿迪娜	13 297.69	-15.40	832 903.17	6.86	1.06	E1～E4	较好
龙威 3010	13 190.52	-122.56	772 115.40	6.66	1.18	E1～E4	较好
新牧 4 号	13 148.99	-164.09	529 456.48	5.53	0.91	E1～E4	较好
旱地	13 133.99	-179.10	53 147.03	1.76	0.96	E1～E4	较好
骑士 T	13 089.26	-223.82	761 233.37	6.67	1.09	E1～E4	较好
雷霆	13 064.71	-248.94	2 097 843.77	11.09	0.83	E1～E4	一般
前景	12 884.15	-428.94	198 997.39	3.46	0.95	E1～E4	一般
耐盐之星	12 771.04	-542.04	64 813.07	1.99	0.98	E1～E4	一般
巨能 7	12 721.19	-591.89	123 806.55	2.77	1.00	E1～E4	一般
WL363HQ	12 719.25	-593.83	437 183.57	5.20	1.01	E1～E4	一般
公农 5 号	12 654.27	-658.81	583 072.20	6.03	0.86	E1～E4	一般
WL168HQ	12 477.75	-855.33	118 930.01	2.76	0.99	E1～E4	一般

品种	丰产性参数		产量稳定性参数		回归系数	适应地区	综合评价
	产量（kg/hm²）	效应	方差	变异度			
阿尔冈金	12 425.40	−887.68	1 286 851.92	9.13	1.09	E1～E4	一般
敖汉苜蓿	12 110.97	−1 202.11	2 195 451.35	12.23	0.88	E1～E4	较差
陇东苜蓿	12 103.27	−1 210.81	698 677.81	6.91	0.90	E1～E4	较差
康赛	11 958.59	−1 364.50	247 771.36	4.17	0.95	E1～E4	较差

注：环境数为 4 个 E1、E2、E3、E4 分别指 2018 年、2019 年、2020 年、2021 年。

6. 结论

苜蓿品种甘农 4 号、MF4020、甘农 5 号这 3 个品种的丰产性和产量稳定性综合评价优于其他品种，适宜在新疆昌吉地区推广种植。

第三章

苜蓿品种与根瘤菌菌株匹配技术

第一节　概　述

根瘤菌是一类杆状革兰氏阴性菌，其广泛分布于土壤中，在适宜的条件下能诱导豆科植物根、茎的皮层细胞增生形成瘤状结节，并可在根瘤中形成大量共生固氮的类菌体，供植物合成蛋白质。通过固氮作用，根瘤菌可以将空气中的分子态氮转化为植物可以吸收的氨态氮，为其宿主植物提供了氮素，这样就减少了氮肥的使用量，节约了资源，同时避免了过多氮肥对土壤和水体的污染，保护了环境。大量研究表明，接种根瘤菌对豆科植物抗逆性的提高也具有重要的作用。根瘤菌与豆科植物的特异性识别可以形成稳定的共生关系，但这一过程受许多因素的影响，如宿主植物、根瘤菌、土壤环境等。因此，在不同环境中筛选豆科植物与之匹配的优良共生根瘤菌对其高效的固氮转化具有重要的作用。

接种高效匹配根瘤菌是改善土壤理化性质，提高苜蓿产量、品质和土壤肥力的重要方法之一。苜蓿根瘤菌共生体系的一个重要特性是寄主专一性，即每种根瘤菌只能在特定种类的豆科植物上结瘤。有效的苜蓿根瘤呈粉红色或红色，而无效的则呈浅绿色或微白色。大量研究表明，紫花苜蓿接种与之"匹配"的根瘤菌能显著提高自身结瘤固氮能力，有助于抵抗外界不良环境，增强抗逆性，是提高其产量和品质的重要措施。但这一过程也受共生体自身和环境因素的影响和控制，因此在紫花苜蓿实际生产中，为了在不同环境下获得最大的增产效果，必须筛选合适的根瘤菌菌株。研究结果表明，苜蓿根瘤菌菌株对苜蓿品种是有选择的，同一苜蓿品种分别用几株菌株接种和不同苜蓿品种接种相同根瘤菌，会出现不同的共生效果，彼此间差异较大，对其根瘤的生长影响也不尽相同。

根瘤菌对紫花苜蓿幼苗生长的影响与根瘤菌剂、苜蓿品种以及生长环境密切相关。在大量根瘤菌筛选的研究中，有效根瘤数是筛选与之最佳共生匹配菌株的重要指标。人们发现在自然条件下苜蓿与野生根瘤菌的结瘤率不高，且多为无效根瘤，尤其在新开垦地区的第1次种植。研究表明，苜蓿在生长期间30%~80%的氮由生物固氮提供。诸多学者通过试验证明，人工接种苜蓿根瘤菌比不接种可更快速地侵染根部，形成根瘤，结瘤率增加约80%，产量平均增加30%，同时苜蓿在越冬及翌年的返青、株高、分枝（分蘖）数量及产量上都有显著优势，且苜蓿根瘤菌与苜蓿品种之间存在较强的选择性。喻文虎等对苜蓿接种根瘤菌的研究表明，接种根瘤菌后土壤中的有机质和速效氮含量比不接种的有较大提高。

根瘤菌筛选时不仅要考虑寄主植物的因素，还要考虑土壤环境的影响。师尚礼等以两种苜蓿为材料在甘肃省5个生态区调查结果表明，在黑垆土生态区苜蓿根瘤菌的有效性最好，灰钙土和灌淤土地区为其次，最差的是亚高山草甸土和褐土。宁国赞等在内蒙古等23个省区的试验结果表明，人工接种的根瘤菌相比土著根瘤菌，具有早结瘤、侵染力强等优点，苜蓿结瘤率和根瘤重在人工接种根瘤菌后分别提高 79.2%、40.7%，普遍增产效果达 14%～100%。根瘤菌与豆科植物共生固氮对磷素十分敏感，缺磷会抑制根瘤菌的固氮和吸收。钾可以影响根瘤重、根瘤数和固氮效率。土壤中氮、磷、钾的含量保持一定的水平可以促进根瘤的生长，否则含量过低或过高都会产生抑制作用。

土壤 pH 值会影响根瘤菌的生长、增殖、生存和分布，从而影响感染寄主产生根瘤以及根瘤的固氮效率。一般情况下，共生体系结瘤固氮的最适 pH 值为 6.8～7.2，偏酸和偏碱的环境条件对根瘤菌的生长和结瘤均有抑制作用。pH 值对根瘤菌生长的影响是一个相对渐进的过程，过低或者过高的 pH 值对根瘤菌固氮作用均有抑制作用。土壤 pH 值升高会抑制紫花苜蓿地上部生长和地下部结瘤。这是因为碱性土壤会形成一个高渗环境，植物体内的水势较高，渗透压会使得根系细胞失水，新陈代谢减弱，根瘤菌生长速度减慢，总根瘤数减少。

苜蓿接种根瘤菌的方法是根瘤菌剂拌种，即根瘤菌和种子混合拌匀使用。拌种过程中应避免日光直射。拌好的种子不宜过分干燥，以免菌浆脱落，且应尽快播完，避免种子受潮后降低种子发芽势和发芽率。拌种时，菌剂不宜与杀虫剂、杀菌剂、除草剂等农药混合使用。合格的菌剂每克含活菌数应大于 2 亿个，杂菌率应小于 5%。

宁国赞等在 1992 年提出的接种配方（表 3.1），接种程序是先将羧甲基纤维素钠按一定量加入热水中，配制所需浓度的溶液，边加边搅拌；按比例加入根瘤菌剂，充分拌匀；按比例加入种子及钼酸铵等微肥；种子包裹丸衣后置于阴处晾干。在大面积播种时，也可以按种菌比 10∶1 的比例，在播种前将根瘤菌剂与种子混合均匀，再机械播种。

表 3.1 种子丸衣化接种根瘤菌原料配方　　　　　　　　　　　　　　　　单位：kg

苜蓿种子	根瘤菌剂	丸衣材料	羧甲基纤维素钠	水	钼酸铵
1 000	100	300	3	150	3

第二节 黄淮海平原苜蓿当家品种匹配根瘤菌菌株筛选

一、中苜 3 号苜蓿匹配根瘤菌菌株筛选

（一）中苜 3 号苜蓿匹配根瘤菌菌株盆栽筛选

1. 试验材料与设计

苜蓿品种为中苜 3 号，供试根瘤菌菌株 17512、17525、17537、17540、17544、17581、17592、17628、17675、17676 由中国农业微生物菌种保藏中心提供。土壤为中国农业科学院北京畜牧兽医研究所廊坊牧草育种试验基地的沙土，具体理化成分见表 3.2。

表 3.2 土壤理化性质

pH 值	有机质（g/kg）	碱解氮（mg/kg）	有效磷（mg/kg）	速效钾（mg/kg）
7.37	16.85	87.14	13.97	206.53

接种后采用完全随机区组排列，以盆为单位，以不接种根瘤菌作为空白对照（CK），每盆设 3 个

重复。NaCl 单盐溶液处理浓度设 3‰ 和 4‰，混合碱溶液按 NaHCO$_3$：Na$_2$CO$_3$=9：1 配制，处理浓度设 pH 值 =8 和 pH 值 =9，接种根瘤菌 30 d 后分别进行盐和碱处理。生长期内根据花盆中的情况定期浇水，保持土壤一定湿度。温室白天温度（23±5）℃、晚上温度（18±2）℃，光照强度 7 000～8 000 lx，光照时间 16 h。

2. 不同盐和碱处理下各根瘤菌菌株对苜蓿株高的影响

不同盐浓度处理下接种根瘤菌的苜蓿株高较对照均有升高，且有显著性差异（P＜0.05）（表 3.3）。3‰ 盐浓度下，对株高影响较大的菌株是 17540、17676 和 17675，较对照分别增加了 42.74%、35.63% 和 35.42%。4‰ 盐浓度下，对株高影响最大的菌株是 17544 和 17676，株高分别为 9.67 cm 和 9.17 cm，较对照分别增加了 57.24% 和 49.11%。

不同碱浓度处理下各根瘤菌菌株对苜蓿株高的影响差异不显著（P＞0.05），但均显著高于对照（P＜0.05）。pH 值 =8 碱处理下，对株高影响最大的是菌株 17675，株高达到了 25.55 cm，较对照提高了 54.85%。菌株 17537 和 17544 处理对苜蓿株高的影响也较大。pH 值 =9 碱处理下，菌株 17525 和 17675 处理的株高略高于其他菌株处理的株高。

表 3.3　不同盐和碱处理下各根瘤菌菌株对苜蓿株高的影响

菌株编号	株高 (cm)			
	3‰ 盐浓度	4‰ 盐浓度	pH 值 =8	pH 值 =9
17512	12.20 ab	7.01 c	22.73 a	19.50 a
17525	10.63 bc	8.66 abc	23.03 a	20.80 a
17537	10.65 bc	7.44 bc	24.69 a	19.32 a
17540	13.46 a	7.84 abc	23.68 a	18.42 a
17544	10.73 bc	9.67 a	24.52 a	19.54 a
17581	12.28 ab	8.35 abc	24.28 a	19.77 a
17592	10.77 bc	6.71 c	22.89 a	19.51 a
17628	10.95 bc	6.94 c	24.15 a	19.69 a
17675	12.77 a	7.42 bc	25.55 a	20.67 a
17676	12.79 a	9.17 ab	23.95 a	20.28 a
CK	9.43 c	6.15 d	16.50 b	12.41 b

注：同列中不同小写字母表示差异显著（P＜0.05）。

3. 不同盐和碱处理下各根瘤菌菌株对苜蓿茎粗的影响

不同盐、碱处理下各根瘤菌菌株对苜蓿茎粗影响差异不显著（P＞0.05），但较对照均有升高（P＜0.05）（表 3.4）。3‰ 盐浓度下，对苜蓿茎粗影响较大的是菌株 17676、17675 和 17537，较对照分别增加了 89.14%、83.11% 和 80.56%。4‰ 盐浓度下，对茎粗影响较大的菌株有 17628、17676 和 17581，较对照分别增加了 122.99%、121.72% 和 119.71%。

pH 值 =8 碱处理下，菌株 17581、17544 和 17675 对苜蓿的茎粗影响较大，而 pH 值 =9 时对苜蓿茎粗影响较大的菌株是 17525 和 17676，分别为 1.405 mm 和 1.397 mm，较对照处理提高了 66.86% 和 65.91%。

表 3.4　不同盐和碱处理下各根瘤菌菌株对苜蓿茎粗的影响

菌株编号	茎粗 (mm)			
	3‰ 盐浓度	4‰ 盐浓度	pH 值 =8	pH 值 =9
17512	1.209 a	1.167 a	1.410 a	1.369 a
17525	1.241 a	1.111 a	1.307 a	1.405 a
17537	1.347 a	1.089 a	1.335 a	1.386 a
17540	1.235 a	1.162 a	1.302 a	1.352 a
17544	1.315 a	1.194 a	1.435 a	1.302 a
17581	1.307 a	1.204 a	1.437 a	1.317 a
17592	1.272 a	1.186 a	1.254 a	1.306 a
17628	1.335 a	1.222 a	1.322 a	1.318 a
17675	1.366 a	1.110 a	1.422 a	1.314 a
17676	1.411 a	1.215 a	1.363 a	1.397 a
CK	0.746 b	0.548 b	0.938 b	0.842 b

注：同列中不同小写字母表示差异显著（$P<0.05$）。

4. 不同盐和碱处理下各根瘤菌菌株对苜蓿地上部干重的影响

3‰ 盐浓度下，接种根瘤菌菌株的苜蓿干重较对照均有明显增加，但各菌株间差异不显著（$P>0.05$）（图 3.1），接种菌株 17676 的干重最大，为 1.800 g。而在 4‰ 盐浓度下，接种各根瘤菌菌株对苜蓿干重的影响差异显著（$P<0.05$），接种菌株 17676 的干重最大，为 1.082 g。碱浓度处理下接种各根瘤菌菌株对苜蓿干重影响差异显著（$P<0.05$）。图 3.2 中，pH 值 =8 碱处理下，对干重影响较大的菌株是 17581、17544 和 17537，干重分别为 3.918 g、3.854 g 和 3.795 g。pH 值 =9 碱处理下，对干重影响较大的菌株有 17675、17525 和 17512，较对照分别增加了 191.76%、178.55% 和 178.34%。整体上盐、碱浓度的升高均降低了苜蓿干重。

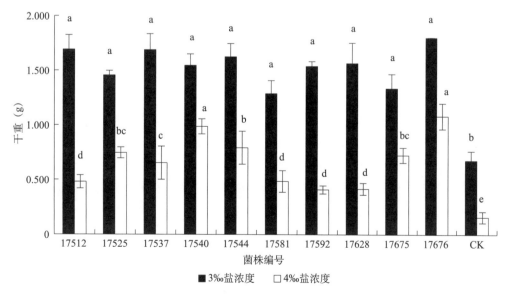

图 3.1　不同盐处理下各根瘤菌菌株对苜蓿干重的影响

注：不同小写字母表示差异显著（$P<0.05$）。

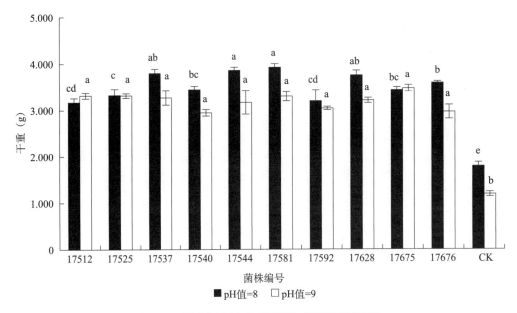

图 3.2 不同碱处理下各根瘤菌菌株对苜蓿干重的影响

注：不同小写字母表示差异显著（$P<0.05$）。

5. 不同盐和碱处理下各根瘤菌菌株对苜蓿根干重的影响

由表 3.5 可知，不同盐处理下各根瘤菌菌株对苜蓿根干重影响差异显著（$P<0.05$）。3‰ 盐浓度下，对根干重影响较大的菌株是 17592、17537 和 17676，根干重分别为 1.093 g、1.027 g 和 1.018 g，较对照分别增加了 160.86%、145.11% 和 142.96%。4‰ 盐浓度下，菌株 17676 的根干重最大，为 0.510 g，较对照增加了 351.33%。pH 值 =8 碱处理下，各根瘤菌菌株对苜蓿根干重影响差异不显著（$P>0.05$），菌株 17581 和 17537 的根干重较大，分别为 2.575 g 和 2.327 g，较对照分别增加了 168.23% 和 142.40%。pH 值 =9 碱处理下，各根瘤菌菌株对苜蓿根干重影响差异显著（$P<0.05$），菌株 17675 的根干重最大，为 2.053 g，较对照处理提高了 188.34%。随着盐、碱浓度的升高均降低了苜蓿根干重。

表 3.5　不同盐和碱处理下各根瘤菌菌株对苜蓿根干重的影响

菌株编号	根干重 (g)			
	3‰ 盐浓度	4‰ 盐浓度	pH 值 =8	pH 值 =9
17512	0.987 ab	0.280 abc	2.100 ab	2.030 a
17525	0.797 abc	0.370 abc	2.090 ab	1.983 a
17537	1.027 ab	0.373 abc	2.327 a	1.610 a
17540	0.752 bc	0.457 ab	1.756 b	1.593 a
17544	0.885 abc	0.345 abc	1.882 ab	1.789 a
17581	0.608 cd	0.192 bc	2.575 a	1.781 a
17592	1.093 a	0.244 abc	1.876 ab	1.791 a
17628	0.856 abc	0.205 abc	2.098 ab	1.978 a
17675	0.733 bc	0.313 abc	2.104 ab	2.053 a
17676	1.018 abc	0.510 a	1.987 ab	1.757 a
CK	0.419 d	0.113 c	0.960 c	0.712 b

注：同列中不同小写字母表示差异显著（$P<0.05$）。

6. 不同盐和碱处理下各根瘤菌菌株对苜蓿有效根瘤数的影响

不同盐、碱处理下各根瘤菌菌株对苜蓿有效根瘤数影响差异显著（$P < 0.05$）（表 3.6）。3‰ 盐浓度下接种根瘤菌菌株的苜蓿有效根瘤数较对照处理均有明显的升高，接种菌株 17512、17676、17544 和 17581 的有效根瘤数较大，分别为 58.0 个、46.7 个、44.0 个和 42.3 个。4‰ 盐浓度下，接种菌株 17676 和 17525 的有效根瘤数较大，分别为 16.7 个和 12.0 个。pH 值 =8 碱处理下，接种根瘤菌菌株有效根瘤数均显著高于对照（$P < 0.05$），接种菌株是 17581、17675 和 17544 的有效根瘤数较大，分别为 154.6 个、131.3 个和 122.6 个。pH 值 =9 碱处理下，接种菌株 17675 的有效根瘤数最大，达 116.0 个。菌株 17544、17512 和 17628 的有效根瘤数较大。随着盐、碱浓度的升高均降低了苜蓿有效根瘤数。

表 3.6　不同盐和碱处理下各根瘤菌菌株对苜蓿有效根瘤数的影响

菌株编号	有效根瘤数（个）			
	3‰ 盐浓度	4‰ 盐浓度	pH 值 =8	pH 值 =9
17512	58.0 a	5.0 ab	118.0 bc	109.7 a
17525	33.3 abc	12.0 ab	114.6 bc	103.3 ab
17537	16.3 bc	4.0 ab	115.0 bc	73.3 d
17540	34.0 abc	9.3 ab	90.3 c	75.0 d
17544	44.0 ab	8.5 ab	122.6 bc	102.3 ab
17581	42.3 ab	4.7 ab	154.6 a	98.7 b
17592	27.7 abc	4.3 ab	98.7 c	86.3 c
17628	35.0 abc	1.0 b	120.0 bc	107.3 a
17675	22.7 abc	2.7 b	131.3 ab	116.0 a
17676	46.7 ab	16.7 a	105.3 c	85.7 c
CK	1.7 c	0.3 b	1.7 d	1.3 e

注：同列中不同小写字母表示差异显著（$P < 0.05$）。

7. 结论

菌株 17544、17537 在盐和碱条件下均表现出一定的增产效果。上述各菌株处理有效地促进了中苜 3 号苜蓿的地上部生长，可根据实际情况作为不同盐和碱条件下中苜 3 号最佳匹配的高效增产根瘤菌菌株。

（二）中苜 3 号苜蓿匹配根瘤菌菌株田间筛选

1. 试验地概况

田间试验于 2015—2016 年在东营市农业科学研究院试验基地进行，位于山东省东营市广饶县，北纬 37° 15′、东经 118° 36′，海拔 2 m，属于暖温带半湿润季风型大陆性气候，冬寒夏热，四季分明。年平均气温 13.3 ℃，极端最低气温 -23.3 ℃，极端最高气温 41.9 ℃。年平均降水量 537 mm，四季降水不均，冬春及晚秋干旱，降水多集中在 7—8 月。年平均无霜期为 206 d。土壤为潮土，0～20 cm 土壤的盐分含量在 0.12%～0.18%，属于轻度盐碱地。试验地土壤养分状况见表 3.7。

表 3.7　试验地土壤养分状况

取样深度（cm）	pH 值	电导率（μS/cm）	有机质（g/kg）	速效氮（mg/kg）	速效磷（mg/kg）	速效钾（mg/kg）
0～10	8.35	410.71	17.72	94.19	15.45	215.83
10～20	8.40	514.36	15.98	100.10	12.49	197.22

2. 试验材料与设计

试验采用随机区组排列，选择 19 个根瘤菌菌株与中苜 3 号苜蓿接种（表 3.8），以不接种根瘤菌作为空白对照（CK），共 20 个处理，3 个重复。小区面积 15 m²(3 m × 5 m)，小区间隔 0.6 m。2015 年 3 月 18 日播种，行距 30 cm，人工开沟，条播，播种深度 1～2 cm。播种时为保证出苗适当喷灌，苗期及生长期只进行人工除草，整个生长期不再进行灌溉和施肥。在初花期进行刈割测产，2015 年刈割 3 次，2016 年刈割 4 次。

表 3.8　供试菌株及其来源

序号	菌株编号	寄主植物	来源地区
1	17512	紫花苜蓿	山东
2	17516	紫花苜蓿	北京
3	17525	紫花苜蓿	内蒙古
4	17537	美国苜蓿	黑龙江
5	17540	紫花苜蓿	黑龙江
6	17544	紫花苜蓿	新疆
7	17558	紫花苜蓿	甘肃
8	17574	紫花苜蓿	甘肃
9	17578	紫花苜蓿	甘肃
10	17581	紫花苜蓿	甘肃
11	17582	紫花苜蓿	甘肃
12	17592	陇东苜蓿	甘肃
13	17628	新疆大叶苜蓿	新疆
14	17650	紫花苜蓿	内蒙古
15	17659	紫花苜蓿	内蒙古
16	17674	紫花苜蓿	山东
17	17675	紫花苜蓿	山东
18	17676	紫花苜蓿	山东
19	17767	紫花苜蓿	新疆

3. 接种不同根瘤菌菌株对苜蓿干草产量的影响

由表 3.9 可知，建植当年（2015 年），接种不同根瘤菌菌株的苜蓿干草产量均高于对照，增产幅度在 7.1%～28.8%，接种菌株 17525、17581 和 17544 的苜蓿干草产量与对照差异显著（$P < 0.05$），较对照增产 26.2%～28.8%。播种第 2 年（2016 年），接种不同菌株的苜蓿干草产量与对照没有显著性差异（$P > 0.05$）。接种根瘤菌能明显提高建植当年（2015 年）的干草产量，对第 2 年（2016 年）的产量没有显著影响。综合 2 年的干草产量分析，接种菌株 17574 和 17581 能显著提高苜蓿干草产量，较对照分别增产 13.5% 和 12.3%。

表 3.9　接种不同根瘤菌菌株对苜蓿干草产量的影响　　　　　单位：kg/hm²

菌株编号	2015 年干草产量	2016 年干草产量	2 年总干草产量
17512	6 947.3 ab	13 756.1 abc	20 703.3 abc
17516	7 041.1 ab	13 633.4 abc	20 674.4 abc
17525	8 199.4 a	13 951.1 abc	22 150.6 abc
17537	7 700.0 ab	13 966.1 abc	21 666.1 abc
17540	7 730.6 ab	13 238.9 bc	20 969.4 abc
17544	8 033.3 a	13 834.4 abc	21 867.8 abc
17558	7 252.8 ab	13 801.1 abc	21 053.9 abc
17574	7 792.2 ab	15 345.6 a	23 137.82 a
17578	6 860.0 ab	13 537.2 abc	20 397.25 c
17581	8 151.7 a	14 750.0 ab	22 901.7 ab
17582	7 275.0 ab	14 726.7 ab	22 001.6 abc
17592	7 311.1 ab	13 556.1 abc	20 867.2 abc
17628	7 700.0 ab	13 105.0 bc	20 805.0 abc
17650	7 607.8 ab	14 027.2 abc	21 635.0 abc
17659	7 356.1 ab	14 032.8 abc	21 388.9 abc
17674	7 300.0 ab	14 202.2 abc	21 502.2 abc
17675	6 814.4 ab	14 701.1 abc	21 515.5 abc
17676	7 007.8 ab	13 538.3 abc	20 546.1 bc
17767	7 856.1 ab	12 851.7 c	20 707.8 abc
CK	6 364.4 b	14 021.1 abc	20 385.5 c
平均	7 415.1	13 928.8	21 343.9

注：同列中不同小写字母表示差异显著（$P<0.05$）。

4. 接种不同根瘤菌菌株对苜蓿每平方米枝条数和茎粗的影响

对接种不同根瘤菌菌株对建植当年（2015 年）各茬苜蓿的每平方米枝条数和茎粗进行分析，结果（表 3.10）表明，所有接种处理的平均每平方米枝条数和茎粗随着刈割茬次的增加，呈先增加再减少的趋势。接种不同菌株处理对各茬苜蓿的每平方米枝条数有显著影响（$P<0.05$），对茎粗没有显著影响（$P>0.05$）。随着刈割茬次的增加，接种不同菌株处理的每平方米枝条数与对照的差异在逐渐减小，直至与对照没有显著差异；接种不同菌株处理的 3 茬平均每平方米枝条数均高于对照，接种菌株 17516 和 17525 处理的平均每平方米枝条数显著高于对照（$P<0.05$），分别较对照增加 41.6% 和 24.5%，其他接种菌株处理的平均每平方米枝条数与对照差异不显著。

表 3.10　接种不同根瘤菌菌株对苜蓿每平方米枝条数和茎粗的影响

菌株编号	每平方米枝条数				茎粗（mm）			
	第 1 茬	第 2 茬	第 3 茬	平均	第 1 茬	第 2 茬	第 3 茬	平均
17512	754 de	1 287 bcde	1 222 abcd	1 088 bc	1.69 a	2.01 a	1.98 ab	1.89 ab
17516	1 087 ab	1 758 a	1 349 a	1 398 a	1.63 a	2.02 a	2.14 ab	1.93 ab
17525	1 247 a	1 562 ab	878 de	1 229 b	1.62 a	2.13 a	1.99 ab	1.91 ab

菌株编号	每平方米枝条数				茎粗（mm）			
	第1茬	第2茬	第3茬	平均	第1茬	第2茬	第3茬	平均
17537	753 de	1 560 ab	1 051 abcde	1 121 bc	1.61 a	1.93 a	1.89 ab	1.81 ab
17540	992 bc	1 464 abcd	1 018 abcde	1 158 bc	1.71 a	2.15 a	1.88 b	1.91 ab
17544	1 196 a	1 349 bcde	949 cde	1 164 bc	1.64 a	2.17 a	2.27 a	2.03 a
17558	824 cde	1 222 bcde	1 338 a	1 128 bc	1.75 a	2.06 a	1.95 ab	1.92 ab
17574	844 cde	1 173 cde	1 224 abcd	1 081 bc	1.81 a	2.04 a	1.99 ab	1.94 ab
17578	818 cde	1 135 de	1 060 abcde	1 004 c	1.66 a	1.87 a	1.84 b	1.79 b
17581	1 000 bc	1 258 bcde	871 de	1 043 c	1.78 a	2.18 a	1.97 ab	1.97 ab
17582	888 cde	1 295 bcde	1 242 abc	1 142 bc	1.57 a	2.25 a	2.06 ab	1.96 ab
17592	750 de	1 402 bcde	813 e	989 c	1.91 a	2.14 a	1.92 ab	1.99 ab
17628	964 bc	1 109 e	964 bcde	1 013 c	1.63 a	2.12 a	2.02 ab	1.92 ab
17650	956 bc	1 276 bcde	1 151 abcde	1 128 bc	1.67 a	2.07 a	1.82 b	1.85 ab
17659	953 bc	1 166 cde	1 309 ab	1 143 bc	1.63 a	2.16 a	1.91 ab	1.90 ab
17674	916 bcd	1 273 bcde	1 218 abcd	1 136 bc	1.66 a	2.17 a	1.78 b	1.87 ab
17675	865 cde	1 311 bcde	1 175 abcd	1 117 bc	1.88 a	2.15 a	1.93 ab	1.99 ab
17676	859 cde	1 373 bcde	871 de	1 034 c	1.78 a	2.00 a	1.98 ab	1.92 ab
17767	883 cde	1 498 abc	1 122 abcde	1 168 bc	1.65 a	1.97 a	2.11 ab	1.91 ab
CK	718 e	1 100 e	1 142 abcde	987 c	1.64 a	2.00 a	1.91 ab	1.85 ab
平均	913	1 329	1 098	1 113	1.70	2.08	1.97	1.91

注：同列中不同小写字母表示差异显著（$P<0.05$）。

5. 接种不同根瘤菌菌株对苜蓿株高的影响

由表3.11可知，各接种处理的苜蓿年平均株高随着生长年限的增加呈增加趋势。建植当年（2015年），接种菌株17628的苜蓿平均株高最大，为60.5 cm，与对照有显著性差异（$P<0.05$）。播种第2年（2016年），接种菌株17574的苜蓿平均株高最大，为73.9 cm，与对照有显著性差异（$P<0.05$）。接种菌株17581的苜蓿2年平均株高最大，为66.5 cm，与对照有显著性差异（$P<0.05$）。

表3.11　接种不同根瘤菌菌株对苜蓿株高的影响　　　　　　单位：cm

菌株编号	2015年株高	2016年株高	2年平均株高
17512	57.9 ab	70.8 abcde	64.4 ab
17516	55.6 abc	71.2 abcde	63.4 bc
17525	56.4 abc	70.8 abcde	63.6 abc
17537	56.8 ab	72.2 abcde	64.5 ab
17540	54.6 bc	69.9 de	62.3 bc
17544	56.3 abc	71.4 abcde	63.8 ab
17558	56.0 abc	71.3 abcde	63.7 abc
17574	56.3 abc	73.9 a	65.1 ab
17578	51.4 c	70.2 cde	60.8 c
17581	59.4 ab	73.6 ab	66.5 a

（续表）

菌株编号	2015 年株高	2016 年株高	2 年平均株高
17582	55.5 abc	73.3 abc	64.4 ab
17592	55.7 abc	70.4 bcde	63.1 bc
17628	60.5 a	70.0 de	65.2 ab
17650	55.6 abc	72.3 abcde	64.0 ab
17659	55.5 abc	69.6 de	62.5 bc
17674	58.0 ab	72.0 abcde	65.0 ab
17675	56.8 ab	72.9 abcd	64.8 ab
17676	56.4 abc	69.4 e	62.9 bc
17767	56.2 abc	72.1 abcde	64.2 ab
CK	55.2 bc	70.1 cde	62.6 bc
平均	56.3	71.4	63.8

注：同列中不同小写字母表示差异显著（P<0.05）。

6. 接种不同根瘤菌菌株对苜蓿营养品质的影响

2016 年第 1 茬苜蓿营养品质分析结果（表 3.12）表明，接种不同根瘤菌菌株的苜蓿粗蛋白质、酸性洗涤纤维、中性洗涤纤维含量和相对饲用价值与对照没有显著差异（P>0.05）。

表 3.12　接种不同根瘤菌菌株对苜蓿营养品质的影响

菌株编号	粗蛋白质（%）	酸性洗涤纤维（%）	中性洗涤纤维（%）	相对饲用价值
17512	23.73 a	30.19 a	37.72 ab	162.22 ab
17516	24.16 a	28.11 a	36.04 ab	174.07 ab
17525	24.08 a	30.78 a	38.94 a	156.79 b
17537	24.84 a	27.92 a	35.12 ab	178.09 ab
17540	24.82 a	27.09 a	33.84 b	186.79 a
17544	23.92 a	29.10 a	35.85 ab	173.27 ab
17558	24.16 a	28.20 a	35.19 ab	177.60 ab
17574	23.75 a	29.58 a	36.88 ab	166.17 ab
17578	24.33 a	28.47 a	35.82 ab	174.63 ab
17581	24.26 a	28.72 a	35.65 ab	174.20 ab
17582	23.98 a	29.51 a	36.76 ab	168.12 ab
17592	24.30 a	28.02 a	35.12 ab	178.14 ab
17628	24.54 a	28.15 a	35.31 ab	176.51 ab
17650	24.17 a	28.25 a	35.73 ab	174.45 ab
17659	24.37 a	28.64 a	36.20 ab	171.19 ab
17674	24.20 a	28.35 a	35.55 ab	174.96 ab
17675	23.77 a	29.78 a	37.39 ab	164.03 ab
17676	24.30 a	27.94 a	35.14 ab	177.83 ab
17767	24.21 a	29.61 a	37.42 ab	164.15 ab
CK	23.97 a	28.89 a	36.02 ab	171.60 ab
平均	24.19	28.77	36.08	172.24

注：同列中不同小写字母表示差异显著（P<0.05）。

7. 结论

在山东东营盐碱地区，中苜 3 号苜蓿接种菌株 17574 和 17581 的增产效果好，接种根瘤菌菌株对提高建植当年的苜蓿干草产量作用尤其明显。

二、中苜 4 号苜蓿匹配根瘤菌菌株筛选

（一）中苜 4 号苜蓿匹配根瘤菌菌株盆栽筛选

1. 试验材料与设计

苜蓿品种为中苜 4 号，供试根瘤菌菌株由中国农业微生物菌种保藏中心提供（表 3.13）。土壤是中国农业科学院北京畜牧兽医研究所廊坊牧草育种试验基地的沙土，具体理化成分见表 3.14。

接种后采用完全随机区组排列，以盆为单位，以不接种根瘤菌作为空白对照（CK），每盆设 3 个重复。生长期内根据花盆中的情况定期浇水，保持一定土壤湿度。温室白天温度（23±5）℃、晚上温度（18±2）℃，光照强度 7 000～8 000 lx，光照时间 16 h。

表 3.13　供试菌株及来源

序号	菌株编号	寄主植物	来源地区
1	17512	紫花苜蓿	山东
2	17513	紫花苜蓿	山东
3	17516	紫花苜蓿	北京
4	17525	紫花苜蓿	内蒙古
5	17531	紫花苜蓿	黑龙江
6	17534	美国苜蓿	黑龙江
7	17535	紫花苜蓿	黑龙江
8	17537	美国苜蓿	黑龙江
9	17540	紫花苜蓿	黑龙江
10	17544	紫花苜蓿	新疆
11	17551	新疆大叶苜蓿	新疆
12	17558	紫花苜蓿	甘肃
13	17568	紫花苜蓿	甘肃
14	17574	紫花苜蓿	甘肃
15	17578	紫花苜蓿	甘肃
16	17581	紫花苜蓿	甘肃
17	17582	紫花苜蓿	甘肃
18	17584	紫花苜蓿	甘肃
19	17592	陇东苜蓿	甘肃
20	17605	紫花苜蓿	甘肃
21	17628	新疆大叶苜蓿	新疆
22	17650	紫花苜蓿	内蒙古

（续表）

序号	菌株编号	寄主植物	来源地区
23	17659	紫花苜蓿	内蒙古
24	17670	紫花苜蓿	甘肃
25	17672	紫花苜蓿	甘肃
26	17674	紫花苜蓿	山东
27	17675	紫花苜蓿	山东
28	17676	紫花苜蓿	山东
29	17688	紫花苜蓿	新疆
30	17767	紫花苜蓿	新疆

表 3.14 土壤理化性质

pH 值	有机质（g/kg）	碱解氮（mg/kg）	有效磷（mg/kg）	速效钾（mg/kg）
7.37	16.85	87.14	13.97	206.53

2. 接种不同根瘤菌菌株对苜蓿株高、茎粗、干重的影响

接种不同根瘤菌菌株的苜蓿茎粗与对照没有显著性差异（$P>0.05$）。接种菌株 17544、17558、17574、17535、17670、17581、17512 和 17516 的苜蓿株高显著高于对照（$P<0.05$），较对照提高 23.4%～31.9%。接种 17581、17513、17544、17558、17578、17535 和 17574 等 19 个菌株的苜蓿干重显著高于对照（$P<0.05$），较对照增产幅度在 22.4%～68.2%（表 3.15）。

表 3.15 接种不同根瘤菌菌株对苜蓿株高、茎粗和植株干重的影响

菌株编号	株高（cm）	茎粗（mm）	干重（g/株）	干重排序
17512	23.4 ab	1.14 ab	2.17 defghij	15
17513	22.2 abc	1.21 ab	2.52 b	2
17516	23.2 ab	1.261 2 a	2.33 bcdef	8
17525	22.0 abc	0.97 ab	2.22 bcdefgh	11
17531	20.2 bc	1.04 ab	1.81 kl	30
17534	22.7 abc	0.88 b	1.93 ghijkl	22
17535	23.8 ab	1.23 ab	2.49 bcd	6
17537	22.6 abc	1.15 ab	2.11 efghijk	18
17540	20.3 bc	1.15 ab	1.85 jkl	28
17544	24.8 a	1.22 ab	2.52 b	3
17551	21.1 abc	0.90 b	1.86 ijkl	25
17558	24.3 ab	1.06 ab	2.52 b	4
17568	22.4 abc	1.03 ab	2.20 bcdefgh	13
17574	23.8 ab	1.12 ab	2.41 bcde	7
17578	22.4 abc	1.22 ab	2.50 bc	5
17581	23.7 ab	1.27 a	2.86 a	1
17582	22.1 abc	1.07 ab	2.00 fghijkl	21

（续表）

菌株编号	株高（cm）	茎粗（mm）	干重（g/株）	干重排序
17584	21.1 abc	1.18 ab	2.00 fghijkl	20
17592	22.7 abc	1.31 a	2.11 efghijk	17
17605	23.0 abc	1.17 ab	2.26 bcdefg	10
17628	22.3 abc	1.32 a	2.12 efghijk	16
17650	20.3 bc	1.04 ab	1.93 ghijkl	23
17659	23.0 abc	1.14 ab	2.31 bcdef	9
17670	23.8 ab	1.10 ab	2.18 cdefghi	14
17672	21.4 abc	1.13 ab	1.89 hijkl	24
17674	20.1 bc	1.03 ab	1.85 jkl	27
17675	20.6 abc	1.05 ab	1.86 ijkl	26
17676	23.1 abc	1.13 ab	2.21 bcdefgh	12
17688	22.6 abc	1.29 a	2.08 efghijk	19
17767	21.4 abc	1.16 ab	1.84 jkl	29
CK	18.8 c	1.23 ab	1.70 l	31

注：同列中不同小写字母表示差异显著（$P<0.05$）。

3. 接种不同根瘤菌菌株对苜蓿根长、根干重和结瘤数的影响

接种不同根瘤菌菌株对苜蓿根长、根干重和结瘤数有显著性影响（$P<0.05$）；接种菌株 17767、17544、17670、17582、17531 和 17675 等 17 个菌株的苜蓿根长显著高于对照（$P<0.05$），较对照提高 20.0%～66.4%。接种菌株 17584、17581、17568、17578、17574、17670、17537 和 17558 的苜蓿根干重显著高于对照（$P<0.05$），较对照提高 48.1%～68.5%。接种不同根瘤菌菌株的苜蓿结瘤数均显著高于对照（$P<0.05$），较对照提高 200%～2 150%（表 3.16）。

表 3.16 不同菌株对苜蓿根长、根干重和结瘤数的影响

菌株编号	根长（cm）	根干重（g）	结瘤数（个）
17512	14.7 bcdef	0.65 bcdefgh	12 klm
17513	15.3 bcde	0.76 abcdefg	18 hi
17516	15.5 bcde	0.72 abcdefgh	18 hi
17525	13.6 defg	0.59 defgh	12 klm
17531	16.0 bcd	0.66 bcdefgh	15 ijk
17534	14.2 bcdefg	0.68 abcdefgh	16 hijk
17535	14.9 bcdef	0.79 abcdef	11 klmn
17537	15.4 bcde	0.82 abcd	30 de
17540	12.3 g	0.47 h	8 mn
17544	16.5 b	0.69 abcdefgh	17 hij
17551	13.9 cdefg	0.53 gh	23 fg
17558	15.5 bcde	0.80 abcde	8 lmn
17568	14.7 bcdef	0.89 ab	20 ghi
17574	15.1 bcde	0.83 abcd	32 cd

（续表）

菌株编号	根长（cm）	根干重（g）	结瘤数（个）
17578	15.3 bcde	0.88 abc	28 de
17581	14.8 bcdef	0.90 ab	17 hij
17582	16.1 bc	0.72 abcdefgh	45 a
17584	15.2 bcde	0.91 a	8 mn
17592	14.7 bcdef	0.67 abcdefgh	25 ef
17605	14.4 bcdefg	0.59 defgh	7 n
17628	15.6 bcde	0.68 abcdefgh	18 hij
17650	13.9 cdefg	0.61 defgh	21 gh
17659	15.0 bcde	0.68 abcdefgh	13 jkl
17670	16.3 bc	0.83 abcd	39 b
17672	14.7 bcdef	0.63 cdefgh	36 bc
17674	13.3 efg	0.56 efgh	6 n
17675	16.0 bcd	0.71 abcdefgh	29 de
17676	15.3 bcde	0.74 abcdefg	16 hijk
17688	15.1 bcde	0.72 abcdefgh	9 lmm
17767	20.8 a	0.51 gh	20 gh
CK	12.5 fg	0.54 fgh	2 o

注：同列中不同小写字母表示差异显著（$P<0.05$）。

4. 灰色关联度分析

经灰色关联度综合评价表明，接种根瘤菌菌株后灰色关联度值排序前 10 的菌株依次为 17670、17582、17574、17578、17537、17581、17672、17592、17675 和 17544（表 3.17）。

表 3.17　各性状的灰色关联分析综合评价

菌株编号	产量	株高	茎粗	根长	根干重	结瘤数	平均	排序
17512	1.009	1.054	1.003	0.979	0.929	0.642	0.936	23
17513	1.173	0.999	1.065	1.019	1.088	0.964	1.051	11
17516	1.083	1.045	1.112	1.027	1.024	0.964	1.043	12
17525	1.032	0.991	0.851	0.903	0.846	0.642	0.878	28
17531	0.841	0.909	0.915	1.063	0.934	0.803	0.911	26
17534	0.898	1.023	0.779	0.943	0.968	0.857	0.911	25
17535	1.159	1.072	1.080	0.988	1.119	0.589	1.001	16
17537	0.981	1.018	1.010	1.023	1.169	1.606	1.134	5
17540	0.860	0.913	1.017	0.819	0.674	0.428	0.785	29
17544	1.172	1.114	1.074	1.094	0.979	0.910	1.057	10
17551	0.864	0.948	0.792	0.926	0.753	1.231	0.919	24
17558	1.172	1.093	0.936	1.027	1.142	0.428	0.966	18
17568	1.023	1.006	0.904	0.974	1.273	1.071	1.042	13
17574	1.120	1.071	0.988	1.001	1.177	1.713	1.178	3

菌株编号	产量	株高	茎粗	根长	根干重	结瘤数	平均	排序
17578	1.165	1.009	1.071	1.019	1.246	1.499	1.168	4
17581	1.330	1.066	1.122	0.983	1.283	0.910	1.116	6
17582	0.931	0.993	0.942	1.067	1.026	2.409	1.228	2
17584	0.933	0.949	1.038	1.010	1.295	0.428	0.942	20
17592	0.982	1.021	1.155	0.979	0.957	1.339	1.072	8
17605	1.052	1.033	1.027	0.957	0.833	0.375	0.880	27
17628	0.987	1.002	1.159	1.036	0.972	0.964	1.020	14
17650	0.897	0.912	0.916	0.921	0.874	1.124	0.941	21
17659	1.074	1.033	1.008	0.996	0.969	0.696	0.963	19
17670	1.016	1.069	0.972	1.081	1.186	2.088	1.235	1
17672	0.880	0.963	0.994	0.979	0.896	1.927	1.107	7
17674	0.860	0.903	0.909	0.886	0.796	0.321	0.779	30
17675	0.864	0.928	0.921	1.063	1.018	1.553	1.058	9
17676	1.029	1.038	0.999	1.019	1.054	0.857	0.999	17
17688	0.968	1.018	1.138	1.005	1.020	0.482	0.939	22
17767	0.855	0.961	1.018	1.382	0.732	1.071	1.003	15
CK	0.790	0.846	1.086	0.833	0.766	0.107	0.738	31

5. 结论

从苜蓿产量和各性状综合评价表明，中苜 4 号苜蓿接种菌株 17581、17513、17544、17558、17578、17535、17574、17516、17659 和 17605 效果较好，能显著提高苜蓿产量、株高、根长、根干重和结瘤数。

（二）中苜 4 号苜蓿匹配根瘤菌菌株田间筛选

1. 试验地概况

田间试验于 2017—2018 年在东营市农业科学研究院试验基地进行，位于山东省东营市广饶县，北纬 37°15′、东经 118°36′，海拔 2 m，属于暖温带半湿润季风型大陆性气候，冬寒夏热，四季分明。年平均气温 13.3 ℃，极端最低气温 -23.3 ℃，极端最高气温 41.9 ℃。年平均降水量 537 mm，四季降水不均，冬春及晚秋干旱，降水多集中在 7—8 月。年平均无霜期为 206 d。土壤为潮土，0～20 cm 土壤的盐分含量在 0.12%～0.18%，属于轻度盐碱地。试验地土壤养分状况见表 3.18。

表 3.18 试验地土壤养分状况

取样深度（cm）	pH 值	电导率（μS/cm）	有机质（g/kg）	速效氮（mg/kg）	速效磷（mg/kg）	速效钾（mg/kg）
0～10	8.35	410.71	17.72	94.19	15.45	215.83
10～20	8.40	514.36	15.98	100.10	12.49	197.22

2. 试验材料与设计

根据 30 个菌株与中苜 4 号苜蓿接种的温室盆栽试验结果，选择植株干重排名前 10 的菌株（菌株编号分别为17581、17513、17544、17558、17578、17535、17574、17516、17659、17605），以不接种根瘤菌为空白对照（CK）。试验采用随机区组排列，每个菌株重复3次，小区面积10.8 m²（6 m×1.8 m），小区间隔0.6 m。2017年4月9日播种，条播，行距30 cm，人工开沟，播种深度1～2 cm。播种时为保证出苗适当喷灌，苗期及生长期只进行人工除草，整个生长期不再进行灌溉和施肥。在初花期进行刈割测产，2017年刈割4次，2018年刈割3次（8月19日遇强降雨，苜蓿全部淹死）。

3. 接种不同根瘤菌菌株对苜蓿干草产量的影响

建植当年（2017年），除菌株17581、17558和17605外，接种17574、17544等7个菌株的苜蓿干草产量均显著高于对照（$P<0.05$），较对照增产5.1%～19.7%。播种第2年（2018年），仅有接种菌株17516和17574的干草产量显著高于对照，达到显著水平（$P<0.05$），分别较对照增产12.3%和12.0%。综合2年总干草产量分析，接种菌株17574、17544和17516能显著提高苜蓿干草产量，分别较对照增产14.8%、11.7%和10.3%。接种根瘤菌菌株能明显提高建植当年的苜蓿干草产量，对播种第2年的产量影响较小（表3.19）。

表3.19　接种不同根瘤菌菌株对苜蓿干草产量的影响　　　　　　　单位：kg/hm²

菌株编号	2017年干草产量	2018年干草产量	2年总干草产量
17581	7 274.7 cde	12 641.0 ab	19 915.7 bcde
17513	7 407.9 cd	12 227.2 ab	19 635.1 cde
17558	7 187.3 de	12 309.8 ab	19 497.1 cde
17544	8 085.4 ab	13 171.0 ab	21 256.4 ab
17578	7 329.8 cd	13 059.4 ab	20 389.2 abcd
17535	7 964.3 b	12 536.3 ab	20 500.6 abcd
17574	8 349.3 a	13 498.0 a	21 847.3 a
17516	7 458.7 cd	13 534.3 a	20 993.0 abc
17659	7 583.0 c	12 416.1 ab	19 999.1 bcde
17605	6 759.6 f	11 966.1 b	18 725.7 e
CK	6 977.1 ef	12 050.2 b	19 027.3 de
平均	7 488.8	12 673.6	20 162.4

注：同列中不同小写字母表示差异显著（$P<0.05$）。

4. 接种不同根瘤菌菌株对苜蓿每平方米枝条数、茎粗和枝条鲜重的影响

接种不同根瘤菌菌株对苜蓿每平方米枝条数和单个枝条鲜重均有显著影响（$P<0.05$），对茎粗影响不显著。随着种植年限的延长，枝条数、茎粗和单个枝条鲜重呈增加趋势。接种菌株17516、17574、17558、17605、17535和17659的苜蓿2年平均每平方米枝条数显著高于对照（$P<0.05$），较对照增加6.6%～17.6%。接种菌株17544、17581、17659的苜蓿2年平均单个枝条鲜重显著高于对照（$P<0.05$），较对照增加15.4%～18.5%（表3.20）。

表3.20　不同菌株接种处理对苜蓿每平方米枝条数、茎粗和单个枝条鲜重的影响

菌株编号	每平方米枝条数			茎粗（mm）			单个枝条鲜重（g）		
	2017年	2018年	平均	2017年	2018年	平均	2017年	2018年	平均
17581	229 d	474 bc	352 cd	1.87 ab	2.55 a	2.21 ab	2.96 ab	6.82 a	4.89 a

（续表）

菌株编号	每平方米枝条数			茎粗（mm）			单个枝条鲜重（g）		
	2017年	2018年	平均	2017年	2018年	平均	2017年	2018年	平均
17513	288 a	441 cd	364 bcd	1.83 abc	2.58 a	2.21 ab	2.88 ab	6.11 cde	4.50 bcd
17558	279 ab	518 ab	398 a	1.84 abc	2.66 a	2.25 ab	2.80 ab	5.95 cdef	4.37 de
17544	233 d	414 d	324 e	1.88 ab	2.59 a	2.24 ab	3.21 a	6.65 ab	4.93 a
17578	263 b	474 bc	369 bcd	1.81 bc	2.69 a	2.25 ab	2.73 b	5.91 cdef	4.32 de
17535	292 a	457 cd	374 bc	1.80 bc	2.52 a	2.16 b	2.99 ab	6.25 bcd	4.62 abcd
17574	287 a	513 ab	400 a	1.91 a	2.69 a	2.30 ab	3.08 ab	6.37 abc	4.73 abc
17516	282 ab	534 a	408 a	1.85 abc	2.52 a	2.18 b	3.05 ab	5.66 ef	4.36 de
17659	255 bc	484 bc	370 bc	1.83 abc	2.62 a	2.23 ab	2.88 ab	6.72 ab	4.80 ab
17605	248 c	504 ab	376 b	1.77 c	2.58 a	2.17 b	3.03 ab	5.84 def	4.43 cde
CK	248 c	445 cd	347 d	1.85 abc	2.54 a	2.19 ab	2.80 ab	5.52 f	4.16 e
平均	263	478	371	1.84	2.59	2.22	2.95	6.16	4.56

注：同列中不同小写字母表示差异显著（$P<0.05$）。

5. 结论

在山东东营盐碱地区，中苜4号苜蓿接种菌株17574、17544和17516的增产效果好，接种根瘤菌菌株能明显提高建植当年的苜蓿干草产量。

第三节　东北寒冷地区苜蓿当家品种匹配根瘤菌菌株筛选

一、公农1号苜蓿匹配根瘤菌菌株筛选

1. 试验地概况

试验地位于吉林省长春市吉林农业大学实验区（北纬43.88°、东经125.35°），年平均气温4.8℃，最高温度39.5℃，最低温度-39.8℃，日照时间2 688 h。夏季，东南风盛行，也有渤海补充的湿气过境。年平均降水量522～615 mm，夏季降水量占全年降水量的60%以上；最热月（7月）平均气温23℃。土壤为黑钙土，土壤肥力中等，前茬为玉米，未施肥。

2. 试验材料与设计

苜蓿品种为公农1号。根瘤菌菌株选用从吉林省大安、农安及黑龙江等3个地区的紫花苜蓿栽培基地中分离出的15个优良根瘤菌菌株（表3.21）。

表3.21　供试菌株及来源

菌株名称	来源地区
NACC1001	农安
NACC1002	农安
NACC1003	农安

菌株名称	来源地区
NACC1004	农安
NACC1005	农安
DACC2001	大安
DACC2002	大安
DACC2003	大安
DACC2004	大安
DACC2005	大安
HLCC3001	黑龙江
HLCC3002	黑龙江
HLCC3003	黑龙江
HLCC3004	黑龙江
HLCC3005	黑龙江

盆栽试验设计：将催芽后的苜蓿种苗栽种在 13 cm×15 cm 花盆中，每个花盆栽植 5 株。用移液枪吸取根瘤菌菌液均匀撒在种苗周围，覆盖薄土。设置不接种根瘤菌菌株为空白对照（CK），每个接种菌株 5 个重复。到达 60 d 生长期后，测定苜蓿植株的结瘤率（结瘤植株数与测量株数之比）、结瘤数、鲜重、干重以及粗蛋白质含量等。

田间试验设计：取公农 1 号苜蓿种子 500 g，分成 10 份，每份 50 g，分别用纱布包好。将盆栽试验筛选出的 9 个优良根瘤菌菌株各制备成 300 mL 菌液，然后将包好的种子置入菌液中浸泡 30 min（对照除外），取出后阴干、备用。于 2016 年 5—9 月进行田间试验，采用随机机组排列，以不接种根瘤菌菌株为空白对照（CK），每个接种菌株 3 次重复。小区面积 7.5 m²（3 m×2.5 m），条播，行距 20 cm。在播种 90 d 后，测定苜蓿植株的结瘤率、结瘤数、株高、鲜重、干重及粗蛋白质含量等指标。

3. 盆栽试验结果分析

（1）接种不同根瘤菌菌株对苜蓿植株结瘤率和结瘤数的影响

从表 3.22 可以看出，接种不同根瘤菌菌株对苜蓿植株的结瘤率和结瘤数有显著影响（$P<0.05$），较对照均有所提高。接种菌株 NACC1004、DACC2003、HLCC3002 和 HLCC3003 的苜蓿植株结瘤率为 100%。接种菌株 HLCC3002 的结瘤数最多，为 9.33 个 / 株，较对照增加 933%。

表 3.22　盆栽条件下接种不同根瘤菌菌株对苜蓿植株结瘤率和结瘤数的影响

菌株名称	结瘤率（%）	结瘤数（个 / 株）	结瘤数比对照增加（%）
CK	0	0.00 c	
NACC1001	80	2.67 abc	267
NACC1002	20	6.00 abc	600
NACC1003	40	2.00 abc	200
NACC1004	100	8.33 ab	833
NACC1005	20	7.67 ab	767
DACC2001	60	5.33 abc	533
DACC2002	40	3.33 abc	333
DACC2003	100	1.00 bc	100

（续表）

菌株名称	结瘤率（%）	结瘤数（个 / 株）	结瘤数比对照增加（%）
DACC2004	40	5.00 abc	500
DACC2005	80	5.33 abc	533
HLCC3001	80	5.33 abc	533
HLCC3002	100	9.33 a	933
HLCC3003	100	2.00 abc	200
HLCC3004	60	6.00 abc	600
HLCC3005	60	7.00 abc	700

注：同列中不同小写字母表示差异显著（$P<0.05$）。

（2）接种不同根瘤菌菌株对苜蓿株高、鲜重、干重和粗蛋白质含量的影响

从表 3.23 可知，接种不同根瘤菌菌株对苜蓿植株的株高、鲜重、干重和粗蛋白质含量有显著影响（$P<0.05$）。接种菌株 DACC2003 的苜蓿株高最大，为 42.00 cm，较对照增加 31.2%。接种菌株 NACC1005 的苜蓿植株鲜重最大，较对照增加 302.4%。接种菌株 HLCC3002 的苜蓿植株干重最高，较对照增加 317.6%。接种菌株 HLCC3002 的植株粗蛋白质含量最高，为 24.72%，较对照增加 72.7%。

表 3.23　盆栽条件下接种不同根瘤菌对苜蓿株高、鲜重、干重和粗蛋白质含量的影响

菌株名称	株高		鲜重		干重		粗蛋白质含量	
	株高（cm）	比对照增加（%）	植株重（g/株）	比对照增加（%）	植株重（g/株）	比对照增加（%）	粗蛋白质含量（%）	比对照增加（%）
CK	32.00 c		0.84 d		0.017 d		14.31 c	
NACC1001	38.67 ab	20.8	1.25 d	48.8	0.026 cd	52.9	17.91 bc	25.1
NACC1002	30.67 c	-4.1	1.03 d	22.6	0.021 d	23.5	15.93 bc	11.3
NACC1003	34.33 bc	7.3	2.83 abc	236.9	0.027 cd	58.8	14.81 bc	3.5
NACC1004	40.00 ab	25.0	1.34 d	59.5	0.054 abc	217.6	20.16 b	40.9
NACC1005	35.00 bc	9.4	3.38 a	302.4	0.068 ab	300.0	19.08 bc	33.3
DACC2001	35.33 bc	10.4	2.11 abcd	151.2	0.041 bcd	141.2	16.45 bc	14.9
DACC2002	34.00 bc	6.2	0.97 d	15.5	0.018 d	5.9	15.44 bc	7.9
DACC2003	42.00 a	31.2	2.20 abcd	161.9	0.042 bcd	147.1	18.65 bc	30.3
DACC2004	37.00 abc	15.6	0.89 d	5.9	0.019 d	11.8	15.58 bc	8.9
DACC2005	35.00 bc	9.4	1.11 d	32.1	0.017 d	0.0	14.75 c	3.1
HLCC3001	39.00 ab	21.9	1.43 cd	70.2	0.031 cd	82.3	15.99 bc	11.7
HLCC3002	40.00 ab	25.0	2.88 ab	242.9	0.071 a	317.6	24.72 a	72.7
HLCC3003	39.67 ab	24.0	1.52 bcd	80.9	0.052 abc	205.9	16.53 bc	15.5
HLCC3004	37.00 bc	15.6	1.46 bcd	73.8	0.018 d	5.9	14.58 c	1.9
HLCC3005	35.00 bc	9.4	1.72 bcd	104.8	0.021 d	23.5	16.52 bc	15.4

注：同列中不同小写字母表示差异显著（$P<0.05$）。

经综合分析，筛选出菌株 NACC1001、NACC1004、NACC1005、DACC2001、DACC2003、HLCC3001、HLCC3002、HLCC3003 和 HLCC3005 用于田间试验。

4.田间试验结果分析

（1）接种不同根瘤菌菌株对苜蓿植株结瘤率、结瘤数的影响

从表3.24可以看出，接种不同根瘤菌菌株对苜蓿植株的结瘤率和结瘤数有显著影响（$P<0.05$），较对照均有所提高。接种菌株NACC1004、DACC2003、HLCC3002和HLCC3003的苜蓿植株结瘤率为100%。接种菌株NACC1004的苜蓿植株结瘤数最高，为14.67个/株，较对照增加529.6%。

表3.24　田间条件下接种不同根瘤菌菌株对苜蓿植株结瘤率和结瘤数的影响

菌株名称	结瘤率（%）	结瘤数（个/株）	结瘤数比对照增加（%）
CK	30	2.33 c	
NACC1001	40	11.00 ab	372.1
NACC1004	100	14.67 a	529.6
NACC1005	60	7.00 bc	200.4
DACC2001	40	10.33 ab	343.3
DACC2003	100	13.00 a	457.9
HLCC3001	50	10.33 ab	343.3
HLCC3002	100	12.67 a	443.8
HLCC3003	100	6.00 bc	157.5
HLCC3005	60	4.67 c	100.4

注：同列中不同小写字母表示差异显著（$P<0.05$）。

（2）接种不同根瘤菌菌株对苜蓿株高、鲜重、干重和粗蛋白质含量的影响

从表3.25可知，接种不同根瘤菌菌株对苜蓿株高、鲜重、干重和粗蛋白质含量有显著影响（$P<0.05$），较对照均有所提高。接种菌株HLCC3002的苜蓿株高和鲜重最大，分别较对照增加21.9%和58.7%。接种菌株NACC1004的苜蓿植株干重最高，较对照增加285.7%。接种菌株NACC1004的粗蛋白质含量最高，为28.31%，较对照增加43.2%。

表3.25　田间条件下接种不同根瘤菌菌株对苜蓿株高、鲜重、干重和粗蛋白质含量的影响

菌株名称	株高		鲜重		干重		粗蛋白质含量	
	株高（cm）	比对照增加（%）	植株重（kg/m²）	比对照增加（%）	植株重（g/株）	比对照增加（%）	粗蛋白质含量（%）	比对照增加（%）
CK	42.8 c		0.121 b		0.14 c		19.77 d	
NACC1001	50.2 ab	17.3	0.153 ab	26.4	0.26 b	85.7	24.38 b	23.3
NACC1004	49.8 ab	16.4	0.167 ab	38.0	0.54 a	285.7	28.31 a	43.2
NACC1005	47.4 ab	10.7	0.151 ab	24.8	0.24 b	71.4	24.47 b	23.8
DACC2001	51.6 ab	20.6	0.141 ab	16.5	0.28 b	100.0	20.72 cd	4.8
DACC2003	49.2 ab	14.9	0.153 ab	26.4	0.15 c	7.1	21.03 cd	6.4
HLCC3001	48.4 ab	13.1	0.131 ab	8.3	0.14 c	0.0	19.89 d	0.6
HLCC3002	52.2 a	21.9	0.192 a	58.7	0.3 b	114.3	24.93 b	26.1
HLCC3003	49.8 ab	16.4	0.120 b	-0.8	0.18 c	28.6	20.47 cd	3.5
HLCC3005	50.6 ab	18.2	0.133 b	9.9	0.16 c	14.3	21.79 c	10.2

注：同列中不同小写字母表示差异显著（$P<0.05$）。

5. 结论

在吉林长春地区，公农 1 号苜蓿接种菌株 NACC1004 的增产和品质提升效果好。

二、公农 2 号苜蓿匹配根瘤菌菌株筛选

1. 试验地概况

试验地位于吉林省长春市吉林农业大学实验区（北纬 43.88°、东经 125.35°），年平均气温 4.8 ℃，最高温度 39.5 ℃，最低温度 -39.8 ℃，日照时间 2 688 h。夏季，东南风盛行，也有渤海补充的湿气过境。年平均降水量 522～615 mm，夏季降水量占全年降水量的 60% 以上；最热月（7 月）平均气温 23 ℃。土壤为黑钙土，土壤肥力中等，前茬为玉米，未施肥。

2. 试验材料与设计

苜蓿品种为公农 2 号。选择从吉林省大安、农安及黑龙江 3 个地区的紫花苜蓿栽培基地中分离出的 15 个优良根瘤菌菌株（表 3.26）作为供试菌株。

表 3.26　供试菌株及来源

菌株名称	来源地区	菌株名称	来源地区
NACC1001	农安	DACC2004	大安
NACC1002	农安	DACC2005	大安
NACC1003	农安	HLCC3001	黑龙江
NACC1004	农安	HLCC3002	黑龙江
NACC1005	农安	HLCC3003	黑龙江
DACC2001	大安	HLCC3004	黑龙江
DACC2002	大安	HLCC3005	黑龙江
DACC2003	大安		

盆栽试验设计：将催芽后的苜蓿种苗栽种在 13 cm×15 cm 花盆中，每个花盆栽植 5 株。用移液枪吸取根瘤菌菌液均匀撒在种苗周围，覆盖薄土。设置不接种根瘤菌菌株为空白对照（CK），每个接种菌株 3 个重复。到达 60 d 生长期后，测定苜蓿植株的结瘤率（结瘤植株数与测量株数之比）、结瘤数、鲜重、干重以及粗蛋白质含量等。

田间试验设计：取公农 2 号苜蓿种子 500 g，分成 10 份，每份 50 g，分别用纱布包好。将盆栽试验筛选出的 9 个优良根瘤菌菌株各制备成 300 mL 菌液，然后将包好的种子置入菌液中浸泡 30 min（对照除外），取出后阴干、备用。于 2015 年 5—9 月进行田间试验，采用随机机组排列，以不接种根瘤菌菌株为空白对照（CK），每个接种菌株 3 次重复。小区面积 7.5 m²（3 m×2.5 m），条播，行距 20 cm。在播种 90 d 后，测定苜蓿植株的结瘤率、结瘤数、株高、鲜重、干重及粗蛋白质含量等指标。

3. 盆栽试验结果

（1）接种不同根瘤菌菌株对苜蓿植株结瘤率和结瘤数的影响

从表 3.27 可知，接种不同根瘤菌菌株对苜蓿植株的结瘤率和结瘤数有显著影响（$P<0.05$），较对照均有所提高。接种菌株 NACC1001、NACC1005、HLCC3002 和 HLCC3005 的结瘤率为 100%。接种菌株 DACC2001 的结瘤数最多，为 9.33 个 / 株，较对照增加 933%。

表 3.27　盆栽条件下接种不同根瘤菌菌株对植株结瘤率和结瘤数的影响

菌株名称	结瘤率（％）	结瘤数（个 / 株）	结瘤数比对照增加（％）
CK	0	0.00 c	
NACC1001	100	1.33 bc	133
NACC1002	60	2.67 abc	267
NACC1003	60	5.33 abc	533
NACC1004	60	6.33 abc	633
NACC1005	100	3.67 abc	367
DACC2001	80	9.33 a	933
DACC2002	80	5.33 abc	533
DACC2003	80	4.67 abc	467
DACC2004	20	2.00 abc	200
DACC2005	60	1.33 bc	133
HLCC3001	80	5.33 abc	533
HLCC3002	100	6.67 abc	667
HLCC3003	50	5.67 abc	567
HLCC3004	60	0.67 bc	67
HLCC3005	100	6.33 abc	633

注：同列中不同小写字母表示差异显著（$P < 0.05$）。

（2）接种不同根瘤菌菌株对苜蓿株高、鲜重、干重和粗蛋白质含量的影响

从表 3.28 可知，接种不同根瘤菌菌株对苜蓿植株的株高、鲜重、干重和粗蛋白质含量有显著影响（$P < 0.05$），较对照均有所提高。接种菌株 HLCC3002 的苜蓿株高和鲜重最大，分别较对照增加 30.8% 和 893.7%。接种菌株 NACC1004 的苜蓿植株干重最高，较对照增加 771.4%。接种菌株 HLCC3002 的植株粗蛋白质含量最高，为 25.20%，较对照增加 69.0%。

表 3.28　盆栽条件下接种不同根瘤菌菌株对株高、鲜重、干重和粗蛋白质含量的影响

菌株名称	株高		鲜重		干重		粗蛋白质含量	
	株高（cm）	比对照增加（％）	植株重（g/ 株）	比对照增加（％）	植株重（g/ 株）	比对照增加（％）	粗蛋白质含量（％）	比对照增加（％）
CK	30.33 d		0.32 e		0.007 c		14.91 d	
NACC1001	36.67 ab	20.9	1.76 abcde	450.0	0.036 abc	414.3	17.51 cd	17.4
NACC1002	34.67 bc	14.3	1.54 abcde	381.2	0.031 abc	342.9	15.78 d	5.8
NACC1003	34.00 bc	12.1	0.65 de	103.1	0.013 bc	85.7	15.59 d	4.6
NACC1004	36.67 ab	20.9	3.12 a	875.0	0.061 a	771.4	17.25 cd	15.7
NACC1005	37.00 ab	22.0	2.93 ab	815.6	0.059 a	742.7	17.83 bcd	19.6
DACC2001	36.00 b	18.7	2.41 abcd	653.1	0.048 abc	585.7	17.66 bcd	18.4
DACC2002	32.23 cd	6.3	0.61 de	90.6	0.013 bc	85.7	15.58 d	4.5
DACC2003	37.00 ab	22.0	2.67 abc	734.4	0.055 ab	685.7	16.64 cd	11.6
DACC2004	36.67 ab	20.9	2.19 abcd	584.4	0.044 abc	528.6	14.68 d	−1.5

菌株名称	株高		鲜重		干重		粗蛋白质含量	
	株高（cm）	比对照增加（%）	植株重（g/株）	比对照增加（%）	植株重（g/株）	比对照增加（%）	粗蛋白质含量（%）	比对照增加（%）
DACC2005	34.00 bc	12.1	0.63 de	96.9	0.014 bc	100.0	15.31 d	2.7
HLCC3001	37.00 ab	22.0	2.12 abcde	562.5	0.044 abc	528.6	19.25 bc	29.1
HLCC3002	39.67 a	30.8	3.18 a	893.7	0.051 ab	628.6	25.20 a	69.0
HLCC3003	36.11 ab	19.1	0.92 cde	187.5	0.019 abc	171.4	20.80 b	39.5
HLCC3004	36.00 ab	18.7	1.02 cde	218.7	0.021 abc	200.0	18.00 bcd	20.7
HLCC3005	36.11 ab	19.1	1.19 bcde	271.9	0.023 abc	228.6	16.84 cd	12.9

注：同列中不同小写字母表示差异显著（$P<0.05$）。

经综合分析，筛选出菌株 NACC1001、NACC1004、NACC1005、DACC2001、DACC2003、HLCC3001、HLCC3002、HLCC3003 和 HLCC3005 用于田间试验。

4. 田间试验结果

（1）接种不同根瘤菌菌株对苜蓿植株结瘤率和结瘤数的影响

由表 3.29 可知，接种不同根瘤菌菌株对苜蓿植株的结瘤率和结瘤数有显著影响（$P<0.05$），较对照均有所提高。接种菌株 NACC1001、NACC1005、DACC2001、HLCC3002、HLCC3005 的苜蓿结瘤率达到 100%。接种菌株 HLCC3002 的结瘤数最高，为 18.33 个 / 株，比对照增加了 89.6%。

表 3.29　大田条件下接种不同根瘤菌菌株对苜蓿植株结瘤率和结瘤数的影响

菌株名称	结瘤率（%）	结瘤数（个 / 株）	结瘤数比对照增加（%）
CK	30	9.67 d	
NACC1001	100	16.67 ab	72.4
NACC1004	60	17.33 ab	79.2
NACC1005	100	14.67 bc	51.7
DACC2001	100	16.00 ab	65.5
DACC2003	60	17.00 ab	75.8
HLCC3001	80	13.00 c	34.4
HLCC3002	100	18.33 a	89.6
HLCC3003	80	17.00 ab	75.8
HLCC3005	100	17.67 ab	82.7

注：同列中不同小写字母表示差异显著（$P<0.05$）。

（2）接种不同根瘤菌菌株对苜蓿株高、鲜重、干重和粗蛋白质含量的影响

从表 3.30 可知，接种不同根瘤菌菌株对苜蓿株高、鲜重、干重和粗蛋白质含量有显著影响（$P<0.05$）。接种菌株 HLCC3002 的苜蓿株高、鲜重、干重和粗蛋白质含量最大，分别较对照增加 18.7%、12.2%、104.8% 和 24.0%。

表 3.30 田间条件下接种不同根瘤菌菌株对苜蓿株高、鲜重、干重和粗蛋白质含量的影响

菌株名称	株高		鲜重		干重		粗蛋白质含量	
	株高（cm）	比对照增加（%）	植株重（kg/m²）	比对照增加（%）	植株重（g/株）	比对照增加（%）	粗蛋白质含量（%）	比对照增加（%）
CK	51.40 c		0.262 cd		0.42 cd		19.28 de	
NACC1001	56.20 b	9.3	0.276 bc	5.3	0.64 bc	52.4	21.03 c	9.1
NACC1004	55.80 b	8.6	0.266 cd	1.5	0.56 bcd	33.3	20.58 cd	6.7
NACC1005	57.20 ab	11.3	0.267 cd	1.9	0.42 cd	0.0	22.38 b	16.1
DACC2001	56.20 b	9.3	0.269 bcd	2.7	0.48 cd	14.3	19.96 cde	3.5
DACC2003	49.20 c	-4.2	0.257 d	-1.9	0.56 bcd	33.3	19.84 cde	2.9
HLCC3001	50.20 c	-2.3	0.283 ab	8.0	0.62 bc	47.6	20.20 cde	4.8
HLCC3002	61.00 a	18.7	0.294 a	12.2	0.86 a	104.8	23.91 a	24.0
HLCC3003	53.00 bc	3.1	0.271 bcd	3.4	0.60 abc	42.9	20.42 cd	5.9
HLCC3005	56.20 b	9.3	0.284 ab	8.4	0.48 cd	14.3	18.99 e	-1.5

注：同列中不同小写字母表示差异显著（$P<0.05$）。

5. 结论

在吉林长春地区，接种菌株 HLCC3002 对公农 2 号苜蓿的干草产量和品质提升效果好。

三、公农 5 号苜蓿匹配根瘤菌菌株筛选

1. 试验地概况

试验地位于吉林省长春市吉林农业大学实验区，年平均气温 4.8 ℃，最高温度 39.5 ℃，最低温度 -39.8 ℃，日照时间 2 688 h。夏季，东南风盛行，也有渤海补充的湿气过境。年平均降水量 522～615 mm，夏季降水量占全年降水量的 60% 以上；最热月（7 月）平均气温 23 ℃。土壤为黑钙土，土壤肥力中等，前茬为玉米，未施肥。

2. 试验材料与设计

苜蓿品种为公农 5 号。选择从吉林省大安、农安及黑龙江 3 个地区的紫花苜蓿栽培基地中分离出的 15 个优良根瘤菌菌株（表 3.31）作为供试菌株。

表 3.31 供试菌株及来源

菌株名称	来源地区	菌株名称	来源地区
NACC1001	农安	DACC2004	大安
NACC1002	农安	DACC2005	大安
NACC1003	农安	HLCC3001	黑龙江
NACC1004	农安	HLCC3002	黑龙江
NACC1005	农安	HLCC3003	黑龙江
DACC2001	大安	HLCC3004	黑龙江
DACC2002	大安	HLCC3005	黑龙江
DACC2003	大安		

盆栽试验设计：将催芽后的苜蓿种苗栽种在 13 cm×15 cm 花盆中，每个花盆栽植 5 株。用移液枪吸取根瘤菌菌液均匀撒在种苗周围，覆盖薄土。设置不接种根瘤菌菌株为空白对照（CK），每个接种菌株 3 个重复。到达 60 d 生长期后，测定苜蓿植株的结瘤率（结瘤植株数与测量株数之比）、结瘤数、鲜重、干重以及粗蛋白质含量等。

田间试验设计：取公农 5 号苜蓿种子 500 g，分成 10 份，每份 50 g，分别用纱布包好。将盆栽试验筛选出的 9 个优良根瘤菌菌株各制备成 300 mL 菌液，然后将包好的种子置入菌液中浸泡 30 min（对照除外），取出后阴干、备用。于 2015 年 5—9 月进行田间试验，采用随机机组排列，以不接种根瘤菌菌株为空白对照（CK），每个接种菌株 3 次重复。小区面积 7.5 m²（3 m×2.5 m），条播，行距 20 cm。在播种 90 d 后，测定苜蓿植株的结瘤率、结瘤数、株高、鲜重、干重及粗蛋白质含量等指标。

3. 盆栽试验结果

（1）接种不同根瘤菌菌株对苜蓿植株结瘤率和结瘤数的影响

从表 3.32 可知，接种不同根瘤菌菌株对苜蓿植株的结瘤率和结瘤数有显著影响（$P<0.05$），较对照均有所提高。接种菌株 NACC1001、DACC2001、DACC2003、HLCC3001 和 HLCC3002 的结瘤率都是 100%。接种菌株 DACC2003 的结瘤数最高，为 19.00 个/株，较对照增加 1 900%。

表 3.32　盆栽条件下接种不同根瘤菌菌株对苜蓿植株结瘤率和结瘤数的影响

菌株名称	结瘤率（%）	结瘤数（个/株）	结瘤数比对照增加（%）
CK	0	0.00 c	
NACC1001	100	6.67 bc	667
NACC1002	40	3.67 bc	367
NACC1003	50	4.33 bc	433
NACC1004	60	4.67 bc	467
NACC1005	80	11.33 ab	1 133
DACC2001	100	7.33 ab	733
DACC2002	80	3.67 bc	367
DACC2003	100	19.00 a	1 900
DACC2004	60	2.00 bc	200
DACC2005	20	3.67 bc	367
HLCC3001	100	18.33 a	1 833
HLCC3002	100	13.33 a	1 333
HLCC3003	80	8.00 ab	800
HLCC3004	80	2.33 bc	233
HLCC3005	40	5.00 bc	500

注：同列中不同小写字母表示差异显著（$P<0.05$）。

（2）接种不同根瘤菌菌株对苜蓿株高、鲜重、干重和粗蛋白质含量的影响

由表 3.33 可知，接种不同根瘤菌菌株对苜蓿植株的株高、鲜重、干重和粗蛋白质含量有显著影响（$P<0.05$）。接种菌株 HLCC3002 的株高、鲜重、干重和粗蛋白质含量最高，分别较对照增加 22.2%、1 417.6%、527.3%、57.1%。

表3.33　盆栽条件下接种不同根瘤菌菌株对苜蓿株高、鲜重、干重和粗蛋白质含量的影响

菌株名称	株高		鲜重		干重		粗蛋白质含量	
	株高（cm）	比对照增加（%）	植株重（g/株）	比对照增加（%）	植株重（g/株）	比对照增加（%）	粗蛋白质含量（%）	比对照增加（%）
CK	42.00 abc		0.34d		0.011c		15.06 c	
NACC1001	43.33 abc	3.2	2.25 bc	561.8	0.041 abc	272.7	17.89 abc	18.8
NACC1002	44.33 abc	5.5	0.91 cd	167.6	0.017 c	54.5	14.65 c	-2.7
NACC1003	40.00 c	-4.8	1.07 cd	214.7	0.020 c	81.8	15.68 c	4.1
NACC1004	45.33 abc	7.9	1.39 bcd	308.8	0.025 c	127.3	18.36 abc	21.9
NACC1005	47.67 abc	13.5	2.18 bcd	541.2	0.044 abc	300.0	19.64 abc	30.4
DACC2001	47.33 abc	12.7	3.23 b	850.0	0.062 ab	463.6	20.06 abc	33.2
DACC2002	49.33 abc	17.4	0.98 cd	188.2	0.019 c	72.7	16.78 bc	11.4
DACC2003	47.67 abc	13.5	1.66 bcd	388.2	0.033 bc	200.0	21.84 ab	45.0
DACC2004	43.00 abc	2.4	1.90 bcd	458.8	0.036 abc	227.3	15.81 c	5.0
DACC2005	41.00 c	-2.4	1.12 cd	229.4	0.021 c	90.9	15.36 c	2.0
HLCC3001	50.67 ab	20.6	1.19 cd	250.0	0.022 c	100.0	20.66 abc	37.2
HLCC3002	51.33 a	22.2	5.16 a	1 417.6	0.069 a	527.3	23.66 a	57.1
HLCC3003	48.67 abc	15.9	1.98 bcd	482.3	0.031 bc	181.8	19.32 abc	28.3
HLCC3004	41.67 bc	-0.8	1.58 bcd	364.7	0.029 bc	163.6	14.97 c	-0.6
HLCC3005	46.67 abc	11.1	1.73 bcd	408.8	0.035 abc	218.2	22.89 a	52.0

注：同列中不同小写字母表示差异显著（$P<0.05$）。

经综合分析，筛选出菌株 NACC1001、NACC1004、NACC1005、DACC2001、DACC2003、HLCC3001、HLCC3002、HLCC3003 和 HLCC3005 用于田间试验。

4. 田间试验结果

（1）接种根瘤菌对植株结瘤的影响

由表3.34 可知，接种不同根瘤菌菌株对苜蓿植株的结瘤率和结瘤数有显著影响（$P<0.05$），较对照均有所提高。接种菌株 NACC1001、NACC1004、DACC2001、HLCC3001 和 HLCC3002 的苜蓿植株结瘤率为100%。接种菌株 HLCC3002 的结瘤数最高，为 22.00 个/株，比对照增加73.6%。

表3.34　大田条件下接种不同根瘤菌菌株对苜蓿植株结瘤率和结瘤数的影响

菌株名称	结瘤率（%）	结瘤数（个/株）	结瘤数比对照增加（%）
CK	20	12.67 c	
NACC1001	100	21.33 a	68.3
NACC1004	100	19.00 ab	50.0
NACC1005	80	19.00 ab	50.0
DACC2001	100	17.33 ab	36.8
DACC2003	60	20.67 ab	63.1
HLCC3001	100	20.00 ab	57.8

（续表）

菌株名称	结瘤率（%）	结瘤数（个/株）	结瘤数比对照增加（%）
HLCC3002	100	22.00 a	73.6
HLCC3003	60	20.33 ab	60.5
HLCC3005	80	16.00 bc	26.3

注：同列中不同小写字母表示差异显著（$P<0.05$）。

（2）接种不同根瘤菌菌株对苜蓿株高、鲜重、干重和粗蛋白质含量的影响

从表 3.35 可知，接种不同根瘤菌菌株对苜蓿株高、鲜重、干重和粗蛋白质含量有显著影响（$P<0.05$）。接种菌株 NACC1005 的苜蓿株高最大，为 50.00 cm，较对照增加 6.8%。接种菌株 HLCC3002 的苜蓿植株鲜重和粗蛋白质含量最大，分别较对照增加 65.5%、19.0%。接种菌株 DACC2001 和 HLCC3002 的苜蓿植株干重最大，较对照增加 150.0%。

表 3.35　田间条件下接种不同根瘤菌菌株对苜蓿株高、鲜重、干重和粗蛋白质含量的影响

菌株名称	株高		鲜重		干重		粗蛋白质含量	
	株高（cm）	比对照增加（%）	植株重（kg/m²）	比对照增加（%）	植株重（g/株）	比对照增加（%）	粗蛋白质含量（%）	比对照增加（%）
CK	46.80 b		0.084 c		0.12 c		23.33 d	
NACC1001	48.13 ab	2.8	0.085 c	1.2	0.26 ab	116.7	25.09 bcd	7.5
NACC1004	47.80 ab	2.1	0.083 c	−1.2	0.14 c	16.7	27.21 a	16.6
NACC1005	50.00 a	6.8	0.128 a	52.4	0.18 bc	50.0	24.71 cd	5.9
DACC2001	48.00 ab	2.6	0.086 c	2.4	0.30 a	150.0	25.30 bc	8.4
DACC2003	47.20 ab	0.8	0.123 ab	46.4	0.26 ab	116.7	24.06 cd	3.1
HLCC3001	46.40 b	−0.8	0.080 c	−4.8	0.16 bc	33.3	24.19 cd	3.7
HLCC3002	48.20 ab	3.0	0.139 a	65.5	0.30 a	150.0	27.76 a	19.0
HLCC3003	47.31 ab	1.1	0.093 bc	10.7	0.18 bc	50.0	26.59 ab	14.0
HLCC3005	46.80 b	0	0.084 c	0	0.14 c	16.7	23.48 d	0.6

注：同列中不同小写字母表示差异显著（$P<0.05$）。

5. 结论

在吉林长春地区，接种菌株 HLCC3002 对公农 5 号苜蓿的干草产量和品质提升效果好。

四、龙牧 806 苜蓿匹配根瘤菌菌株筛选

1. 试验材料与设计

苜蓿品种为龙牧 806，供试根瘤菌菌株 17551、17512、17578、17675、17537 由中国农业微生物菌种保藏中心提供，苜蓿中华根瘤菌 Sm1021 由中国农业大学王涛教授实验室馈赠。

盆栽试验用土为泥炭土和沙土，土壤理化性质见表 3.36。

表 3.36　土壤理化性质

土壤类型	pH 值	有机质（g/kg）	全氮（g/kg）	碱解氮（mg/kg）	有效磷（mg/kg）	速效钾（mg/kg）
沙土	9.1	9.7	4.2	73.5	0.5	20.3
泥炭土	5.7	70.0	6.1	486.0	16.0	83.4

将催芽后的苜蓿种子，均匀播种至 18 cm×15 cm 花盆中，每盆装灭菌后的泥炭土约 1.5 kg，每盆装灭菌后的沙土约 2.5 kg，每盆播种 3 穴，每穴播种 1 粒催芽苜蓿种子，同时在苜蓿根部加入根瘤菌菌液 5 mL，将土压实。以不接种根瘤菌菌株为空白对照（CK），3 次重复。放置在温度为 22～25 ℃、光照时间为 12～14 h 的温室中。随时观察，及时浇水，保持土壤湿润。

2. 泥炭土盆栽接种根瘤菌菌株比较

由表 3.37 可知，接种菌株 17675 的苜蓿总根瘤数最高，为 125.7 个，显著高于对照（$P<0.05$）。接种菌株 17578 的苜蓿株高最高，为 62.5 cm，显著高于对照（$P<0.05$）。接种不同根瘤菌菌株的苜蓿地上部干重与对照差异不显著。接种菌株 17578 的苜蓿根干重高于对照，但与对照差异不显著。

表 3.37　泥炭土盆栽接种根瘤菌菌株比较

菌株编号	总根瘤数（个）	株高（cm）	地上部干重（g/株）	根干重（g/株）
CK	7.3 b	32.8 c	1.655 a	0.527 ab
Sm1021	64.3 ab	48.0 b	1.795 a	0.275 c
17675	125.7 a	46.2 b	2.154 a	0.388 bc
17537	46.7 ab	43.5 b	1.455 a	0.288 c
17551	52.0 ab	50.9 b	1.801 a	0.262 c
17512	33.7 ab	52.7 ab	2.147 a	0.362 c
17578	56.7 ab	62.5 a	2.734 a	0.569 a

注：同列中不同小写字母表示差异显著（$P<0.05$）。

3. 沙土盆栽接种根瘤菌菌株比较

由表 3.38 可知，接种菌株 17675 的苜蓿总根瘤数最高，为 69.0 个，显著高于对照（$P<0.05$），较对照增加了 143.8%。接种菌株 17675 的苜蓿株高、地上部干重和根干重最大，但与对照没有显著差异。

表 3.38　沙土盆栽接种根瘤菌菌株比较

菌株编号	总根瘤数（个）	株高（cm）	地上部干重（g/株）	根干重（g/株）
CK	28.3 bc	23.21 a	0.260 ab	0.104 ab
Sm1021	44.0 abc	21.73 a	0.202 b	0.060 b
17675	69.0 a	26.28 a	0.341 a	0.146 a
17537	37.7 bc	21.83 a	0.284 ab	0.120 ab
17551	44.7 abc	21.58 a	0.301 ab	0.119 ab
17512	23.3 c	19.58 a	0.207 ab	0.100 ab
17578	55.7 ab	25.14 a	0.312 ab	0.139 a

注：同列中不同小写字母表示差异显著（$P<0.05$）。

4. 结论

泥炭土条件下接种菌株 17578 对龙牧 806 苜蓿增产效果好，沙土条件下接种菌株 17675 对龙牧 806 苜蓿增产效果好。

五、农菁 1 号苜蓿匹配根瘤菌菌株筛选

1. 试验材料与设计

苜蓿品种为农菁 1 号，菌株来源于中国农业科学院北京畜牧兽医研究所和黑龙江省农业科学院草业研究所（表 3.39）。

表 3.39　菌株来源

序号	菌株编号	来源	寄主植物
1	A8	中国农业科学院北京畜牧兽医研究所	紫花苜蓿
2	50	中国农业科学院北京畜牧兽医研究所	紫花苜蓿
3	143	中国农业科学院北京畜牧兽医研究所	紫花苜蓿
4	129	中国农业科学院北京畜牧兽医研究所	紫花苜蓿
5	B2	中国农业科学院北京畜牧兽医研究所	紫花苜蓿
6	6-3	中国农业科学院北京畜牧兽医研究所	紫花苜蓿
7	174	中国农业科学院北京畜牧兽医研究所	紫花苜蓿
8	9	中国农业科学院北京畜牧兽医研究所	紫花苜蓿
9	a-1	黑龙江省农业科学院草业研究所	紫花苜蓿
10	MX3	黑龙江省农业科学院草业研究所	紫花苜蓿
11	MX1	黑龙江省农业科学院草业研究所	红豆草
12	MX4	黑龙江省农业科学院草业研究所	紫花苜蓿

2. 不同根瘤菌菌株接种处理的干草产量比较

由表 3.40 可知，2014 年，接种不同根瘤菌菌株的增产效果明显，平均增产 9.5%，接种菌株 174 的苜蓿干草产量最高，为 14 868.0 kg/hm²，较对照增加 23.5%。2015 年，接种不同根瘤菌菌株的平均增产仅为 2.1%，接种菌株 MX3 的干草产量最高，较对照增加 10.6%。2016 年和 2017 年，接种根瘤菌的增产作用基本消失了，平均增产分别为 −2.7% 和 −2.6%。接种菌株 A8 的 4 年总产量最高，较对照增加 7.0%。2014—2015 年，接种菌株 MX3、9、A8、MX1 的苜蓿 2 年平均干草产量较对照分别增加 13.1%、11.8%、11.7%、6.1%。

表 3.40　接种不同根瘤菌菌株对苜蓿干草产量的影响

菌株编号	2014 年		2015 年		2016 年		2017 年		全 4 年	
	干草产量（kg/hm²）	比对照增产（%）	干草产量（kg/hm²）	比对照增产（%）	干草产量（kg/hm²）	比对照增产（%）	干草产量（kg/hm²）	比对照增产（%）	4 年总产量	比对照增产（%）
A8	14 394.0	19.6	22 512.0	7.2	18 963.0	4.0	17 602.5	1.1	73 471.5	7.0
50	13 533.0	12.4	20 751.0	−1.2	18 729.0	2.7	17 068.5	−2.0	70 081.5	2.0
143	12 472.5	3.6	20 023.5	−4.7	17 182.5	−5.7	17 608.5	1.1	67 287.0	−2.0
129	11 952.0	−0.7	20 217.0	−3.7	17 995.5	−1.3	17 775.0	2.1	67 939.5	−1.1
B2	11 166.0	−7.3	21 198.0	0.9	19 029.0	4.4	17 008.5	−2.3	68 401.5	−0.4
6-3	12 940.5	7.5	21 457.5	2.2	17 982.0	−1.4	16 935.0	−2.8	69 315.0	0.9
174	14 868.0	23.5	19 702.5	−6.2	17 982.0	−1.4	17 722.5	1.8	70 275.0	2.3

（续表）

菌株编号	2014 年		2015 年		2016 年		2017 年		全 4 年	
	干草产量（kg/hm²）	比对照增产（%）	干草产量（kg/hm²）	比对照增产（%）	干草产量（kg/hm²）	比对照增产（%）	干草产量（kg/hm²）	比对照增产（%）	4 年总产量	比对照增产（%）
9	13 974.0	16.1	22 978.5	9.4	16 428.0	-9.9	16 068.0	-7.7	69 448.5	1.1
a-1	12 859.5	6.8	21 945.0	4.5	17 101.5	-6.2	16 714.5	-4.0	68 620.5	-0.1
MX3	14 154.0	17.6	23 224.5	10.6	17 049.0	-6.5	14 634.0	-16.0	69 061.5	0.5
MX1	13 053.0	8.4	21 991.5	4.7	16 869.0	-7.5	17 701.5	1.6	69 615.0	1.3
MX4	12 766.5	6.0	21 318.0	1.5	17 488.5	-4.1	16 681.5	-4.2	68 254.5	-0.6
CK	12 039.0		21 004.5		18 229.5		17 415.0		68 688.0	

3. 不同根瘤菌菌株接种处理的粗蛋白质含量比较

由表 3.41 可知，2014 年和 2015 年，接种不同根瘤菌菌株的苜蓿平均粗蛋白质含量较对照明显提高，分别较对照提高 7.9% 和 12.5%。2016 年和 2017 年，接种不同根瘤菌菌株的苜蓿平均粗蛋白质含量较对照的提高幅度明显下降，仅为 4.0% 和 1.2%。2014 年，接种菌株 A8、9、174、143、MX3 的苜蓿粗蛋白质含量较对照提高 13.8%～23.6%。2015 年，接种菌株 9、MX3、MX1、B2、6-3、a-1 和 A8 的苜蓿粗蛋白质含量较对照提高 13.7%～30.2%。2014—2015 年，接种菌株 9、MX3、A8、MX1、6-3 和 174 的苜蓿 2 年平均粗蛋白质含量较对照分别提高 24.4%、19.9%、18.7%、12.1%、11.4%、11.1%。

表 3.41　接种不同根瘤菌菌株对苜蓿粗蛋白质含量的影响　　单位：%

菌株编号	2014 年		2015 年		2016 年		2017 年		全 4 年	
	粗蛋白质含量	比对照提高	粗蛋白质含量	比对照提高	粗蛋白质含量	比对照提高	粗蛋白质含量	比对照提高	4 年平均	比对照提高
A8	22.7	23.6	20.71	13.7	19.17	2.0	19.54	8.0	20.53	11.8
50	19.76	7.6	19.52	7.2	19.59	4.3	19.11	5.6	19.5	6.2
143	21.19	15.4	16.39	-10.0	17.98	-4.3	17.34	-4.1	18.23	-0.8
129	15.69	-14.6	19.67	8.0	19.36	3.0	18.99	5.0	18.43	0.3
B2	18.75	2.1	21.32	17.1	21.37	13.7	19.86	9.8	20.33	10.7
6-3	19.87	8.2	20.88	14.7	20.56	9.4	18.97	4.9	20.07	9.3
174	21.75	18.4	18.89	3.7	19.82	5.5	18.31	1.2	19.69	7.2
9	21.81	18.7	23.71	30.2	19.52	3.9	17.34	-4.1	20.6	12.1
a-1	18.6	1.3	20.88	14.7	19.47	3.6	16.47	-9.0	18.86	2.7
MX3	20.9	13.8	22.97	26.1	18.79	0.0	16.94	-6.4	19.9	8.3
MX1	19.39	5.6	21.61	18.7	19.67	4.7	19.59	8.3	20.07	9.3
MX4	17.51	-4.7	19.31	6.0	19.11	1.7	17.26	-4.6	18.3	-0.4
CK	18.37		18.21		18.79		18.09		18.37	

4. 结论

在哈尔滨地区，接种菌株 MX3、9、A8、MX1 对农菁 1 号苜蓿的干草产量和品质提升效果好。

第四节 内蒙古高原苜蓿当家品种匹配根瘤菌菌株筛选

一、草原3号杂花苜蓿匹配根瘤菌菌株筛选

（一）草原3号杂花苜蓿匹配根瘤菌菌株盆栽筛选

1.试验材料与设计

2016年9月，根瘤菌菌株采集于4个地点，分别为内蒙古自治区土默特左旗沙尔沁基地（简称沙尔沁）、土默特左旗海流图基地（简称海流图）、呼和浩特市内蒙古农业大学（简称呼和浩特市）、达拉特旗关碾房（简称关碾房）。在牧草生长的旺盛期（分枝期至现蕾期）选取健壮植株挖出根部，连同根际土壤一同装入塑封袋内，带回实验室后摘取其根瘤。

鉴定后选取以下15个菌株进行接种试验（表3.42）。从北京克劳沃公司购买的商品菌株，编号为DZ。与草原3号杂花苜蓿种子进行拌种（浸泡露白后的发芽种子30 min，浇灌3 mL菌液），播种于32穴育苗盘（高11 cm、直径6 cm）内的椰砖（灭菌）上。播种后14 d，按出苗数定量浇灌营养液。

表3.42　各地点采集根瘤菌菌株的寄主植物

菌株编号	寄主植物	采集地
H2	呼伦贝尔黄花苜蓿	海流图
H7	草原3号杂花苜蓿	海流图
H8	新疆大叶紫花苜蓿	海流图
HH	黄花草木樨	海流图
DC3	草原3号杂花苜蓿	关碾房
DK	康赛紫花苜蓿	关碾房
SD	德国紫花苜蓿	沙尔沁
SJN	巨能7号紫花苜蓿	沙尔沁
SWL	WL319紫花苜蓿	沙尔沁
XH	黄花草木樨	呼和浩特市
XBC	白花草木樨	呼和浩特市
XHC	黄花草木樨	呼和浩特市
XK	白花草木樨	呼和浩特市
HK	白花草木樨	呼和浩特市
DZ		北京克劳沃公司购买的商品菌株

2.接种不同根瘤菌菌株对苜蓿幼苗株高和鲜重的影响

由表3.43可知，至42 d时，接种不同根瘤菌菌株的苜蓿幼苗株高、鲜重与对照（CK）相比有不同程度的差异，接种菌株SJN、DZ的苜蓿幼苗株高显著高于对照，接种菌株XHC、SJN的苜蓿幼苗鲜重显著高于对照。

表 3.43 接种不同根瘤菌菌株对苜蓿幼苗株高和鲜重的影响

菌株编号	株高		鲜重（g/ 株）
	变幅度（cm）	平均（cm）	
H2	6.98～11.26	8.76 c	0.238 ab
H7	8.41～13.05	10.01 bc	0.122 b
H8	7.12～12.68	8.77 cd	0.147 b
HH	5.37～13.55	8.38 c	0.075 b
DC3	7.28～11.01	8.94 bc	0.158 b
DK	5.87～9.69	8.15 c	0.164 b
SD	5.61～10.72	8.22 c	0.117 b
SJN	9.36～18.24	13.90 a	0.380 a
SWL	6.87～8.66	8.24 c	0.138 b
XH	5.30～11.27	7.75 c	0.097 b
XBC	6.39～12.71	9.09 bc	0.119 b
XHC	6.52～10.70	8.51 c	0.622 a
XK	7.24～11.60	9.40 bc	0.138 b
HK	8.06～15.09	11.84 abc	0.238 ab
DZ	8.59～16.60	12.96 a	0.295 ab
CK	6.82～13.08	9.15 bc	0.094 b

注：同列中不同小写字母表示差异显著（$P<0.05$）。

3. 接种不同根瘤菌菌株对苜蓿幼苗叶片数和叶片宽度的影响

由表 3.44 可知，至 42 d 时，接种不同根瘤菌菌株的苜蓿幼苗叶片数与对照（CK）相比有不同程度的差异，接种菌株 SJN 的苜蓿幼苗叶片数显著高于对照。接种不同根瘤菌菌株的叶片宽度有不同程度的差异，接种菌株 SJN 的苜蓿叶片宽度略高于对照，但没有显著性差异。总体反映出接种根瘤菌菌株与不接种根瘤菌菌株的幼苗在叶片数和叶片宽度上变化不明显。

表 3.44 接种不同根瘤菌菌株对苜蓿幼苗叶片数和叶片宽度的影响

菌株编号	叶片数		叶片宽度	
	变幅度（个）	平均（个）	变幅（mm）	平均（mm）
H2	4.93～14.10	9.27 bcd	0.46～1.12	0.82 abcd
H7	4.68～11.21	7.27 bcd	0.52～1.14	0.81 abcd
H8	5.10～10.20	5.90 cd	0.49～1.06	0.76 cd
HH	4.12～12.40	8.30 bcd	0.54～1.05	0.72 d
DC3	5.15～15.40	10.32 abc	0.43～1.20	0.87 ab
DK	4.65～11.50	6.74 cd	0.48～1.11	0.79 abcd
SD	4.20～12.90	8.49 bcd	0.52～1.13	0.77 bcd
SJN	5.27～18.90	13.98 a	0.58～0.90	0.89 a
SWL	4.41～8.80	5.14 d	0.49～1.15	0.79 abcd
XH	4.23～10.50	6.40 cd	0.53～0.92	0.75 cd
XBC	4.31～10.40	5.97 cd	0.58～1.00	0.80 abcd

菌株编号	叶片数		叶片宽度	
	变幅度（个）	平均（个）	变幅（mm）	平均（mm）
XHC	3.89～11.60	7.81 bcd	0.58～1.11	0.78 bcd
XK	4.46～10.80	6.43 cd	0.49～1.02	0.80 abcd
HK	4.76～16.10	11.58 ab	0.50～1.20	0.79 abcd
DZ	5.00～14.00	8.89 bcd	0.58～1.15	0.84 abc
CK	4.09～11.70	7.66 bcd	0.54～1.13	0.81 abcd

注：同列中不同小写字母表示差异显著（$P<0.05$）。

4. 接种不同根瘤菌菌株对苜蓿幼苗根部生长的影响

由表 3.45 可知，至 30 d 时，接种不同根瘤菌菌株的苜蓿幼苗根重、根瘤数、根瘤重与对照（CK）均有不同程度的差异，接种菌株 DK、SJN、HK 的苜蓿幼苗根重显著高于对照，接种菌株 H7、HH、DK、SD、SJN、SWL、XBC、HK 的苜蓿幼苗根瘤数显著高于对照，接种菌株 SJN、HK 的苜蓿根瘤重显著高于对照。接种不同根瘤菌菌株对苜蓿幼苗根长的影响存在一定的差异，接种菌株 SJN、HK 的苜蓿幼苗根长较对照略有所增加，但与对照没有显著差异。

表 3.45　接种不同根瘤菌的根长、根重、根瘤数、根瘤重

菌株编号	根长 (cm)	根重 (g)	根瘤数（个）	根瘤重 (mg)
H2	11.87 abcd	0.120 bcd	1.71 cd	0.25 c
H7	12.76 abcd	0.133 bc	5.29 bc	0.44 bc
H8	11.01 bcd	0.070 cd	3.86 bcd	1.88 abc
HH	10.99 bcd	0.046 d	5.14 bc	0.51 bc
DC3	12.23 abcd	0.082 cd	3.14 bcd	1.65 abc
DK	13.11 abc	0.244 a	4.86 bc	1.52 abc
SD	10.69 d	0.043 d	4.43 bc	0.71 bc
SJN	14.39 a	0.198 a	4.71 bc	3.01 a
SWL	9.81 d	0.142 bc	6.14 b	0.84 bc
XH	10.74 cd	0.047 d	3.86 bcd	1.52 abc
XBC	12.04 abcd	0.096 cd	4.86 bc	1.52 abc
XHC	10.86 cd	0.073 cd	4.00 bcd	1.99 abc
XK	11.93 abcd	0.074 cd	2.86 cd	1.53 abc
HK	13.94 ab	0.191 ab	9.29 a	2.92 a
DZ	13.43 abc	0.133 bc	3.29 bcd	2.21 ab
CK	12.03 abcd	0.068 cd	0.71 d	0.69 bc

注：同列中不同小写字母表示差异显著（$P<0.05$）。

5. 各指标的相关分析

由表 3.46 可知，株高、叶宽、生物量与根瘤重之间呈显著正相关，这表明根瘤重是促进幼苗生长的重要指标；根重、株高与根长之间也存在显著或极显著的正相关，根系越长越有利于植株吸收养分，

促进幼苗的生长；株高与叶宽之间呈极显著的正相关，叶片宽度增加，增加了幼苗的光合作用，增加植株养分的积累，促进幼苗生长。

表3.46　各指标间的相关系数

性状	株高	叶片数	叶宽	生物量	根瘤重	根瘤数	根重	根长
株高	1.000 0							
叶片数	0.204 8	1.000 0						
叶宽	0.646 4**	0.250 8	1.000 0					
生物量	0.236 8	−0.076 6	0.307 3	1.000 0				
根瘤重	0.541 1*	−0.225 7	0.603 5*	0.518 5*	1.000 0			
根瘤数	0.119 0	0.224 8	0.314 2	0.034 0	0.378 7	1.000 0		
根重	0.395 3	0.131 4	0.488 3	0.274 8	0.448 0	0.446 8	1.000 0	
根长	0.684 8**	0.301 4	0.484 1	0.086 4	0.446 7	0.188 3	0.617 2*	1.000 0

注：* 代表在 0.05 水平下差异显著，** 代表在 0.01 水平下差异极显著。

6. 结论

草原 3 号杂花苜蓿接种菌株 SJN 的增产效果好。

（二）草原 3 号杂花苜蓿匹配根瘤菌菌株田间筛选

1. 试验材料与设计

以内蒙古西部 4 个地区（沙尔沁、海流图、关碾房、呼和浩特市）的盐碱土壤和沙土为基质，将室内初步筛选得到的 3 份菌株及从扁蓿豆、天蓝苜蓿根部采集的 4 份根瘤菌菌株，并与 1 株商品菌株（购买自北京克劳沃公司，编号为 DZ）（表 3.47）共同接种草原 3 号杂花苜蓿，于 2017 年 6 月底进行田间试验。

表3.47　各采集地根瘤菌菌株的寄主植物材料

菌株编号	寄主植物	采集地
H2	呼伦贝尔黄花苜蓿	海流图
HBH	直立型扁蓿豆	沙尔沁
SBH	黄花草木樨	沙尔沁
SJN	巨能 7 号紫花苜蓿	沙尔沁
HJN	巨能 7 号紫花苜蓿	海流图
HK	白花草木樨	呼和浩特市
XT	天蓝苜蓿	呼和浩特市
DZ		北京克劳沃公司购买的商品菌株

2017 年 7—10 月，试验地在内蒙古自治区鄂尔多斯市达拉特旗，试验采用完全随机区组排列，小区面积 9 m²（3 m×3 m），重复 3 次，条播，行距 25 cm，播深 1.0～2.5 cm。种子通过自制丸衣处理拌种。并于出苗后 35 d、70 d 测定各生物量指标。

2. 接种不同根瘤菌菌株对苜蓿株高、根重、地上部分干重和叶绿素含量的影响

由表3.48可知，出苗后35 d，接种不同根瘤菌菌株对苜蓿株高、根重、地上部分干重和叶绿素含量的影响差异显著（$P<0.05$）。接种菌株HBH的苜蓿株高、根重和地上部分干重最大，显著高于其他菌株（$P<0.05$），分别比对照（CK）增加15%、35%、36%。接种HJN菌株的苜蓿叶绿素含量最高，与其他菌株差异显著（$P<0.05$）。

出苗后70 d，接种不同根瘤菌菌株对苜蓿株高、根重、地上部分干重和叶绿素含量的影响差异显著（$P<0.05$）。接种菌株SJN的苜蓿株高最大，较对照增加23%。接种菌株XT的苜蓿根重最大，较对照增加158%。接种菌株HK的苜蓿地上部分干重最高，较对照增加43%，接种菌株H2的叶绿素含量最高，较对照增加13%。

表3.48 接种不同根瘤菌菌株对苜蓿株高、根重、地上部分干重、叶绿素含量的影响

菌株编号	出苗后35 d				出苗后70 d			
	株高（cm）	根重（g/株）	地上部分干重（mg/株）	叶绿素含量（%）	株高（cm）	根重（g/株）	地上部分干重（mg/株）	叶绿素含量（%）
HBH	16.83 a	0.23 a	160.14 a	36.92 ab	18.36 abc	1.05 bc	0.43 ab	30.97 b
SBH	14.03 b	0.21 ab	128.92 ab	31.96 de	15.61 c	0.72 bc	0.29 c	33.97 ab
H2	12.83 b	0.15 c	82.41 c	35.58 bc	17.60 abc	0.67 c	0.32 bc	36.97 a
SJN	13.10 b	0.16 bc	99.83 bc	31.42 e	20.75 a	0.92 bc	0.42 ab	31.51 b
HK	12.48 b	0.15 c	84.10 c	35.83 bc	17.23 bc	1.33 ab	0.50 a	36.61 a
HJN	12.89 b	0.14 c	93.36 bc	39.81 a	18.45 abc	0.84 bc	0.43 a	30.91 b
DZ	12.34 b	0.19 bc	89.79 bc	34.77 bcd	17.73 abc	0.88 bc	0.32 bc	36.16 a
XT	14.22 b	0.16 bc	101.87 bc	34.06 bcde	19.32 ab	1.73 a	0.35 bc	32.86 b
CK	14.68 ab	0.17 bc	117.33 bc	33.27 cde	16.92 bc	0.67 c	0.35 bc	32.62 b

注：同列中不同小写字母表示差异显著（$P<0.05$）。

3. 接种不同根瘤菌菌株对苜蓿单株根瘤数、根瘤重及固氮酶活性的影响

由表3.49可知，接种不同根瘤菌菌株及对照（CK）的苜蓿植株在出苗后70 d的单株根瘤数和根瘤重均高于出苗后35 d的，接种菌株XT的苜蓿植株在两个时期的单株根瘤数和根瘤重与接种其余菌株的苜蓿和对照株差异显著（$P<0.05$），出苗后35 d，接种不同根瘤菌菌株的固氮酶活性均低，出苗后70 d，接种菌株DZ、SJN的固氮酶活性显著高于接种其余菌株的。

表3.49 接种不同根瘤菌菌株对苜蓿单株根瘤数、根瘤重及固氮酶活性的影响

菌株编号	出苗后35d			出苗后70d		
	单株根瘤数（个）	根瘤重（mg/株）	固氮酶活性（g/h）	单株根瘤数（个）	根瘤重（mg/株）	固氮酶活性（g/h）
HBH	5.14 bc	4.82 b	0.031 2	9.04 b	7.43 c	0.51 c
SBH	5.71 bc	7.94 ab	0.025 5	9.00 b	15.28 ab	1.36 bc
H2	6.42 abc	8.75 ab	0.013 9	9.28 b	16.51 ab	0.25 c
SJN	6.95 abc	8.22 ab	0.049 7	10.66 b	20.13 a	4.23 a

（续表）

菌株编号	出苗后 35d			出苗后 70d		
	单株根瘤数（个）	根瘤重（mg/株）	固氮酶活性（g/h）	单株根瘤数（个）	根瘤重（mg/株）	固氮酶活性（g/h）
HK	4.61 c	6.91 b	0.017 3	7.19 b	12.61 bc	0.57 c
HJN	5.76 abc	5.81 b	0.009 1	16.61 a	21.65 a	0.89 c
DZ	6.09 abc	6.56 b	0.026 4	9.42 b	11.90 bc	9.79 ab
XT	8.14 a	11.24 a	0.031 0	10.61 b	22.21 a	1.06 bc
CK	7.28 ab	8.53 ab	0.030 4	8.47 b	10.68 bc	2.02 abc

注：同列中不同小写字母表示差异显著（$P<0.05$）。

4. 结论

在内蒙古鄂尔多斯地区，草原 3 号杂花苜蓿接种菌株 XT、SJN、HK 的结瘤及增产效果好。

二、草原 2 号杂花苜蓿匹配根瘤菌菌株筛选

1. 试验地概况

试验地设在内蒙古自治区赤峰市阿鲁科尔沁旗草原合作社，属温带半干旱大陆性气候。年平均气温 0～6 ℃，年有效积温（≥10 ℃）3 000～3 200℃，无霜期 140～150 d，年平均降水量 350～400 mm，蒸发量是降水量的 5 倍，年平均风速 3.0～4.4 m/s。试验地是新开垦草地，土壤为沙土。

2. 试验材料与设计

供试品种为草原 2 号杂花苜蓿，由内蒙古农业大学提供。供试菌株：编号 5-1、8-3、9、Z12.3、18-1 的根瘤菌菌株均来自中国农业大学根瘤菌保存中心。温室盆栽筛选试验表明，编号 8-3、9、18-1 等菌株与草原 2 号杂花苜蓿接种后苗期生长相对较好，因此选择进行大田试验。称取草原 2 号杂花苜蓿的种子，将包好的种子置入菌液中浸泡 30 min（对照除外），取出后通风阴干，供撒播时使用。

试验采用随机区组排列，以不接种根瘤菌菌株为空白对照（CK），每个接种菌株 4 次重复，小区面积为 12 m²（3 m×4 m），共 16 个小区，小区间隔 50 cm。科尔沁沙地漏水漏肥、土壤瘠薄，苜蓿幼苗固氮能力较弱，为保证其苗期正常生长，施少量氮肥（60 kg/hm²），后期不施氮肥，所有小区底肥均施 750 kg/hm² 有机肥、300 kg/hm² 过磷酸钙、7 kg/hm² 硫酸钾，2015 年 8 月 4 日播种，人工撒播，播量 22.5 kg/hm²。2015 年 10 月 20 日刈割测产，试验地正常管理。

3. 接种不同根瘤菌菌株对苜蓿株高的影响

接种不同根瘤菌菌株与对照之间株高的变化差异不同（图 3.3）。接种菌株 9、18-1 的苜蓿株高与对照差异不显著（$P>0.05$），接种菌株 8-3 的苜蓿株高显著低于对照（$P<0.05$），株高较对照降低 7.1%。

4. 接种不同根瘤菌菌株对苜蓿根瘤重的影响

接种不同根瘤菌菌株的苜蓿根瘤重与对照相比均有差异（图 3.4）。接种菌株 9、8-3、18-1 的苜蓿根瘤重分别为 0.223 g、0.205 g 和 0.261 g，较对照均显著降低（$P<0.05$），降低幅度分别为 26.0%、31.8% 和 13.3%。

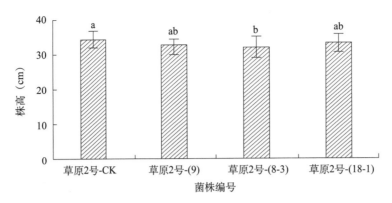

图 3.3　接种不同根瘤菌菌株对苜蓿株高的影响

注：不同小写字母表示差异显著（$P<0.05$）。

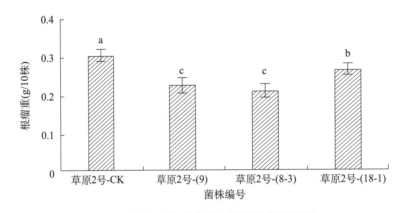

图 3.4　接种不同根瘤菌菌株对苜蓿根瘤重的影响

注：不同小写字母表示差异显著（$P<0.05$）。

5. 接种不同根瘤菌菌株对苜蓿单株根瘤数的影响

接种不同根瘤菌菌株的苜蓿单株根瘤数与对照相比变化不同（图 3.5）。接种菌株 8-3、18-1 的苜蓿单株根瘤数与对照相比差异不显著（$P>0.05$），接种菌株 9 的苜蓿单株根瘤数为 11.2 个 / 株，较对照显著降低（$P<0.05$）。

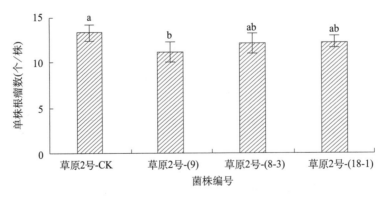

图 3.5　接种不同根瘤菌菌株对苜蓿单株根瘤数的影响

注：不同小写字母表示差异显著（$P<0.05$）。

6. 接种不同根瘤菌菌株对苜蓿枝条数的影响

接种不同根瘤菌菌株的苜蓿单位面积枝条数与对照比较变化较大（图 3.6）。接种菌株 9 的苜蓿枝条数为 600.6 个 /m²，显著低于对照（$P<0.05$），接种菌株 8-3 和 18-1 的苜蓿枝条数较对照高，分别是

660.6 个 /m² 和 686.1 个 /m²，但与对照差异不显著（$P>0.05$）。

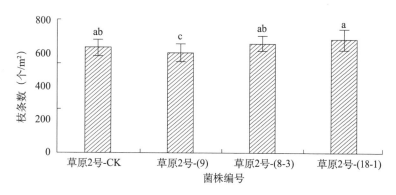

图 3.6　接种不同根瘤菌菌株对苜蓿枝条数的影响

注：不同小写字母表示差异显著（$P<0.05$）。

7. 接种不同根瘤菌菌株对苜蓿干草产量的影响

接种不同根瘤菌菌株的苜蓿干草产量与对照相比具有差异（图 3.7）。接种菌株 18-1 的苜蓿干草产量为 2 749.1 kg/hm²，较对照显著增加（$P<0.05$），增幅为 19.1%，接种菌株 9 和 8-3 的苜蓿干草产量与对照差异不显著（$P>0.05$）。

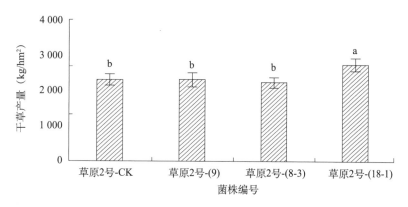

图 3.7　接种不同根瘤菌菌株对苜蓿干草产量的影响

注：不同小写字母表示差异显著（$P<0.05$）。

8. 结论

在内蒙古科尔沁地区，草原 2 号苜蓿接种菌株 18-1 的增产效果好。

第五节　西北荒漠灌区苜蓿当家品种匹配根瘤菌菌株筛选

一、甘农 3 号苜蓿匹配根瘤菌菌株筛选

（一）甘农 3 号苜蓿匹配根瘤菌菌株盆栽筛选

1. 试验材料与设计

苜蓿品种为甘农 3 号，供试 19 份根瘤菌菌株见表 3.50。

表 3.50　菌株来源与编号

菌株编号	来源地	原宿主植物
Da99	定西	阿尔冈金苜蓿
Wa32	武威	阿尔冈金苜蓿
Wa62A	武威	阿尔冈金苜蓿
Wa24	武威	阿尔冈金苜蓿
WL68	武威	陇东苜蓿
TL22A	天水	陇东苜蓿
TL22	天水	陇东苜蓿
TL18	天水	陇东苜蓿
TL47	天水	陇东苜蓿
QL31B	庆阳	陇东苜蓿
Qa46A	庆阳	阿尔冈金苜蓿
Ta34	天水	阿尔冈金苜蓿
DL81	定西	陇东苜蓿
DL58	定西	陇东苜蓿
DL67	定西	陇东苜蓿
RS	甘南	阿尔冈金种子
GL65	甘南	陇东苜蓿
RXS		瑞西丝种子
GN1（参照菌株）	兰州	甘农 1 号

盆栽试验，以不接种根瘤菌菌株为对照（CK），6 次重复。接种根瘤菌菌株后待苜蓿幼苗生长 60 d，每一重复随机选 10 株，观察和测定苜蓿株高、地上鲜重、地上干重、地下鲜重、地下干重、根瘤数、根瘤重等指标。

2. 接种不同根瘤菌菌株对苜蓿株高、地上鲜重和地上干重的影响

从表 3.51 可以看出，接种不同根瘤菌菌株的苜蓿幼苗株高、地上鲜重和地上干重差异显著（$P < 0.05$）。与对照相比，除接种菌株 Qa46A 外，其他接种菌株的株高较对照的增幅均在 20% 以上。接种菌株 QL31B、DL81、Wa62A、WL68 的地上鲜重较对照增幅均在 26% 以上。接种菌株 QL31B、DL81、TL47、Da99、Wa62A、RXS、TL22A、Ta34、WL68 的地上干重较对照增幅均在 20% 以上。

表 3.51　接种不同根瘤菌菌株对苜蓿株高、地上鲜重及地上干重的影响

菌株编号	株高		地上鲜重		地上干重	
	株高（cm）	比对照增加（%）	地上鲜重（g/10 株）	比对照增加（%）	地上干重（g/10 株）	比对照增加（%）
QL31B	13.04 cde	36.1	1.849 b	26.0	0.437 a	45.2
DL81	13.08 cd	36.5	2.050 a	39.6	0.377 bc	25.2
TL47	12.11 fgh	26.4	1.412 efg	−3.8	0.362 cd	20.3
Wa24	19.21 a	100.5	1.463 def	−0.3	0.339 e	12.6
RS	12.38 efgh	29.2	0.656 j	−55.3	0.160 h	−46.8

菌株编号	株高		地上鲜重		地上干重	
	株高（cm）	比对照增加（%）	地上鲜重（g/10株）	比对照增加（%）	地上干重（g/10株）	比对照增加（%）
Qa46A	10.08 i	5.2	1.157 hi	−21.2	0.251 g	−16.6
TL22	12.73 efg	32.9	1.580 ced	7.6	0.361 cd	19.9
TL18	14.32 b	49.5	1.490 def	1.5	0.349 de	15.9
DL58	11.64 h	21.5	1.178 hi	−19.8	0.361 cd	19.9
DL67	11.94 gh	24.6	1.101 i	−25.0	0.255 g	−15.3
Da99	12.61 defg	31.6	1.345 fg	−8.4	0.396 b	31.6
Wa62A	14.09 b	47.1	2.002 a	36.4	0.395 b	31.2
Wa32	13.34 cd	39.2	1.515 def	3.2	0.346 de	15.0
RXS	13.25 cd	38.3	1.450 efg	−1.2	0.365 cd	21.3
GL65	13.52 bc	41.1	1.269 gh	−13.6	0.347 de	15.3
TL22A	13.21 cd	37.9	1.730 bc	17.8	0.372 bc	23.6
Ta34	13.41 cd	40.0	1.669 cd	13.7	0.385 b	27.9
GN1	13.26 cd	38.4	1.456 def	−0.8	0.306 f	1.7
WL68	13.04 cdef	36.1	1.856 b	26.4	0.410 a	36.2
CK	9.58 j		1.468 def		0.301 f	

注：同列中不同小写字母表示差异显著（$P<0.05$）。

3. 接种不同根瘤菌菌株对苜蓿植株地下鲜重、地下干重的影响

从表3.52可知，接种不同根瘤菌菌株的苜蓿地下鲜重、地下干重差异显著（$P<0.05$）。接种菌株 QL31B、TL47、Da99、Ta34、WL68 的地下鲜重较对照增幅都在50%以上。接种菌株 QL31B、DL81、Da99、Wa32、TL22A 的地下干重较对照增幅都在50%以上。

表3.52　接种不同根瘤菌菌株对苜蓿地下鲜重、地下干重的影响

菌株编号	地下鲜重		地下干重	
	地下鲜重（g/10株）	比对照增加（%）	地下干重（g/10株）	比对照增加（%）
QL31B	1.758 a	218.5	0.247 ab	60.4
DL81	0.567 ghi	2.7	0.234 b	51.9
TL47	1.412 b	155.8	0.120 i	−22.1
Wa24	0.586 gh	6.2	0.209 c	35.7
RS	0.144 j	−73.9	0.068 j	−55.8
Qa46A	0.556 ghi	0.7	0.123 i	−20.1
TL22	0.628 fg	13.8	0.208 c	35.1
TL18	0.473 hi	−14.3	0.139 hi	−9.7
DL58	0.567 ghi	2.7	0.177 cd	14.9
DL67	0.552 hi	0.0	0.158 efgh	2.6
Da99	0.846 d	53.3	0.260 a	68.8
Wa62A	0.585 gh	6.0	0.171 efg	11.0

（续表）

菌株编号	地下鲜重		地下干重	
	地下鲜重（g/10株）	比对照增加（%）	地下干重（g/10株）	比对照增加（%）
Wa32	0.664 fg	20.3	0.233 b	51.3
RXS	0.776 de	40.6	0.150 gh	−2.6
GL65	0.243 j	−56.0	0.175 ef	13.6
TL22A	0.701 ef	27.0	0.252 ab	63.6
Ta34	0.873 d	58.2	0.209 c	35.7
GN1	0.452 i	−18.1	0.196 c	27.3
WL68	1.051 c	90.4	0.205 c	33.1
CK	0.552 ghi		0.154 fgh	

注：同列中不同小写字母表示差异显著（$P<0.05$）。

4. 接种不同根瘤菌菌株对苜蓿根瘤数和根瘤重的影响

从表 3.53 可知，接种不同根瘤菌菌株的苜蓿幼苗根瘤数和根瘤重差异显著（$P<0.05$）。接种不同菌株都能提高苜蓿根瘤数，较对照增加幅度在 29.1%～664.8%。除菌株 RS、GL65 外，其他接种菌株都能提高苜蓿根瘤重。总体来看，接种菌株 QL31B、DL58、Da99、Wa62A、Wa32、Wa24、TL22A、TL22、DL67、WL68 对苜蓿结瘤具有明显的促进作用。

表 3.53　接种不同根瘤菌菌株对苜蓿根瘤数及根瘤重的影响

菌株编号	根瘤数		根瘤重	
	根瘤数（个/10株）	比对照增加（%）	根瘤重（g/10株）	比对照增加（%）
QL31B	68.667 ab	564.7	0.034 bc	88.9
DL81	53.667 bcdf	419.5	0.022 gh	22.2
TL47	34.000 fgh	229.1	0.033 efgh	83.3
Wa24	67.667 abc	555.1	0.034 bc	88.9
RS	13.333 kl	29.1	0.012 h	−33.3
Qa46A	50.667 cdef	390.5	0.028 defgh	55.6
TL22	43.667 efg	322.7	0.030 bcd	66.7
TL18	41.333 efgh	300.1	0.021 gh	16.7
DL58	64.000 abcd	519.6	0.052 a	188.9
DL67	38.000 efgh	267.9	0.030 bcd	66.7
Da99	65.333 abc	532.5	0.029 cd	61.1
Wa62A	64.000 abcd	519.6	0.029 cd	61.1
Wa32	79.000 a	664.8	0.028 bcd	55.6
RXS	28.000 hij	171.1	0.023 fgh	27.8
GL65	26.000 ijk	151.7	0.016 h	−11.1
TL22A	47.000 def	355.0	0.033 bc	83.3
Ta34	65.000 abc	529.2	0.025 cdefg	38.9
GN1	28.330 hij	174.2	0.020 fgh	11.1
WL68	45.667 efg	342.1	0.045 ab	150.0
CK	10.330 j		0.018 fgh	

注：同列中不同小写字母表示差异显著（$P<0.05$）。

5. 结论

甘农 3 号苜蓿接种菌株 QL31B、DL81、TL47、DL58、Da99、Wa62A、Wa32、RXS、TL22A、Ta34、WL68 的增产和结瘤效果较好。

（二）甘农 3 号苜蓿匹配根瘤菌菌株田间筛选

1. 试验地概况

试验地位于甘肃农业大学兰州牧草试验站，平均海拔 1 520 m，年降水量 200～327 mm，年均气温 9.7 ℃，年蒸发量 1 664 mm，年均日照 2 770 h，最热月平均气温 29.1 ℃，最冷月平均气温 -14.9 ℃，土壤类型为黄绵土，土层较薄，有机质含量 0.84%、pH 值 7.5、速效氮 95.05 mg/kg、速效磷 7.32 mg/kg、速效钾 182.8 mg/kg。全年无霜期 180 d 以上。

2. 试验材料与设计

苜蓿品种甘农 3 号，供试菌株 DL58、Ga66、WL68、G3G2、Ta34、Da99 和 12531。试验采用随机区组排列，以不接种根瘤菌为空白对照（CK），3 次重复。2016 年 4 月 29 日播种，条播，行距 35 cm，播种深度 2 cm 左右。为防止菌种之间互相影响，开沟 50 cm 深，用 55 cm 宽的塑料薄膜作为分隔带。苜蓿出苗后将培养好的液体菌剂（OD＞0.5）开沟施于苗根部后立即覆土、镇压，每行施菌液 200 mL。从播种到收获的整个生育期内未追施任何肥料，其他管理同一般大田。分别于 2016 年 8 月 20 日和 2016 年 9 月 30 日刈割。

3. 接种不同根瘤菌菌株对苜蓿株高和干草产量的影响

由表 3.54 可知，接种不同根瘤菌菌株对苜蓿株高和干草产量均有明显的促进作用。接种菌株 Ga66 的第 1 茬株高最大，为 77.43 cm，与对照差异显著（$P<0.05$）。接种菌株 WL68、12531、G3G2、Ta34、DL58 的第 2 茬株高显著高于对照（$P<0.05$）。接种根瘤菌菌株对第 1 茬的促进生长作用弱，对第 2 茬的促进生长作用较明显。接种菌株 Ga66、WL68、G3G2、Ta34 和 12531 的苜蓿干草总产量较对照增幅均在 100% 以上。

表 3.54　接种不同根瘤菌菌株对苜蓿株高和干草产量的影响

菌株编号	株高				干草产量			
	第 1 茬（cm）	第 1 茬较对照增加（%）	第 2 茬（cm）	第 2 茬较对照增加（%）	第 1 茬（kg/hm²）	第 2 茬（kg/hm²）	总产量（kg/hm²）	总产量较对照增加（%）
DL58	73.83 ab	4.2	56.87 a	11.9	799.34 cd	208.57 d	1 007.91	44.3
Ga66	77.43 a	9.3	50.96 b	0.3	1 400.70 a	625.71 a	2 026.41	190.1
WL68	76.27 ab	7.7	60.15 a	18.4	1 425.69 a	531.91 ab	1 957.59	180.3
G3G2	76.63 ab	8.2	58.45 a	15.1	1 122.25 bc	455.68 b	1 577.93	125.9
Ta34	75.10 ab	6.0	56.97 a	12.1	1 344.38 b	528.73 ab	1 873.11	168.2
Da99	76.77 ab	8.4	55.67 ab	9.6	945.66 c	326.09 c	1 271.75	82.1
12531	73.00 ab	3.1	58.75 a	15.6	1 126.49 bc	432.81 b	1 559.30	123.2
CK	70.83 b		50.80 b		477.28 d	221.17 d	698.45	

注：同列中不同小写字母表示差异显著（$P<0.05$）。

4. 接种不同根瘤菌菌株对苜蓿叶茎比和粗蛋白质含量的影响

由表 3.55 可知，接种不同根瘤菌菌株对苜蓿叶茎比和粗蛋白质含量的影响差异显著（$P<0.05$）。接种菌株 G3G2 的第 1 茬叶茎比最大，但与对照差异不显著（$P>0.05$）。接种菌株 DL58、Ta34 的第 2 茬叶茎比显著高于对照（$P<0.05$），较对照增幅分别为 37.2% 和 43.0%。接种不同根瘤菌菌株对第 1 茬粗蛋白质含量的影响较第 2 茬小。接种菌株 Ta34 的第 1 茬苜蓿粗蛋白质含量最高，但与对照差异不显著（$P>0.05$）。接种菌株 Ga66、Da99、Ta34 的第 2 茬粗蛋白质含量显著高于对照，较对照增幅分别为 42.9%、38.7% 和 37.0%。

表 3.55　接种不同根瘤菌菌株对苜蓿叶茎比和粗蛋白质含量的影响

菌株编号	叶茎比				粗蛋白质含量			
	第 1 茬	第 1 茬较对照增加（%）	第 2 茬	第 2 茬较对照增加（%）	第 1 茬（%）	第 1 茬较对照增加（%）	第 2 茬（%）	第 2 茬较对照增加（%）
DL58	0.39 b	−11.1	1.18 a	37.2	16.01 ab	−1.2	13.79 ab	32.1
Ga66	0.45 ab	2.3	1.05 ab	22.1	16.92 ab	4.4	14.92 a	42.9
WL68	0.46 ab	4.5	0.89 ab	3.5	14.56 b	−10.1	13.26 ab	27.0
G3G2	0.52 a	18.2	1.01 ab	17.4	17.46 ab	7.8	13.04 ab	24.9
Ta34	0.43 ab	−2.3	1.23 a	43.0	18.36 a	13.3	14.30 a	37.0
Da99	0.41 b	−6.8	1.04 ab	20.9	16.82 ab	3.8	14.48 a	38.7
12531	0.40 b	−9.1	1.05 ab	22.1	18.02 a	11.2	10.77 b	3.2
CK	0.44 ab		0.86 b		16.20 ab		10.44 b	

注：同列中不同小写字母表示差异显著（$P<0.05$）。

5. 接种不同根瘤菌菌株对苜蓿酸性洗涤纤维和中性洗涤纤维含量的影响

由表 3.56 可知，除菌株 12531 和 G3G2 外，接种其他菌株均能不同程度地降低第 1 茬苜蓿酸性洗涤纤维的含量，接种菌株 DL58、Ta34 的第 1 茬酸性洗涤纤维含量分别较对照降低 9.5% 和 5.4%，且显著低于对照（$P<0.05$）。接种根瘤菌菌株对第 2 茬苜蓿洗涤纤维影响较第 1 茬明显，接种菌株 DL58 和 12531 的第 2 茬酸性洗涤纤维含量分别较对照降低了 19.3% 和 19.1%，且显著低于对照（$P<0.05$）。接种不同根瘤菌菌株均能不同程度降低第 1 茬和第 2 茬苜蓿中性洗涤纤维含量，接种菌株 WL68 的第 2 茬中性洗涤纤维含量显著低于对照（$P<0.05$）。

表 3.56　接种不同根瘤菌菌株对苜蓿酸性洗涤纤维、中性洗涤纤维含量的影响　　单位：%

菌株编号	酸性洗涤纤维				中性洗涤纤维			
	第 1 茬	第 1 茬较对照降低	第 2 茬	第 2 茬较对照降低	第 1 茬	第 1 茬较对照降低	第 2 茬	第 2 茬较对照降低
DL58	36.28 b	9.5	26.35 b	19.3	48.48 a	5.3	42.88 a	2.1
Ga66	39.35 a	1.9	29.77 ab	8.8	48.84 a	4.6	42.46 a	3.1
WL68	39.14 a	2.4	28.82 ab	11.7	48.99 a	4.3	40.81 b	6.8
G3G2	40.41 a	−0.8	27.32 ab	16.3	49.12 a	4.1	41.29 ab	5.8
Ta34	37.92 b	5.4	27.95 ab	14.4	49.48 a	3.4	41.24 ab	5.9
Da99	39.28 a	2.0	28.42 ab	12.9	49.85 a	2.7	42.19 ab	3.7
12531	40.55 a	−1.1	26.40 b	19.1	50.92 a	0.6	41.23 ab	5.9
CK	40.10 a		32.64 a		51.21 a		43.81 a	

注：同列中不同小写字母表示差异显著（$P<0.05$）。

6. 结论

在甘肃兰州地区，甘农3号苜蓿接种菌株Ta34的增产和品质提升效果好。

二、甘农5号苜蓿匹配根瘤菌菌株筛选

1. 试验地概况

试验地位于甘肃省金昌市永昌县甘肃杨柳青牧草饲料开发有限公司试验基地，属于温带大陆性气候，平均海拔1 525 m，年平均气温7.4～8.5 ℃，年平均降水量为235 mm，年均日照时数为2 933 h，年蒸发量2 000.5 mm，无霜期为144～150 d。土壤类型为钙土。

2. 试验材料与设计

苜蓿品种为甘肃杨柳青牧草饲料开发有限公司种植第2年的甘农5号，供试根瘤菌菌株为与甘农3号和甘农9号紫花苜蓿均匹配性较好的菌株Da99、DL58、G3G2、Ga66、QL31B和Wa32（表3.57），以不接种根瘤菌菌株为空白对照（CK）。将各菌株制作成根瘤菌菌液，将培养好的300 mL菌悬液接种到1.5 kg已灭菌的泥炭载体上，制作成菌肥。

表3.57 菌株名称及来源

菌株编号	来源地区	原寄主植物
Ga66	甘南	阿尔冈金苜蓿
Da99	定西	阿尔冈金苜蓿
DL58	定西	陇东苜蓿
G3G2	白银	阿尔冈金苜蓿
QL31B	庆阳	陇东苜蓿
Wa32	武威	阿尔冈金苜蓿

2017年4月选取种植第2年的紫花苜蓿进行田间小区试验。第1年施用硝酸磷钾，施肥量900 kg/hm²，第2年只施用菌肥，苜蓿播种量为22.5 kg/hm²。设施肥和不施肥两种处理。试验采用随机区组排列，7个处理，每处理3次重复，共21个小区，每小区面积10 m×10 m。菌肥施用量为22.5 kg/hm²，返青前，犁开沟3～5 cm，将菌肥撒匀后立即用耙磨覆盖土壤，对照未做任何处理。从施肥到收获整个生育期内不再追施任何肥料，其他管理同大田。于2017年6月、8月、10月共测产3次。

3. 不同菌肥对苜蓿株高的影响

由表3.58可知，施用菌肥Wa32、G3G2和Ga66的苜蓿第1茬株高显著高于对照（$P<0.05$），较对照增幅在14.3%～21.7%。除菌肥Ga66外，施用其他菌肥的苜蓿第2茬株高显著高于对照。施用不同菌肥的苜蓿第3茬株高显著高于对照，较对照增幅在16.5%～25.4%。施用菌肥Wa32、G3G2、DL58和Ga66的3茬平均株高较对照增幅在10.4%～17.7%。

表3.58 不同菌株处理对苜蓿株高的影响

菌肥	第1茬		第2茬		第3茬		3茬平均	
	第1茬（cm）	较对照增加（%）	第2茬（cm）	较对照增加（%）	第3茬（cm）	较对照增加（%）	平均（cm）	较对照增加（%）
QL31B	83.2 b	-1.1	88.7 a	3.7	80.0 a	19.0	84.0 ab	6.3
DL58	89.2 b	6.0	94.0 a	9.9	78.3 a	16.5	87.2 a	10.4

（续表）

菌肥	第1茬		第2茬		第3茬		3茬平均	
	第1茬（cm）	较对照增加（%）	第2茬（cm）	较对照增加（%）	第3茬（cm）	较对照增加（%）	平均（cm）	较对照增加（%）
Da99	87.5 b	4.0	90.5 a	5.8	80.3 a	19.5	86.1 a	9.0
Ga66	96.2 a	14.3	81.5 b	−4.7	83.9 a	24.8	87.2 a	10.4
Wa32	102.4 a	21.7	92.1 a	7.6	84.3 a	25.4	92.9 a	17.7
G3G2	98.8 a	17.4	93.1 a	8.8	84.1 a	25.1	92.0 a	16.5
CK	84.1 b		85.6 b		67.2 b		79.0 b	

注：同列中不同小写字母表示差异显著（$P<0.05$）。

4. 不同菌肥对苜蓿干草产量的影响

由表3.59可知，施用菌肥 Ga66 的第1茬干草产量显著高于对照（$P<0.05$），施用菌肥 Ga66、Wa32 和 G3G2 的第2茬、第3茬干草产量显著高于对照（$P<0.05$）。施用菌肥 Ga66、Wa32 和 G3G2 的总干草产量较对照增幅分别为39.6%、22.6% 和20.6%。

表3.59 不同菌肥对苜蓿干草产量的影响

菌肥	干草产量（kg/hm²）			总干草产量（kg/hm²）	较对照增加（%）
	第1茬	第2茬	第3茬		
QL31B	1 500.8 b	5 736.2 bc	5 689.5 b	12 926.5 b	−13.8
DL58	1 667.5 b	6 870.1 b	4 782.4 c	13 320.0 b	−11.1
Da99	1 834.3 b	5 102.6 c	6 476.6 b	13 413.4 b	−10.5
Ga66	3 168.3 a	7 837.3 a	9 911.6 a	20 917.1 a	39.6
Wa32	2 501.3 ab	7 770.6 a	8 097.4 a	18 369.2 a	22.6
G3G2	1 834.3 b	7 503.8 a	8 734.4 a	18 072.4 a	20.6
CK	1 916.1 b	6 375.9 b	6 693.4 b	14 985.4 b	

注：同列中不同小写字母表示差异显著（$P<0.05$）。

5. 不同菌肥对苜蓿粗蛋白质含量的影响

由表3.60可知，施用菌肥 G3G2 的第1茬苜蓿粗蛋白质含量显著高于对照（$P<0.05$），较对照增加31.3%。施用菌肥 Da99、Wa32 和 G3G2 的第2茬苜蓿粗蛋白质含量显著高于对照（$P<0.05$），分别较对照增加13.1%、20.9% 和22.3%。施用不同菌肥的第3茬苜蓿粗蛋白质含量均低于对照。施用菌肥 Wa32 和 G3G2 的3茬平均粗蛋白质含量显著高于对照，分别较对照增加6.5% 和12.3%。

表3.60 不同菌肥对苜蓿粗蛋白质含量的影响 　　　　　　　单位：%

菌肥	第1茬		第2茬		第3茬		3茬平均	
	第1茬	较对照增加	第2茬	较对照增加	第3茬	较对照增加	平均	较对照增加
QL31B	12.81 abc	14.0	16.43 b	−6.6	15.47 a	−9.4	14.90 b	−2.6
DL58	9.85 d	−12.4	19.16 ab	8.9	14.47 a	−15.3	14.49 b	−5.3
Da99	11.97 bc	6.5	19.91 a	13.1	15.00 a	−12.2	15.63 ab	2.1
Ga66	10.71 cd	−4.7	16.88 b	−4.1	12.30 b	−28.0	13.30 c	−13.1

（续表）

菌肥	第1茬		第2荐		第3茬		3茬平均	
	第1茬	较对照增加	第2茬	较对照增加	第3茬	较对照增加	平均	较对照增加
Wa32	13.61 ab	21.2	21.28 a	20.9	14.01 a	−18.0	16.30 a	6.5
G3G2	14.76 a	31.3	21.52 a	22.3	15.27 a	−10.6	17.18 a	12.3
CK	11.24 bc		17.60 b		17.08 a		15.31 b	

注：同列中不同小写字母表示差异显著（$P<0.05$）。

6. 不同菌肥对酸性洗涤纤维和中性洗涤纤维含量的影响

由表3.61可知，不同菌肥对各茬苜蓿酸性洗涤纤维和中性洗涤纤维含量差异不显著（$P>0.05$），施用菌肥Da99的各茬酸性洗涤纤维和中性洗涤纤维含量均低于对照，但与对照差异不显著（$P>0.05$）。

表3.61　不同菌肥对苜蓿酸性洗涤纤维和中性洗涤纤维含量的影响　　　单位：%

菌肥	酸性洗涤纤维			中性洗涤纤维		
	第1茬	第2茬	第3茬	第1茬	第2茬	第3茬
QL31B	37.49 a	39.26 a	27.14 ab	45.22 a	45.51 a	35.44 a
DL58	38.83 a	38.49 a	27.43 a	47.09 a	43.96 a	35.10 a
Da99	35.04 a	39.69 a	23.76 ab	44.13 a	43.92 a	28.00 b
Ga66	39.21 a	40.51 a	24.46 ab	51.82 a	49.70 a	35.69 a
Wa32	37.70 a	41.34 a	23.60 b	48.97 a	46.22 a	32.78 ab
G3G2	35.37 a	40.74 a	25.23 ab	50.07 a	46.65 a	34.68 a
CK	38.77 a	40.30 a	24.43 ab	46.77 a	46.33 a	34.57 a

注：同列中不同小写字母表示差异显著（$P<0.05$）。

7. 结论

在甘肃金昌地区，甘农5号苜蓿施用菌肥G3G2、Wa32的增产和品质提升效果好。

三、甘农9号苜蓿匹配根瘤菌菌株筛选

（一）甘农9号苜蓿匹配根瘤菌菌株盆栽筛选

1. 试验材料与设计

苜蓿品种为甘农9号，供试19份根瘤菌菌株见表3.62。盆栽试验，以不接种根瘤菌菌株为对照（CK），6次重复。接种根瘤菌菌株后待苜蓿幼苗生长60 d，每一重复随机选10株测定株高、地上鲜重、地上干重、地下鲜重、地下干重、根瘤数、根瘤重等指标。

表3.62　菌株来源与编号

菌株编号	来源地	原宿主植物
Da99	定西	阿尔冈金苜蓿
Wa32	武威	阿尔冈金苜蓿
Wa62A	武威	阿尔冈金苜蓿

（续表）

菌株编号	来源地	原宿主植物
Wa24	武威	阿尔冈金苜蓿
WL68	武威	陇东苜蓿
TL22A	天水	陇东苜蓿
TL22	天水	陇东苜蓿
TL18	天水	陇东苜蓿
TL47	天水	陇东苜蓿
QL31B	庆阳	陇东苜蓿
Qa46A	庆阳	阿尔冈金苜蓿
Ta34	天水	阿尔冈金苜蓿
DL81	定西	陇东苜蓿
DL58	定西	陇东苜蓿
DL67	定西	陇东苜蓿
RS	甘南	阿尔冈金种子
GL65	甘南	陇东苜蓿
RXS		瑞西丝种子
GN1（参照菌株）	兰州	甘农1号

2. 接种不同根瘤菌菌株对苜蓿株高、地上鲜重和地上干重的影响

从表3.63可以看出，接种不同根瘤菌的苜蓿幼苗株高、地上鲜重和地上干重差异显著（$P<0.05$）。接种菌株QL31B、DL81、TL47、Wa24、Qa46A、TL22、DL58、DL67、Wa62A、RXS、TL22A、WL68的苜蓿株高较对照的增幅均在80%以上。接种菌株QL31B、DL81、TL47、RS、Qa46A、TL22、DL67、Da99、Wa62A、Wa32、RXS、TL22A、Ta34、WL68的苜蓿地上鲜重较对照的增幅都在100%以上。接种菌株DL81、TL47、Qa46A、DL58、DL67、Wa62A、Wa32、RXS、WL68的苜蓿地上干重较对照的增幅都在100%以上。

表3.63 接种不同根瘤菌菌株对苜蓿株高、地上鲜重和地上干重的影响

菌株编号	株高		地上鲜重		地上干重	
	株高（cm）	比对照增加（%）	地上鲜重（g/10株）	比对照增加（%）	地上干重（g/10株）	比对照增加（%）
QL31B	18.79 c	86.6	2.439 cd	133.6	0.385 gh	55.3
DL81	19.1 bcd	89.7	3.178 a	204.4	0.543 c	119.0
TL47	20.38 a	102.4	3.186 a	205.2	0.511 de	106.2
Wa24	19.09 bc	89.6	2.040 def	95.4	0.388 gh	56.6
RS	15.43 g	53.2	2.188 cdef	109.6	0.368 hi	48.4
Qa46A	18.68 d	85.5	3.255 a	211.8	0.534 bc	115.3
TL22	18.58 d	84.5	2.262 cdef	116.6	0.393 gh	58.5
TL18	16.87 ef	67.5	1.895 g	81.5	0.333 j	34.3
DL58	19.81 b	96.7	2.018 efg	93.3	0.600 b	141.9

（续表）

菌株编号	株高		地上鲜重		地上干重	
	株高（cm）	比对照增加（%）	地上鲜重（g/10株）	比对照增加（%）	地上干重（g/10株）	比对照增加（%）
DL67	18.39 cd	82.6	3.157 a	202.4	0.598 b	141.2
Da99	16.97 ef	68.5	2.296 cdef	119.9	0.405 fg	63.3
Wa62A	20.22 a	100.8	3.226 a	209.0	0.654 a	163.7
Wa32	17.53 e	74.1	2.336 cdef	123.7	0.502 e	102.4
RXS	18.82 cd	86.9	2.887 c	176.5	0.596 b	140.4
GL65	16.51 f	63.9	2.057 fg	97.0	0.401 g	61.6
TL22A	18.58 cd	84.5	2.432 cde	132.9	0.405 fg	63.3
Ta34	17.61 e	74.9	2.433 cd	133.0	0.431 f	73.8
GN1	16.99 ef	68.7	1.879 g	80.0	0.339 ij	36.7
WL68	19.28 bcd	91.5	2.583 bc	147.4	0.537 cde	116.6
CK	10.07 h		1.044 h		0.248 k	

注：同列中不同小写字母表示差异显著（$P<0.05$）。

3. 接种不同根瘤菌菌株对苜蓿植株地下鲜重、地下干重的影响

从表3.64可知，接种不同根瘤菌菌株的苜蓿地下鲜重、地下干重差异显著（$P<0.05$）。接种菌株DL67、Wa62A、RXS、Ta34、Wa32、RS、TL22的苜蓿地下鲜重和地下干重较对照有明显的增加。

表3.64　接种不同根瘤菌菌株对苜蓿地下鲜重、地下干重的影响

菌种编号	地下鲜重		地下干重	
	地下鲜重（g/10株）	比对照增加（%）	地下干重（g/10株）	比对照增加（%）
QL31B	1.280 b	63.4	0.176 jk	4.1
DL81	1.969 a	151.5	0.241 ef	42.6
TL47	1.648 b	110.5	0.201 gh	18.8
Wa24	1.320 b	68.5	0.147 m	-12.9
RS	2.011 a	156.8	0.278 d	64.5
Qa46A	1.758 a	124.5	0.250 e	47.9
TL22	2.173 a	177.6	0.260 e	53.8
TL18	1.082 b	38.2	0.156 lm	-7.9
DL58	1.833 a	134.1	0.257 e	52.3
DL67	2.581 a	229.6	0.356 b	110.4
Da99	1.365 b	74.3	0.223 f	31.9
Wa62A	2.406 a	207.3	0.387 a	129.2
Wa32	1.743 a	122.7	0.308 c	82.1
RXS	2.536 a	223.8	0.351 b	107.8
GL65	0.766 b	-2.2	0.169 kl	0.0
TL22A	1.401 b	78.9	0.223 fg	31.9

（续表）

菌种编号	地下鲜重		地下干重	
	地下鲜重 （g/10 株）	比对照增加 （%）	地下干重 （g/10 株）	比对照增加 （%）
Ta34	1.469 b	87.7	0.326 c	92.9
GN1	0.938 a	19.8	0.187 ij	10.9
WL68	0.817 b	4.4	0.199 hi	17.5
CK	0.783 b		0.169 kl	

注：同列中不同小写字母表示差异显著（$P<0.05$）。

4. 接种不同根瘤菌菌株对苜蓿根瘤数和根瘤重的影响

从表 3.65 可以看出，接种不同根瘤菌菌株的苜蓿幼苗根瘤数和根瘤重较对照有显著提高（$P<$ 0.05）。接种菌株 Wa24、RS、Qa46A、TL22、TL18、DL67、RXS、GN1 的根瘤数和根瘤重较对照的增幅都在 200% 以上。

表 3.65　接种不同根瘤菌菌株对苜蓿根瘤数及根瘤重的影响

菌株编号	根瘤数		根瘤重	
	根瘤数 （个 /10 株）	较对照增加 （%）	根瘤重 （g/10 株）	较对照增加 （%）
QL31B	25.33 cdefg	216.6	0.037 cdef	146.7
DL81	34.667 abcd	333.3	0.042 5 bcdef	183.3
TL47	27.33 cdefg	241.6	0.04 bcdef	166.7
Wa24	29.33 bcdef	266.6	0.046 abcd	206.7
RS	44.33 a	454.1	0.064 bcde	326.7
Qa46A	42.33 ab	429.1	0.051 bcdef	240.0
TL22	36.33 fghi	354.1	0.093 a	520.0
TL18	38.667 ab	383.3	0.085 abc	466.7
DL58	26.667 defg	233.3	0.043 bcdef	186.7
DL67	39 ab	387.5	0.066 abc	340.0
Da99	24 defg	200.0	0.032 def	113.3
Wa62A	12.667 hi	58.3	0.027 ef	80.0
Wa32	21 efgh	162.5	0.035 cdef	133.3
RXS	34.33 abcd	329.1	0.069 ab	360.0
GL65	16.33 ghi	104.1	0.026 ef	73.3
TL22A	18.5 fghi	131.3	0.047 bcdef	213.3
Ta34	23 cdefg	187.5	0.033 3 def	122.0
GN1	30.667 bcde	283.3	0.046 bcdef	206.7
WL68	16.667 ghi	108.3	0.025 ef	66.7
CK	8 i		0.015 f	

注：同列中不同小写字母表示差异显著（$P<0.05$）。

5. 结论

甘农 9 号苜蓿接种菌株 DL81、TL47、Qa46A、DL58、DL67、Wa62A、Wa32、RXS、WL68 的增产和结瘤效果较好。

（二）甘农 9 号苜蓿匹配根瘤菌菌株田间筛选

1. 试验地概况

试验地位于甘肃农业大学兰州牧草试验站，平均海拔 1 520 m，年降水量 200~327 mm，年均气温 9.7 ℃，年蒸发量 1 664 mm，年均日照 2 770 h，最热月平均气温 29.1 ℃，最冷月平均气温 -14.9 ℃，土壤类型为黄绵土，土层较薄，有机质含量 0.84%、pH 值 7.5、速效氮 95.05 mg/kg、速效磷 7.32 mg/kg、速效钾 182.8 mg/kg。全年无霜期 180 d 以上。

2. 试验材料与设计

苜蓿品种为甘农 9 号，供试菌株 Wa32、QL31B、G9TT1、DL58、RXS、Ga66 和 12531。试验采用随机区组排列，以不接种根瘤菌为空白对照（CK），3 次重复。2016 年 4 月 29 日播种，条播，行距 35 cm，播种深度 2 cm 左右。为防止菌种之间互相影响，开沟 50 cm 深，用 55 cm 宽的塑料薄膜作为分隔带。苜蓿出苗后将培养好的液体菌剂（OD>0.5）开沟施于苗根部后立即覆土、镇压，每行施菌液 200 mL。从播种到收获的整个生育期内未追施任何肥料，其他管理同一般大田。分别于 2016 年 8 月 20 日和 2016 年 9 月 30 日刈割。

3. 接种不同根瘤菌菌株对苜蓿株高和产量的影响

由表 3.66 可知，接种不同根瘤菌菌株对苜蓿株高的影响差异不显著（$P>0.05$），对干草产量的影响差异显著（$P<0.05$）。除菌株 Ga66 外，其他接种菌株均能不同程度提高苜蓿总产量，其中接种菌株 QL31B、DL58、G9TT1 的总产量分别较对照增加 17.8%、13.2% 和 11.4%。

表 3.66　接种不同根瘤菌菌株对苜蓿株高和产量的影响

菌株编号	株高				干草产量			
	第 1 茬（cm）	第 1 茬较对照增加（%）	第 2 茬（cm）	第 2 茬较对照增加（%）	第 1 茬（kg/hm²）	第 2 茬（kg/hm²）	总产量（kg/hm²）	总产量较对照增加（%）
Wa32	76.57 a	3.8	69.8 a	8.4	1 533.25 a	932.95 b	2 466.21	1.5
QL31B	73.07 a	-0.9	66.1 ab	2.7	1 740.98 a	1 120.56 a	2 861.54	17.8
G9TT1	73.93 a	0.2	61.75 abc	-4.0	1 740.55 a	965.35 b	2 705.90	11.4
DL58	77.03 a	4.4	71.5 a	11.1	1 760.24 a	990.34 b	2 750.58	13.2
Ga66	74.20 a	0.6	57.15 bc	-11.2	1 232.79 b	658.32 c	1 891.10	-22.1
RXS	76.60 a	3.8	63.85 c	-0.8	1 639.34 a	860.54 bc	2 499.87	2.9
12531	74.87 a	1.5	66.75 ab	3.7	1 530.29 ab	899.50 bc	2 429.79	0.0
CK	73.77 a		64.35 abc		1 490.00 ab	939.31 b	2 429.31	

注：同列中不同小写字母表示差异显著（$P<0.05$）。

4. 接种不同根瘤菌菌株对苜蓿叶茎比和粗蛋白质含量的影响

由表 3.67 可知，接种不同根瘤菌菌株对苜蓿叶茎比和粗蛋白质含量的影响差异显著（$P<0.05$）。

接种菌株 Wa32、G9TT1、DL58 的第 1 茬叶茎比较对照增加 20% 以上。接种菌株 Ga66 的第 2 茬叶茎比最高，较对照增加 49.1%。接种不同根瘤菌菌株的第 1 茬和第 2 茬粗蛋白质含量较对照均有提高，接种菌株 G9TT1 的第 1 茬粗蛋白质含量最高，较对照增加 37.3%。接种菌株 RXS 的第 2 茬粗蛋白质含量最高，较对照增加 69.8%。

表 3.67　接种不同根瘤菌菌株对苜蓿叶茎比和粗蛋白质含量的影响

菌株编号	叶茎比				粗蛋白质含量（%）			
	第 1 茬	第 1 茬较对照增加（%）	第 2 茬	第 2 茬较对照增加（%）	第 1 茬	第 1 茬较对照增加（%）	第 2 茬	第 2 茬较对照增加（%）
Wa32	0.47 a	23.5	0.71 bc	1.1	17.11 ab	21.0	13.66 b	22.3
QL31B	0.42 ab	9.0	0.86 abc	23.2	15.12 b	6.9	16.70 ab	49.5
G9TT1	0.48 a	26.4	0.80 abc	14.1	19.41 a	37.3	12.94 b	15.8
DL58	0.48 a	24.9	0.63 c	−10.3	15.86 b	12.2	11.18 b	0.1
Ga66	0.44 a	13.4	1.05 a	49.1	15.09 b	6.7	13.30 b	19.1
RXS	0.44 a	15.3	0.94 ab	33.4	14.30 c	1.1	18.97 a	69.8
12531	0.44 a	14.9	0.92 ab	31.6	14.27 c	0.9	12.32 b	10.3
CK	0.38 b		0.70 bc		14.14 c		11.17 b	

注：同列中不同小写字母表示差异显著（$P<0.05$）。

5. 接种不同根瘤菌菌株对苜蓿酸性洗涤纤维和中性洗涤纤维含量的影响

由表 3.68 可知，接种菌株 G9TT1 的第 1 茬酸性洗涤纤维含量最低，但与对照差异不显著（$P>0.05$）。接种菌株 Wa32 的第 2 茬酸性洗涤纤维含量显著低于对照（$P<0.05$），较对照降低 20.8%。接种菌株 QL31B、G9TT1 和 DL58 的第 1 茬中性洗涤纤维含量显著低于对照（$P<0.05$），分别较对照降低 10.7%、12.0% 和 13.6%。接种菌株 Wa32 的第 2 茬中性洗涤纤维含量最低，但与对照差异不显著。

表 3.68　接种不同根瘤菌菌株对苜蓿酸性洗涤纤维、中性洗涤纤维含量的影响　　单位：%

菌株编号	酸性洗涤纤维				中性洗涤纤维			
	第 1 茬	第 1 茬较对照降低	第 2 茬	第 2 茬较对照降低	第 1 茬	第 1 茬较对照降低	第 2 茬	第 2 茬较对照降低
Wa32	40.27 a	−0.3	26.35 b	20.8	48.70 ab	8.8	38.02 a	7.0
QL31B	37.31 a	7.0	31.00 ab	6.8	47.71 b	10.7	39.26 a	4.0
G9TT1	37.12 a	7.5	31.81 ab	4.4	47.01 b	12.0	40.85 a	0.1
DL58	39.22 a	2.3	31.44 ab	5.5	46.17 b	13.6	40.56 a	0.8
Ga66	38.30 a	4.6	28.11 ab	15.5	48.71 ab	8.8	39.50 a	3.4
RXS	39.03 a	2.7	29.45 ab	11.5	49.70 ab	7.0	39.48 a	3.5
12531	37.72 a	6.0	31.94 ab	4.0	51.95 ab	2.8	39.43 a	3.6
CK	40.13 a		33.28 a		53.43 a		40.90 a	

注：同列中不同小写字母表示差异显著（$P<0.05$）。

6. 结论

在甘肃兰州地区，甘农 9 号苜蓿接种菌株 QL31B 的增产和品质提升效果好。

第四章

苜蓿种植密度技术

第一节 概 述

紫花苜蓿产量的稳定增长离不开高产配套栽培措施，播种量和行距配置是影响紫花苜蓿产量的两个重要方面，它们很大程度上影响紫花苜蓿的群体结构，进而影响群体的干物质生产。国内外学者从紫花苜蓿的每平方米株数、行距、播种量、行株距等方面对草产量、种子产量及其生物学性状的影响做了大量研究。研究表明，播种量决定群体的大小，而行距配置方式则决定群体的均匀性。

研究表明，产量往往随着种植密度的增加出现先上升后下降的现象。随着行距的增加，干草产量下降。而播种量的增加会使产量呈现先显著增加后趋于平稳的趋势。单位面积分枝数和单株分枝数也会受行距和播种量的影响。王莹等认为，随着播种密度的增加，苜蓿干草产量呈现先显著增加而后趋于平稳的变化趋势，而张荟荟等的研究表明，随着播种量的增加干草产量呈先增加后显著下降的趋势。魏永鹏等、刘东霞等对行距与干草产量间的关系分析表明，随着行距的增加苜蓿干草产量呈先增加后下降的趋势，在行距 20～30 cm 时产量最高。Hoveland 等发现，产量与播种量在首年关系密切，而在以后的年份中并无相关性。在建植当年，提高播种量增加了单位面积植株的密度，弥补了苜蓿分枝不足的空间，从而增加了干草产量；而在后续生产年份，苜蓿在生长发育过程中，可以通过增加单株的分枝数来调节因较小播种量对产量的不利影响，特别是在高密度播种条件下，由于植株密度过大，影响了苜蓿的正常光合作用，有较多量的自疏，故提高播种量并不能显著增加产量。

反映苜蓿营养品质特性的主要指标是粗蛋白质（CP）、中性洗涤纤维（NDF）、酸性洗涤纤维（ADF）含量和相对饲用价值（RFV）等。RFV 是衡量牧草采食量和能量价值的重要指标，其值越高，说明该饲草的营养价值越高。目前在我国市场上出售的苜蓿干草，主要依据 RFV 值进行等级划分，按质论价。我国将苜蓿干草品质分为 5 级，RFV 值大于 150 为一级。苜蓿品质随播种量增加而提高的原因可能是叶的比例增加，而茎的比例降低。同时木质素会随着播种密度增加而降低，消化率会随着播种密度的增加而增加。RFV 会随着播种密度的增加而增加，这可能是由于品质改善的原因。魏永鹏等在 4 个播种量和 5 个行距条件下，CP 含量变化范围在 14.84%～21.89%。播种量 16 kg/hm²、行距 20 cm 处理的 CP 含量和干草产量最高。Krueger 等的研究结果表明，随着播种量的增加和行距的减小，CP 含量和 RFV 呈增加趋势，而 ADF 和 NDF 含量则呈下降趋势，其原因可能是：苜蓿大播种量、窄行距时，单位面积苜蓿枝条数多，单株生长空间较小，抑制其生长发育，茎秆变得较纤细，叶片占比例较大，导致 CP 含量高而 ADF、NDF 含量低，RFV 值较高；而小播种量、宽行距时正好相反，单位面积苜蓿枝条数少，单株生长空间较大，有利其生长发育，茎秆变得粗壮，叶片占比例较小，使 CP 含量低而 ADF、NDF 含量较高，RFV 值较低。

第二节 黄淮海平原苜蓿种植密度技术

一、河北黄骅地区苜蓿种植密度技术

1. 试验地概况

试验于 2014—2018 年在河北省黄骅市茂盛园牧草种植专业合作社试验田内进行。该地区属暖温带半干旱半湿润的季风气候，年降水量约 600 mm，年平均气温 13 ℃左右，最冷月份（1 月）平均气温为 -3.0 ℃，最热月份（7 月）平均气温为 26.5 ℃。土质为中壤土，有机质含量 1.4%，盐含量 0.2%，pH 值 7.6 左右，为河北省东部沿海农区的典型代表地域。前茬作物为玉米。

2. 试验材料与设计

试验田种植的紫花苜蓿品种为中苜 1 号。采用双因素完全随机设计，包括播种量和行距二因素。其中，播种量设 7.5 kg/hm²、15.0 kg/hm²、22.5 kg/hm² 和 30.0 kg/hm² 4 个水平；行距设 20 cm、30 cm 和 40 cm 共 3 个水平，总计 12 个处理组合，小区面积 15 m²（5 m×3 m），试验设置 3 个重复。2014 年 4 月 10 日，播种，人工开沟，条播，播种深度 1~2 cm。整个生育期不浇水，不施肥，每年 11 月底灌 1 次上冻水。建植当年不测产，测定 2015—2018 年产量，初花期进行刈割收获，每年收获 4 茬。

3. 不同行距和播种量对苜蓿干草产量的影响

由表 4.1 可知，干草产量均随着行距的增加呈下降趋势，行距 20 cm 处理的 4 年总产量最高，为 43 109.5 kg/hm²，较行距 40 cm 处理（33 948.4 kg/hm²）提高 27.0%。不同播种量处理对建植当年（2015 年）产量具有显著影响（$P<0.05$），但随着苜蓿建植年限增加，不同播种量处理间产量差异不显著。

表 4.1 不同行距和播种量对苜蓿干草产量的影响

处理	水平	2015 年干草产量（kg/hm²）	2016 年干草产量（kg/hm²）	2017 年干草产量（kg/hm²）	2018 年干草产量（kg/hm²）	4 年总产量（kg/hm²）
播种量	7.5 kg/hm²	7 438.2 a	9 886.3 a	10 852.5 a	11 268.1 a	39 445.1 a
	15.0 kg/hm²	7 028.2 ab	9 521.5 a	10 568.7 a	10 858.4 a	37 976.7 a
	22.5 kg/hm²	6 850.3 b	9 655.2 a	10 181.5 a	10 017.7 a	36 704.7 a
	30.0 kg/hm²	7 753.8 a	10 334.7 a	11 716.4 a	11 060.9 a	40 865.8 a
行距	20 cm	7 917.4 a	9 317.1 a	12 526.6 a	13 348.3 a	43 109.5 a
	30 cm	7 388.9 a	10 405.1 a	10 805.6 ab	10 586.8 b	39 186.3 ab
	40 cm	6 496.5 b	9 826.0 a	9 157.1 b	8 468.8 c	33 948.4 b

注：同列中不同小写字母表示差异显著（$P<0.05$）。

由表 4.2 可知，播种量 7.5 kg/hm²+ 行距 20 cm 的处理组合 4 年总干草产量最高，为 45 998.8 kg/hm²，较最低处理组合（播种量 7.5 kg/hm²+ 行距 40 cm）的干草产量（31 141.1 kg/hm²）提高 47.7%。

表 4.2　不同行距和播种量对苜蓿干草产量的影响

播种量 （kg/hm²）	行距（cm）	2015 年干草 产量（kg/hm²）	2016 年干草 产量（kg/hm²）	2017 年干草 产量（kg/hm²）	2018 年干草 产量（kg/hm²）	4 年总产量 （kg/hm²）
7.5	20.0	7 891.0	9 628.0	13 264.6	15 215.3	45 998.8
	30.0	8 194.4	10 723.1	11 338.0	10 939.8	41 195.4
	40.0	6 229.2	9 307.8	7 954.9	7 649.3	31 141.1
15.0	20.0	7 548.6	8 595.4	11 423.6	13 861.1	41 428.7
	30.0	7 101.9	9 871.1	10 074.1	10 189.8	37 236.9
	40.0	6 434.0	10 097.9	10 208.3	8 524.3	35 264.5
22.5	20.0	7 381.9	9 106.1	12 101.1	11 916.7	40 505.8
	30.0	6 231.5	9 317.6	9 425.9	9 268.5	34 243.5
	40.0	6 937.5	10 541.9	9 017.4	8 868.1	35 364.8
30.0	20.0	8 848.2	9 939.1	13 317.1	12 400.2	44 504.6
	30.0	8 027.8	11 708.5	12 384.3	11 949.1	44 069.6
	40.0	6 385.4	9 356.5	9 447.9	8 833.3	34 023.1

4. 不同行距和播种量对苜蓿产量相关农艺性状的影响

不同行距处理对每平方米枝条数有显著影响（$P<0.05$）（表 4.3），随着行距的增加，2015 年和 2016 年每平方米枝条数均呈显著减少的趋势，20 cm 行距处理的每平方米枝条数始终最高。相反，单个枝条重随着行距的增加而增加，2016 年行距 40 cm 处理的单个枝条重显著高于行距 20 cm 和 30 cm 的（$P<0.05$）。随着播种量的增加，2015 年每平方米枝条数呈显著增加的趋势，播种量 30.0 kg/hm² 处理的每平米枝条数最高，单个枝条重随着播种量增加总体呈下降趋势，但 2016 年不同播种量处理间的每平方米枝条数差异不显著（$P>0.05$）。行距处理对株高和茎粗影响不显著（$P>0.05$），播种量处理对株高和茎粗的影响都达到显著水平（$P<0.05$），但未发现明显规律。在 2015 年行距 30 cm 处理和播种量 15.0 kg/hm² 处理的茎叶比最低，2016 年行距 20 cm 处理、30 cm 处理和播种量 22.5 kg/hm² 处理的茎叶比最低。

表 4.3　不同行距和播种量对苜蓿产量相关农艺性状的影响

年份	处理	水平	每平方米枝条数（个）	单个枝条重（g）	茎粗（mm）	株高（cm）	茎叶比
2015 年	行距	20 cm	842 a	0.37 a	2.43 a	49.3 a	0.93 a
		30 cm	538 b	0.42 a	2.34 a	47.9 a	0.91 a
		40 cm	503 b	0.45 a	2.51 a	48.4 a	0.94 a
	播种量	7.5 kg/hm²	394 b	0.69 a	2.62 a	52.6 a	0.87 a
		15.0 kg/hm²	621 ab	0.32 b	2.22 b	46.7 c	0.86 a
		22.5 kg/hm²	656 ab	0.33 b	2.47 ab	45.6 c	0.96 a
		30.0 kg/hm²	839 a	0.31 b	2.39 ab	49.0 b	1.01 a
2016 年	行距	20 cm	500 a	1.21 b	2.80 a	78.2 a	0.78 a
		30 cm	397 ab	1.29 b	2.62 a	78.1 a	0.78 a
		40 cm	319 b	1.71 a	2.79 a	74.9 a	0.88 a

（续表）

年份	处理	水平	每平方米枝条数（个）	单个枝条重（g）	茎粗（mm）	株高（cm）	茎叶比
2016年	播种量	7.5 kg/hm²	385 a	1.72 a	3.17 a	85.0 a	0.90 a
		15.0 kg/hm²	378 a	1.26 bc	2.47 bc	73.4 ab	0.73 a
		22.5 kg/hm²	469 a	1.01 c	2.91 ab	67.8 b	0.69 a
		30.0 kg/hm²	389 a	1.62 ab	2.43 c	82.1 a	0.93 b

注：同列中不同小写字母表示差异显著（$P<0.05$）。

5. 不同行距和播种量对苜蓿干草品质的影响

不同行距处理对2016年第1茬苜蓿粗蛋白质含量有显著影响（$P<0.05$）（表4.4），随着行距的增加而显著下降，行距20 cm处理的粗蛋白质含量最高。随着行距的增加中性洗涤纤维含量和酸性洗涤纤维含量呈上升趋势，随着播种量的增加中性洗涤纤维含量和酸性洗涤纤维含量呈先增加后减低趋势。行距和播种量处理对相对饲用价值有显著影响（$P<0.05$），相对饲用价值随行距的增加呈下降趋势，随播种量的增加总体呈增加趋势，行距20 cm处理和播种量30 kg/hm²处理的相对饲用价值最高。

表4.4 不同行距和播种量对苜蓿干草品质的影响

处理	水平	粗蛋白质（%）	中性洗涤纤维（%）	酸性洗涤纤维（%）	相对饲用价值
行距	20 cm	19.36 a	42.70 b	33.11 b	138.03 a
	30 cm	19.07 ab	43.27 b	33.71 b	134.83 a
	40 cm	18.77 b	44.71 a	35.11 a	128.86 b
播种量	7.5 kg/hm²	19.31 a	41.80 b	32.12 b	123.42 b
	15.0 kg/hm²	19.30 a	42.01 b	32.38 b	141.29 a
	22.5 kg/hm²	18.76 a	45.84 a	36.32 a	128.59 b
	30.0 kg/hm²	18.89 a	44.58 a	35.07 a	142.32 a

注：同列中不同小写字母表示差异显著（$P<0.05$）。

6. 结论

在河北黄骅地区，播种量7.5 kg/hm²+行距20 cm的种植密度增产和品质提升效果好。

二、山东东营地区苜蓿种植密度技术

1. 试验地概况

试验于2015—2018年在东营市农业科学研究院试验基地进行，位于山东省东营市广饶县，北纬37°15′、东经118°36′，海拔2 m，属于暖温带半湿润季风型大陆性气候，冬寒夏热，四季分明。年平均气温13.3℃，极端最低气温-23.3 ℃，极端最高气温41.9 ℃。年平均降水量537 mm，四季降水不均，冬春及晚秋干旱，降水多集中在7—8月。年平均无霜期为206 d。土壤为潮土，0～20 cm土壤的盐分含量在0.12%～0.18%，属于轻度盐碱地。试验地土壤养分状况见表4.5。

表4.5 试验地土壤养分状况

取样深度（cm）	pH值	电导率（μS/cm）	有机质（g/kg）	速效氮（mg/kg）	速效磷（mg/kg）	速效钾（mg/kg）
0～10	8.35	410.71	17.72	94.19	15.45	215.83
10～20	8.40	514.36	15.98	100.10	12.49	197.22

2. 试验材料与设计

试验地种植的紫花苜蓿品种为中苜 3 号。采用双因素完全随机区组排列，包括播种量和行距 2 个因素。播种量设 3 个水平，分别为 7.5 kg/hm²、15.0 kg/hm²、22.5 kg/hm²，行距设 3 个水平，分别为 15.0 cm、30.0 cm、40.0 cm，总计 9 个处理组合，小区面积 30 m²(5 m×6 m)，小区间隔 1 m，3 个重复。2015 年 4 月 5 日播种，人工开沟，条播，播种深度 1～2 cm。播种时为保证出苗适当喷灌，苗期及生长期只进行人工除草，整个生长期不再进行灌溉和施肥。在初花期进行刈割测产，2015 年刈割 3 次，2016 年刈割 4 次，2017 年刈割 5 次，2018 年刈割 3 次（2018 年 8 月 19 日遇强降雨，苜蓿全部淹死）。

3. 不同播种量和行距对苜蓿产量的影响

表 4.6 的分析结果表明，不同播种量对 2016 年、2018 年和 4 年总产量的影响差异不显著（$P>0.05$），对 2015 年和 2017 产量有显著影响（$P<0.05$），播种量为 22.5 kg/hm² 的 4 年总产量最高，随着播种量的增加产量呈增加趋势。不同行距对 2015 年、2016 年、2018 年和 4 年总产量有显著影响（$P<0.05$），15 cm 行距的 4 年总产量最高，随着行距的增加产量呈减小趋势。在建植当年（2015 年），播种量 22.5 kg/hm² 的产量比播种量 7.5 kg/hm² 的产量提高 10.7%，行距 15.0 cm 的产量比行距 40.0 cm 的产量提高 42.1%。在播种量与行距的 9 个组合中，不同组合的各年产量和 4 年总产量均达到显著水平（$P<0.05$）。播种量 22.5 kg/hm²+ 行距 15.0 cm 组合的 2015 年产量、2017 年产量和 4 年总产量都是最高。

表 4.6 不同播种量和行距对苜蓿干草产量的影响

播种量（kg/hm²）	行距（cm）	2015 年干草产量（kg/hm²）	2016 年干草产量（kg/hm²）	2017 年干草产量（kg/hm²）	2018 年干草产量（kg/hm²）	4 年总产量（kg/hm²）
7.5	15.0	9 783.3 b	16 059.3 abc	13 799.2 ab	12 455.6 bc	52 097.4 bc
	30.0	7 518.5 de	17 176.1 ab	13 620.0 ab	11 994.5 c	50 309.1 cde
	40.0	6 727.1 f	16 227.9 abc	13 441.4 b	12 198.6 bc	48 595.0 def
15.0	15.0	9 887.0 b	17 259.2 a	13 799.6 ab	12 851.5 ab	53 797.3 ab
	30.0	7 766.7 d	16 950.0 ab	13 462.9 b	12 228.8 bc	50 408.4 cd
	40.0	7 227.1 e	15 609.5 bc	13 593.3 b	11 882.1 c	48 312.0 ef
22.5	15.0	10 558.6 a	16 199.8 abc	14 212.1 a	13 414.0 a	54 384.5 a
	30.0	8 724.1 c	16 940.5 ab	14 034.9 ab	12 306.3 bc	52 005.8 bc
	40.0	7 321.5 de	14 931.4 c	13 798.2 ab	11 176.9 d	47 228.0 f

播种量（kg/hm²）	2015 年平均产量（kg/hm²）	2016 年平均产量（kg/hm²）	2017 年平均产量（kg/hm²）	2018 年平均产量（kg/hm²）	4 年总产量（kg/hm²）
7.5	8 009.6 b	16 487.8 a	13 620.2 b	12 216.2 a	50 333.8 a
15.0	8 293.6 b	16 606.2 a	13 618.6 b	12 320.8 a	50 839.2 a
22.5	8 868.1 a	16 023.9 a	14 015.1 a	12 299.1 a	51 206.2 a

行距（cm）	2015 年平均产量（kg/hm²）	2016 年平均产量（kg/hm²）	2017 年平均产量（kg/hm²）	2018 年平均产量（kg/hm²）	4 年总产量（kg/hm²）
15.0	10 076.3 a	16 506.1 a	13 937.0 a	12 907.0 a	53 426.5 a
30.0	8 003.1 b	17 022.2 a	13 705.9 a	12 176.5 b	50 907.7 b
40.0	7 091.9 c	15 589.6 b	13 611.0 a	11 752.5 c	48 045.0 c

注：同列中不同小写字母表示差异显著（$P<0.05$）。

4. 不同播种量和行距对苜蓿产量构成和相关性状的影响

表 4.7 的分析结果表明，不同播种量和行距处理对苜蓿枝条数、单个枝条鲜重、茎粗和株高有显著影响（$P<0.05$）。随着播种量的增加 4 年平均枝条数呈增加趋势，而 4 年平均单个枝条鲜重、茎粗和株高则呈减少趋势。不同行距处理对 4 年平均枝条数、单个枝条鲜重和茎粗有显著影响（$P<0.05$），随着行距的增加 4 年平均枝条数呈减少趋势，而 4 年平均单个枝条鲜重和茎粗呈增加趋势，4 年平均株高变化不显著（$P>0.05$）。4 年中，行距 15.0 cm 的枝条数始终最高，单个枝条鲜重最高的处理始终是行距 40.0 cm。2015—2017 年，随着生长时间的延长，各处理的枝条数和单个枝条鲜重呈减少趋势。

表 4.7 不同播种量和行距对苜蓿产量构成和相关性状的影响

年份	处理	水平	枝条数（个/m²）	单个枝条鲜重（g）	茎粗（mm）	株高（cm）
2015 年	播种量	7.5 kg/hm²	600 b	4.03 a	2.22 a	61.41 a
		15.0 kg/hm²	626 b	3.52 a	2.12 a	59.44 a
		22.5 kg/hm²	674 a	3.64 a	2.09 a	61.63 a
	行距	15.0 cm	733 a	2.79 b	2.15 a	60.65 a
		30.0 cm	627 b	3.90 b	2.13 a	61.42 a
		40.0 cm	539 c	4.50 a	2.14 a	60.40 a
2016 年	播种量	7.5 kg/hm²	506 b	3.84 a	1.88 a	74.82 a
		15.0 kg/hm²	570 a	3.55 ab	1.79 a	71.24 b
		22.5 kg/hm²	574 a	3.13 b	1.79 a	72.58 ab
	行距	15.0 cm	757 a	3.18 b	1.77 a	71.60 a
		30.0 cm	474 b	3.49 ab	1.81 a	73.80 a
		40.0 cm	418 c	3.84 a	1.88 a	73.24 a
2017 年	播种量	7.5 kg/hm²	362 b	3.40 a	2.16 a	74.27 a
		15.0 kg/hm²	390 a	3.33 ab	2.12 b	68.82 b
		22.5 kg/hm²	397 a	3.21 b	2.11 b	71.83 ab
	行距	15.0 cm	570 a	3.16 b	2.13 ab	70.06 a
		30.0 cm	296 b	3.27 b	2.10 b	71.43 a
		40.0 cm	284 b	3.50 a	2.15 a	73.42 a
2018 年	播种量	7.5 kg/hm²	592 b	5.62 a	2.53 a	73.97 a
		15.0 kg/hm²	658 a	5.77 a	2.49 a	73.54 a
		22.5 kg/hm²	614 ab	5.91 a	2.45 a	73.19 a
	行距	15.0 cm	899 a	5.54 b	2.41 b	71.64 b
		30.0 cm	530 b	5.54 b	2.48 a	75.04 a
		40.0 cm	434 c	6.22 a	2.58 a	74.01 ab
4 年平均	播种量	7.5 kg/hm²	515 b	4.22 a	2.20 a	71.12 a
		15.0 kg/hm²	561 a	4.04 a	2.13 b	68.26 b
		22.5 kg/hm²	565 a	3.97 a	2.11 b	69.81 ab
	行距	15.0 cm	740 a	3.67 c	2.12 b	68.49 a
		30.0 cm	482 b	4.05 b	2.13 ab	70.42 a
		40.0 cm	419 c	4.52 a	2.19 a	70.27 a

注：同列中不同小写字母表示差异显著（$P<0.05$）。

5. 不同播种量和行距对苜蓿干草品质的影响

从表4.8可以看出，不同播种量和行距对2016年第1茬苜蓿粗蛋白质、中性洗涤纤维、酸性洗涤纤维含量以及相对饲用价值有一定影响（$P<0.05$）。总体看，随着播种量的增加和行距的减小，苜蓿粗蛋白质含量和相对饲用价值呈增加趋势，而中性洗涤纤维和酸性洗涤纤维含量呈减少的趋势。在9个播种量与行距的处理组合中，播种量 22.5 kg/hm² + 行距 15.0 cm 组合的品质最好，其粗蛋白质、中性洗涤纤维、酸性洗涤纤维含量和相对饲用价值分别为19.40%、40.56%、31.72% 和147.21。

表 4.8　不同播种量和行距对苜蓿干草品质的影响

播种量（kg/hm²）	行距（cm）	粗蛋白质（%）	中性洗涤纤维（%）	酸性洗涤纤维（%）	相对饲用价值
7.5	15.0	18.92 abc	41.87 abc	32.69 ab	140.94 d
	30.0	18.29 bc	42.02 ab	32.27 abc	141.16 d
	40.0	18.21 c	41.74 abc	32.13 bc	142.36 cd
15.0	15.0	19.28 a	41.19 c	31.12 d	146.02 ab
	30.0	19.11 ab	41.49 bc	31.85 c	143.70 bc
	40.0	18.50 abc	41.75 abc	32.20 bc	142.19 cd
22.5	15.0	19.40 a	40.56 d	31.72 c	147.21 a
	30.0	19.28 a	42.37 a	29.79 e	144.24 bc
	40.0	18.67 abc	41.21 c	32.84 a	142.93 cd

播种量（kg/hm²）	平均粗蛋白质（%）	平均中性洗涤纤维（%）	平均酸性洗涤纤维（%）	平均相对饲用价值
7.5	18.47 b	41.88 a	32.36 a	141.49 b
15.0	18.96 a	41.48 b	31.72 b	143.97 a
22.5	19.12 a	41.38 b	31.45 b	144.79 a

行距（cm）	平均粗蛋白质（%）	平均中性洗涤纤维（%）	平均酸性洗涤纤维（%）	平均相对饲用价值
15.0	19.20 a	41.21 c	31.84 b	144.72 a
30.0	18.89 ab	41.96 a	31.30 c	143.04 b
40.0	18.46 b	41.57 b	32.39 a	142.49 b

注：同列中不同小写字母表示差异显著（$P<0.05$）。

6. 结论

在山东东营地区，播种量 22.5 kg/hm² + 行距 15.0 cm 的种植密度增产和品质提升效果好。

第三节　东北寒冷地区苜蓿种植密度技术

一、吉林白城地区苜蓿种植密度技术

1. 试验地概况

试验地位于吉林省白城市畜牧科学研究院试验基地，属温带大陆性季风气候，降水集中在夏季，雨热同期，春季干燥多风，十年九春旱，夏季炎热多雨，雨热不均；冬季干冷，雨雪较少。年平均日照时数 2 885.8 h，年平均气温 4.4 ℃，无霜期 142 d，年平均降水量 354.9 mm，年有效积温（≥10 ℃）2 927 ℃。地形平坦，土壤为草甸黑钙土，海拔 155 m，地下水位 15 m，土壤 pH 值为 7.15、有机质含量 17.25 g/kg、全氮含量 0.10%、有效磷 22.11 mg/kg、速效钾 165.62 mg/kg、铵态氮 1.64 mg/kg。

2. 试验材料与设计

试验于 2014 年 5 月 5 日播种，品种为公农 5 号紫花苜蓿。采用二因素完全随机区组排列，包括行距和播种量二因素，行距设 15 cm、30 cm、45 cm 和撒播 4 个处理，播种量设 7.5 kg/hm²、12.5 kg/hm²、17.5 kg/hm²、22.5 kg/hm² 4 个水平，共 16 个处理组合（表 4.9），小区面积 15 m²（3 m×5 m），3 次重复。在试验期间，施用 100 kg/hm² 磷酸二铵底肥，进行人工除草。刈割收获在初花期进行，留茬高度 5 cm。建植当年（2014 年）刈割 2 茬，2015 年、2016 年和 2017 年均刈割 3 茬。

表 4.9　种植密度调控试验设计

编号	处理组	播种行距	播种量（kg/hm²）
1	A1	15 cm	7.5
2	A2	15 cm	12.5
3	A3	15 cm	17.5
4	A4	15 cm	22.5
5	B1	30 cm	7.5
6	B2	30 cm	12.5
7	B3	30 cm	17.5
8	B4	30 cm	22.5
9	C1	45 cm	7.5
10	C2	45 cm	12.5
11	C3	45 cm	17.5
12	C4	45 cm	22.5
13	D1	撒播	7.5
14	D2	撒播	12.5
15	D3	撒播	17.5
16	D4	撒播	22.5

3. 不同播种量和行距对干草产量的影响

由表 4.10 可知，2014—2017 年，各处理间年产量及 4 年总产量差异显著（$P < 0.05$）。建植当年（2014 年），D4 处理的产量最高，但与 A2、A4 和 D2 处理的产量差异不显著。2015 年，C2 处理产量最高，只显著高于 C3、C4 和 B3 处理的产量。2016 年，C2 处理的产量最高，但与 A2、A3 和 A4 处理的产量差异不显著。2017 年，处理 D3 的产量最高，显著高于其他处理。D3 处理的 4 年总产量最高，但与 A2、A4、B4、C2、D2 处理差异不显著。行距 15 cm 处理和播种量 12.5 kg/hm² 处理的 2015 年平均产量、2016 年平均产量和 4 年平均总产量最高。撒播存在苜蓿倒伏等问题，不利于大田机械收割。

表 4.10　不同播种量和行距对干草产量的影响

编号	处理	干草产量（kg/hm²）				4 年总产量（kg/hm²）
		2014 年	2015 年	2016 年	2017 年	
1	A1	7 071.3 ef	15 547.0 abc	14 410.7 e	16 600.4 b	53 629.5 bcdefg
2	A2	8 445.0 abc	16 883.0 a	15 792.1 a	12 902.4 g	54 022.5 abcdef
3	A3	7 861.3 bcde	16 413.3 a	15 354.6 abc	13 695.7 fg	53 324.9 cdefg
4	A4	8 554.3 ab	16 712.7 a	15 617.3 ab	14 660.8 def	55 545.0 abc
5	B1	7 738.0 bcde	15 593.0 abc	14 501.9 de	14 775.4 cdef	52 608.3 efg
6	B2	8 018.0 bcd	15 596.7 abc	14 506.1 de	15 179.9 cd	53 300.7 cdefg
7	B3	7 846.0 bcde	14 642.7 bcd	13 544.3 f	16 582.0 b	52 614.9 efg
8	B4	7 680.3 cde	15 893.0 abc	14 997.8 bcde	16 078.6 bc	54 649.7 abcde
9	C1	6 687.8 f	16 017.3 ab	14 925.6 cde	13 755.7 efg	51 386.5 gh
10	C2	7 090.3 ef	16 993.7 a	15 892.5 a	15 092.8 cde	55 069.3 abcd
11	C3	7 339.3 def	13 703.7 d	12 595.5 g	16 040.7 bc	49 679.2 h
12	C4	7 707.0 cde	14 333.3 cd	13 247.2 f	16 603.6 b	51 891.2 fgh
13	D1	8 107.7 bcd	15 490.3 abc	14 404.6 e	15 467.2 bcd	53 469.7 bcdefg
14	D2	8 453.3 abc	16 167.0 ab	15 074.0 bcd	16 037.4 bc	55 731.7 ab
15	D3	8 023.0 bcd	15 680.0 abc	14 586.0 de	17 963.8 a	56 252.9 a
16	D4	9 156.3 a	15 750.3 abc	14 656.3 de	13 581.3 fg	53 144.4 defg

行距	2014 年平均产量（kg/hm²）	2015 年平均产量（kg/hm²）	2016 年平均产量（kg/hm²）	2017 年平均产量（kg/hm²）	4 年总产量（kg/hm²）
15 cm	7 983.0 a	16 389.0 a	15 293.7 a	14 464.8 b	54 130.5 a
30 cm	7 820.6 a	15 431.3 a	14 387.5 b	15 654.0 a	53 293.4 a
45 cm	7 206.1 b	15 262.0 a	14 165.2 b	15 373.2 a	52 006.5 a
撒播	8 435.1 a	14 123.4 b	13 305.2 c	14 656.2 ab	50 519.9 a

播种量（kg/hm²）	2014 年平均产量（kg/hm²）	2015 年平均产量（kg/hm²）	2016 年平均产量（kg/hm²）	2017 年平均产量（kg/hm²）	4 年总产量（kg/hm²）
7.5	7 401.2 a	15 661.9 ab	14 560.7 b	15 149.7 ab	52 773.5 a
12.5	8 001.7 a	16 410.1 a	15 316.2 a	14 803.1 b	54 531.1 a
17.5	7 767.4 a	15 109.9 b	14 020.1 b	16 070.5 a	52 968.0 a
22.5	8 274.5 a	15 672.3 ab	14 629.7 b	15 231.1 ab	53 807.6 a

注：同列中不同小写字母表示差异显著（$P < 0.05$）。

4. 结论

在吉林白城地区，行距 15 cm+ 播种量 12.5 kg/hm² 的种植密度增产效果好。

二、黑龙江齐齐哈尔地区苜蓿种植密度技术

1. 试验地概况

试验地位于松嫩平原西部黑龙江省齐齐哈尔市黑龙江省农业科学院畜牧研究所中试基地，春季干旱多风，冬季寒冷少雪，海拔高度 148.3 m，年平均气温 3.37 ℃，极端最高气温 37.5 ℃，最低气

温 -39.5℃，年有效积温（≥10 ℃）2 722.1 ℃，年平均降水量 415.5 mm，无霜期 130 d 左右，土壤为黑风沙土，肥力中等。

2. 试验材料与设计

试验品种为龙牧 806 紫花苜蓿。2014 年 6 月 5 日播种。采用随机区组排列，设有行距和播种量两个因素，其中行距包括 15 cm、20 cm、25 cm、30 cm 共 4 个水平，播种量包括 12 kg/hm²、14 kg/hm²、16 kg/hm²、18 kg/hm² 共 4 个水平，3 次重复，小区面积 15 m²（3 m×5 m）。过道宽 1 m，小区间隔 50 cm。

3. 不同播种量和行距对苜蓿产量相关农艺性状的影响

由表 4.11 可知，不同播种量和行距对苜蓿茎叶比、鲜干比和株高的影响不显著（$P>0.05$）。不同行距的株高以行距 30 cm 为最高，可达 73.98 cm，不同播种量的株高差异不显著（$P>0.05$）。苜蓿茎叶比为品质指标，茎叶比越小，叶含量越高，品质越高。茎叶比最低的处理为行距 25 cm 及播量 18 kg/hm²，但各处理间差异不显著（$P>0.05$）。行距 30 cm 处理的苜蓿鲜干比最高，但各处理间差异不显著（$P>0.05$）。

表 4.11　不同播种量和行距对苜蓿产量相关农艺性状影响

播种量（kg/hm²）	茎叶比	鲜干比	株高（cm）
12	1.16 a	3.57 a	76.52 a
14	1.31 a	3.51 a	76.03 a
16	1.40 a	3.76 a	74.29 a
18	1.13 a	3.33 a	76.43 a
行距（cm）	茎叶比	鲜干比	株高（cm）
15	1.30 a	3.21 a	71.27 a
20	1.34 a	3.17 a	70.29 a
25	1.22 a	2.94 a	72.57 a
30	1.27 a	3.81 a	73.98 a

注：同列中不同小写字母表示差异显著（$P<0.05$）。

4. 不同播种量和行距对苜蓿干草产量的影响

由表 4.12 可知，不同播种量和行距对苜蓿干草产量的影响差异不显著（$P>0.05$）。播种量 18 kg/hm² 处理的 2014 年产量、2017 年产量、2018 年产量和 5 年总干草产量最高，但各处理间差异不显著（$P>0.05$）。行距 15 cm 处理的 2014 年产量、2015 年产量、2016 年产量、2018 年产量和 5 年总产量最高，但各处理间差异不显著（$P>0.05$）。

表 4.12　不同播种量和行距对苜蓿干草产量的影响

播种量	干草产量（kg/hm²）					
（kg/hm²）	2014 年	2015 年	2016 年	2017 年	2018 年	5 年总产量
12	6 462.52 a	9 748.60 a	10 074.47 a	9 348.42 a	11 639.28 a	47 273.30 a
14	6 339.38 a	10 642.26 a	8 519.14 a	9 418.07 a	10 531.00 a	45 449.85 a
16	6 132.27 a	9 948.62 a	9 742.22 a	9 739.11 a	10 737.81 a	46 300.04 a
18	6 728.44 a	10 573.85 a	9 269.04 a	10 630.64 a	11 649.74 a	48 851.71 a

行距 （cm）	干草产量（kg/hm²）					
	2014年	2015年	2016年	2017年	2018年	5年总产量
15	7 696.27 a	11 442.09 a	10 582.28 a	10 287.96 a	12 544.40 a	52 552.99 a
20	7 643.50 a	11 110.69 a	9 333.55 a	10 460.34 a	11 581.61 a	50 129.68 a
25	6 957.35 a	10 902.36 a	8 726.38 a	10 028.10 a	11 880.44 a	48 494.63 a
30	6 699.64 a	10 808.44 a	9 820.96 a	10 414.67 a	12 217.24 a	49 960.95 a

注：同列中不同小写字母表示差异显著（$P<0.05$）。

5. 结论

在黑龙江齐齐哈尔地区，播种量 18 kg/hm²+ 行距 15 cm 的种植密度增产效果好。

第四节　西北荒漠灌区苜蓿种植密度技术

一、甘肃武威地区苜蓿种植密度调控技术

1. 试验地概况

试验在甘肃农业大学武威黄羊镇牧草试验站进行（北纬 37° 55′、东经 102° 40′），试验区年平均气温 7.2 ℃，年降水量 150 mm，年蒸发量 2 019.9 mm，海拔 1 530.88 m，无霜期 154 d，属于温带干旱荒漠气候。土壤为砂壤土，0～20 cm 土层 pH 值 8.70，有机质、全氮、全磷含量分别为 10.60 g/kg、7.07 g/kg、3.32 g/kg，速效氮、磷、钾含量分别为 88.2 mg/kg、13.24 mg/kg、119.95 mg/kg。

2. 试验材料与设计

供试苜蓿为甘农 3 号紫花苜蓿，试验采用裂区设计，主处理设 4 个播种量，分别为 12.0 kg/hm²、16.0 kg/hm²、20.0 kg/hm²、24.0 kg/hm²；副处理为行距，其中等行距设 3 个，分别为 10 cm、15 cm、20 cm，不等行距设 2 个，分别为（6×10）cm+40 cm 和（6×10）cm+30 cm，共 20 个处理组合，重复 3 次，小区面积 20 m²（4 m×5 m）。2014 年 7 月 15 日播种，人工开沟，条播，播深 2 cm。播前浇一次底墒水，施磷酸二胺 500 kg/hm² 作为基肥。生长期间，干旱时进行灌溉。春季返青时施 100 kg/hm² 尿素作为追肥。2015 年于 6 月 12 日、7 月 28 日、9 月 12 日，2016 年于 6 月 10 日、7 月 25 日、9 月 13 日，2017 年于 6 月 10 日、7 月 26 日、9 月 16 日，2018 年于 6 月 5 日、7 月 24 日、9 月 8 日进行测产，年均刈割 3 茬。

3. 不同播种量和行距对苜蓿株高的影响

由表 4.13 可知，不同播种量和行距对苜蓿株高影响差异不显著（$P>0.05$）。随着播种量的增加 4 年平均株高呈先增大后减小趋势，随着行距的增加 4 年平均株高呈增大趋势。播种量 16.0 kg/hm² 和行距 20 cm 处理的 4 年平均株高最大，但与其他处理差异不显著（$P>0.05$）。20 个播种量、行距处理组合中，播种量 16.0 kg/hm²+ 行距 20 cm 处理组合的 4 年平均株高最大，为 104.4 cm。

表 4.13 不同播种量和行距对苜蓿株高的影响

播种量（kg/hm²）	行距（cm）	株高（cm）				
		2015 年	2016 年	2017 年	2018 年	平均
12.0	10	96.7 a	92.9 c	105.5 b	86.3 c	95.4 bc
	15	97.6 a	94.4 bc	104.8 bc	91.6 ab	97.1 ab
	20	96.5 a	100.6 ab	103.2 bc	98.0 a	99.6 ab
	6×10+40	98.0 a	97.9 b	101.5 bc	89.5 b	96.7 ab
	6×10+30	95.4 a	92.4 c	100.7 bc	91.5 ab	95.0 bc
16.0	10	97.4 a	92.9 bc	100.1 c	90.6 ab	95.3 bc
	15	99.0 a	93.0 bc	105.0 b	98.5 a	98.9 ab
	20	104.2 a	105.9 a	111.7 a	95.9 a	104.4 a
	6×10+40	97.8 a	98.0 b	101.7 bc	94.2 ab	97.9 ab
	6×10+30	96.3 a	94.4 bc	104.8 b	93.6 ab	97.3 ab
20.0	10	97.9 a	82.0 bc	104.5 bc	89.7 b	93.5 c
	15	98.0 a	93.3 bc	104.3 bc	96.4 a	98.0 ab
	20	95.0 a	96.2 b	104.2 bc	93.5 ab	97.2 ab
	6×10+40	97.9 a	94.8 bc	103.8 bc	99.4 a	99.0 ab
	6×10+30	96.2 a	79.5 e	100.9 bc	96.9 a	93.4 c
24.0	10	94.8 a	85.0 d	106.6 a	95.1 a	95.4 bc
	15	95.7 a	97.3 b	107.2 a	97.1 a	99.3 ab
	20	97.9 a	98.4 b	106.6 a	97.4 a	100.1 a
	6×10+40	97.6 a	85.7 d	96.7 b	93.6 ab	93.4 c
	6×10+30	97.8 a	82.9 de	103.2 a	97.4 a	95.3 bc

播种量（kg/hm²）	株高（cm）				
	2015 年	2016 年	2017 年	2018 年	平均
12.0	96.8 a	95.6 a	103.1 a	91.4 a	96.7 a
16.0	98.9 a	96.8 a	104.7 a	94.7 a	98.8 a
20.0	97.0 a	92.7 a	104.2 a	95.2 a	97.3 a
24.0	96.8 a	90.1 a	104.1 a	96.1 a	96.8 a

行距（cm）	株高（cm）				
	2015 年	2016 年	2017 年	2018 年	平均
10	96.7 a	88.2 b	104.2 a	90.5 a	94.9 a
15	97.6 a	94.2 ab	105.3 a	95.9 a	98.3 a
20	98.4 a	99.9 a	106.7 a	96.2 a	100.3 a
60+40	95.7 a	87.3 b	101.5 a	94.2 a	94.7 a
60+30	98.1 a	94.5 ab	102.4 a	94.8 a	97.5 a

注：同列中不同小写字母表示差异显著（$P<0.05$）。

4. 不同播种量和行距对苜蓿叶茎比的影响

由表 4.14 可知，不同播种量和行距对苜蓿叶茎比影响差异不显著（$P>0.05$）。2015—2018 年，不同播种量和行距处理组合的苜蓿叶茎比变化范围分别在 0.52～0.63、0.40～0.52、0.54～0.72、0.45～0.64。

表 4.14　不同播种量和行距对苜蓿叶茎比的影响

播种量 （kg/hm²）	行距 （cm）	叶茎比				
		2015 年	2016 年	2017 年	2018 年	平均
12.0	10	0.57 a	0.41 a	0.61 bc	0.49 cd	0.52 a
	15	0.54 a	0.42 a	0.55 cd	0.56 b	0.52 a
	20	0.57 a	0.44 a	0.57 cd	0.56 b	0.54 a
	6×10+40	0.60 a	0.49 a	0.64 bc	0.56 b	0.57 a
	6×10+30	0.57 a	0.44 a	0.58 cd	0.56 b	0.54 a
16.0	10	0.54 a	0.44 a	0.63 bc	0.56 b	0.54 a
	15	0.53 a	0.46 a	0.58 cd	0.51 bc	0.52 a
	20	0.61 a	0.47 a	0.64 bc	0.50 bc	0.56 a
	6×10+40	0.58 a	0.42 a	0.62 bc	0.50 bc	0.53 a
	6×10+30	0.57 a	0.41 a	0.62 bc	0.52 bc	0.53 a
20.0	10	0.57 a	0.47 a	0.58 cd	0.64 a	0.57 a
	15	0.52 a	0.44 a	0.54 d	0.45 d	0.49 a
	20	0.63 a	0.52 a	0.67 ab	0.50 bc	0.58 a
	6×10+40	0.62 a	0.51 a	0.65 ab	0.49 cd	0.57 a
	6×10+30	0.57 a	0.48 a	0.63 bc	0.56 b	0.56 a
24.0	10	0.50 a	0.40 a	0.60 bc	0.58 ab	0.52 a
	15	0.55 a	0.43 a	0.58 cd	0.45 d	0.50 a
	20	0.57 a	0.47 a	0.72 a	0.49 cd	0.56 a
	6×10+40	0.54 a	0.43 a	0.67 ab	0.54 b	0.55 a
	6×10+30	0.54 a	0.45 a	0.70 a	0.51 bc	0.55 a

播种量 （kg/hm²）	叶茎比				
	2015 年	2016 年	2017 年	2018 年	平均
12.0	0.57 a	0.44 a	0.59 a	0.55 a	0.54 a
16.0	0.57 a	0.44 a	0.62 a	0.52 a	0.54 a
20.0	0.58 a	0.49 a	0.61 a	0.53 a	0.55 a
24.0	0.54 a	0.43 a	0.66 a	0.51 a	0.54 a

行距 （cm）	叶茎比				
	2015 年	2016 年	2017 年	2018 年	平均
10	0.54 a	0.43 a	0.61 a	0.57 a	0.54 a
15	0.54 a	0.44 a	0.56 a	0.49 a	0.51 a
20	0.59 a	0.47 a	0.65 a	0.52 a	0.56 a
6×10+40	0.56 a	0.45 a	0.63 a	0.52 a	0.54 a
6×10+30	0.59 a	0.47 a	0.64 a	0.54 a	0.56 a

注：同列中不同小写字母表示差异显著（$P<0.05$）。

5. 不同播种量和行距对苜蓿鲜干比的影响

由表 4.15 可知，不同播种量和行距对苜蓿鲜干比影响差异不显著（$P>0.05$）。2015—2018 年，不同播种量和行距处理组合的苜蓿鲜干比变化范围分别在 3.28～4.18、2.86～4.09、3.62～4.26、4.12～4.53。4 年平均鲜干比随着播种量和行距的增加呈下降趋势，各处理间差异不显著（$P>0.05$）。

表 4.15　不同播种量和行距对苜蓿鲜干比的影响

播种量（kg/hm²）	行距（cm）	鲜干比				
		2015 年	2016 年	2017 年	2018 年	平均
12.0	10	4.14 a	3.64 a	4.18 a	4.12 a	4.02 a
	15	3.59 a	3.95 a	4.21 a	4.44 a	4.05 a
	20	3.69 a	3.55 a	4.01 a	4.51 a	3.94 a
	6×10+40	4.14 a	3.72 a	3.95 a	4.48 a	4.07 a
	6×10+30	4.18 a	3.80 a	3.97 a	4.17 a	4.03 a
16.0	10	4.13 a	3.53 a	4.24 a	4.52 a	4.11 a
	15	4.03 a	3.17 a	3.88 a	4.48 a	3.89 a
	20	3.28 a	3.26 a	4.06 a	4.33 a	3.73 a
	6×10+40	3.97 a	3.14 a	3.76 a	4.48 a	3.84 a
	6×10+30	4.08 a	3.29 a	3.91 a	4.27 a	3.89 a
20.0	10	3.95 a	3.70 a	4.12 a	4.47 a	4.06 a
	15	3.69 a	3.21 a	4.09 a	4.53 a	3.88 a
	20	3.77 a	3.18 a	3.74 a	4.38 a	3.77 a
	6×10+40	3.44 a	2.96 a	3.77 a	4.50 a	3.67 a
	6×10+30	3.52 a	3.21 a	3.87 a	4.49 a	3.77 a
24.0	10	3.58 a	4.09 a	4.26 a	4.46 a	4.10 a
	15	3.58 a	3.23 a	4.08 a	4.38 a	3.82 a
	20	3.58 a	2.92 a	3.88 a	4.39 a	3.69 a
	6×10+40	3.75 a	2.90 a	3.99 a	4.30 a	3.74 a
	6×10+30	3.74 a	2.86 a	3.62 a	4.25 a	3.62 a

播种量（kg/hm²）	鲜干比				
	2015 年	2016 年	2017 年	2018 年	平均
12.0	3.95 a	3.73 a	4.15 a	4.34 a	4.04 a
16.0	3.90 a	3.28 a	3.98 a	4.41 a	3.89 a
20.0	3.68 a	3.25 a	3.91 a	4.48 a	3.83 a
24.0	3.65 a	3.20 a	3.87 a	4.36 a	3.77 a

行距（cm）	鲜干比				
	2015 年	2016 年	2017 年	2018 年	平均
10	3.95 a	3.74 a	4.20 a	4.39 a	4.07 a
15	3.72 a	3.39 a	4.08 a	4.46 a	3.91 a
20	3.58 a	3.23 a	3.92 a	4.40 a	3.78 a
6×10+40	3.83 a	3.18 a	3.87 a	4.44 a	3.83 a
6×10+30	3.88 a	3.29 a	3.82 a	4.30 a	3.82 a

注：同列中不同小写字母表示差异显著（$P<0.05$）。

6. 不同播种量和行距对苜蓿干草产量的影响

由表 4.16 可知，不同播种量和行距的苜蓿干草产量差异显著（$P<0.05$）。播种量 16.0 kg/hm² 和行距 20 cm 处理的 4 年平均干草产量最高，相同行距处理下随着播种量的增加产量呈降低趋势，相同播种量处理下随着行距的增加产量呈增大趋势。20 个播种量、行距处理组合中，播种量 16.0 kg/hm²+ 行距 20 cm 处理组合的 4 年平均干草产量最高，为 22.01 t/hm²。

表 4.16　不同播种量和行距对苜蓿干草产量的影响

播种量（kg/hm²）	行距（cm）	干草产量（t/hm²）				
		2015 年	2016 年	2017 年	2018 年	平均
12.0	10	25.62 cd	18.60 b	19.62 bc	16.02 ab	19.97 b
	15	27.57 c	19.16 ab	21.06 b	14.59 bc	20.60 ab
	20	30.97 b	19.28 ab	22.20 ab	14.26 bc	21.68 a
	6×10+40	24.93 d	17.67 b	18.86 bc	12.91 d	18.59 bc
	6×10+30	27.13 c	16.02 cd	18.28 c	17.20 a	19.66 b
16.0	10	24.47 d	19.43 ab	18.99 bc	13.44 cd	19.08 b
	15	26.02 cd	19.49 ab	19.56 bc	16.89 ab	20.49 b
	20	32.84 a	20.46 a	19.87 bc	14.87 bc	22.01 a
	6×10+40	21.48 e	18.35 b	18.58 c	15.69 b	18.53 bc
	6×10+30	23.44 de	18.14 b	16.59 cd	16.30 ab	18.62 bc
20.0	10	22.58 de	17.58 b	19.98 bc	13.48 cd	18.41 bc
	15	26.60 cd	17.44 bc	18.79 bc	14.93 bc	19.44 b
	20	26.89 c	17.78 b	23.93 a	17.86 a	21.62 a
	6×10+40	21.17 e	16.40 cd	17.16 cd	16.10 ab	17.71 cd
	6×10+30	22.32 de	15.61 cd	16.44 cd	15.26 b	17.41 cd
24.0	10	22.82 de	15.66 cd	18.27 c	14.82 bc	17.89 cd
	15	25.49 d	18.15 b	19.91 bc	15.20 bc	19.69 b
	20	26.50 cd	16.83 bc	21.52 ab	16.41 ab	20.32 ab
	6×10+40	22.17 de	14.84 d	12.96 e	15.00 bc	16.24 d
	6×10+30	22.52 de	16.98 bc	15.10 de	14.97 bc	17.39 cd

播种量（kg/hm²）	干草产量（t/hm²）				
	2015 年	2016 年	2017 年	2018 年	平均
12.0	27.24 a	18.15 b	18.72 c	5.00 a	17.28 a
16.0	25.65 b	19.17 a	20.00 a	5.15 a	17.49 a
20.0	23.91 c	16.96 c	19.26 b	5.17 a	16.33 b
24.0	23.90 c	16.49 c	17.55 d	5.09 a	15.76 c

（续表）

行距（cm）	干草产量（t/hm²）				
	2015 年	2016 年	2017 年	2018 年	平均
10	23.87 c	18.11 a	18.92 c	4.81 a	16.43 c
15	26.42 b	18.27 a	20.13 b	5.13 a	17.49 b
20	29.31 a	18.92 a	21.88 a	5.28 a	18.85 a
6×10+40	22.44 c	16.15 c	16.07 e	4.98 a	14.91 e
6×10+30	23.85 c	17.02 b	17.42 d	5.31 a	15.90 d

注：同列中不同小写字母表示差异显著（$P<0.05$）。

7. 不同播种量和行距对苜蓿粗蛋白质含量的影响

由表 4.17 可知，不同播种量和行距的苜蓿粗蛋白质含量差异显著（$P<0.05$）。2015—2018 年，不同播种量和行距处理组合的苜蓿粗蛋白质含量变化范围分别在 15.36%～21.89%、11.43%～17.85%、15.96%～22.35%、15.28%～18.58%。20 个播种量、行距处理组合中，播种量 16.0 kg/hm² + 行距为 20 cm 处理组合的 4 年平均粗蛋白质含量最高，为 19.69%。

表 4.17　不同播种量和行距对苜蓿粗蛋白质含量的影响

播种量（kg/hm²）	行距（cm）	粗蛋白质（%）				
		2015 年	2016 年	2017 年	2018 年	平均
12.0	10	15.98 e	15.41 c	21.86 a	16.48 c	17.43 ab
	15	19.33 bc	17.49 a	22.35 a	16.61 c	18.95 a
	20	20.49 b	17.69 a	21.26 a	18.42 a	19.47 a
	6×10+40	18.09 c	16.76 b	20.53 b	16.28 c	17.92 a
	6×10+30	16.58 e	16.59 b	19.40 c	16.16 c	17.18 b
16.0	10	17.43 d	14.95 cd	20.41 b	15.47 d	17.07 b
	15	20.02 b	17.85 a	22.02 a	15.66 d	18.89 a
	20	21.89 a	16.39 b	21.89 a	18.58 a	19.69 a
	6×10+40	18.60 c	15.85 bc	18.60 d	16.50 c	17.39 ab
	6×10+30	18.01 c	16.05 b	22.01 a	15.28 d	17.84 a
20.0	10	16.45 e	16.04 b	16.21 ef	16.84 bc	16.39 b
	15	17.55 d	17.55 a	18.46 d	16.95 bc	17.63 a
	20	18.37 c	17.44 a	18.37 d	18.23 a	18.10 a
	6×10+40	16.86 e	15.43 c	16.86 e	17.97 ab	16.78 b
	6×10+30	17.31 d	11.43 e	17.31 e	16.36 c	15.59 bc
24.0	10	14.84 f	15.02 cd	15.96 f	17.23 b	15.76 b
	15	16.18 e	16.18 b	19.56 c	17.50 b	17.36 ab
	20	18.05 c	16.36 b	18.05 d	18.09 a	17.64 a
	6×10+40	15.66 e	12.71 d	17.06 e	17.96 ab	15.85 bc
	6×10+30	15.36 e	11.69 e	17.48 e	15.19 d	14.93 c

播种量 （kg/hm²）	粗蛋白质（%）				
	2015 年	2016 年	2017 年	2018 年	平均
12.0	18.09 b	16.79 a	21.28 a	16.79 ab	18.24 a
16.0	19.19 a	16.22 b	20.99 b	16.30 b	18.18 a
20.0	17.31 c	15.58 c	17.44 c	17.27 a	16.90 b
24.0	16.02 d	14.39 d	17.62 c	17.19 a	16.31 b

行距 （cm）	粗蛋白质（%）				
	2015 年	2016 年	2017 年	2018 年	平均
10	16.18 e	15.35 c	18.61 d	16.50 c	16.66 b
15	18.27 b	17.27 a	20.85 a	16.68 c	18.27 a
20	19.70 a	16.97 b	19.89 b	18.33 a	18.72 a
6×10+40	17.30 c	15.19 c	18.26 e	17.18 b	16.98 b
6×10+30	16.82 d	13.94 d	19.05 c	15.75 d	16.39 b

注：同列中不同小写字母表示差异显著（$P<0.05$）。

8. 不同播种量和行距对苜蓿中性洗涤纤维含量的影响

由表 4.18 可知，不同播种量和行距对苜蓿中性洗涤纤维含量影响差异显著（$P<0.05$）。2015—2018 年，不同播种量和行距处理组合的苜蓿中性洗涤纤维含量变化范围分别为 31.74%～39.75%、28.31%～33.45%、33.37%～41.58%、29.12%～39.96%。20 个播种量、行距处理组合中，播种量 24.0 kg/hm²+行距 10 cm 处理组合的 4 年平均中性洗涤纤维含量最低，为 31.86%。

表 4.18　不同播种量和行距对苜蓿中性洗涤纤维含量的影响

播种量 （kg/hm²）	行距 （cm）	中性洗涤纤维（%）				
		2015 年	2016 年	2017 年	2018 年	平均
12.0	10	35.50 bc	28.31 d	36.93 d	31.91 e	33.16 d
	15	34.21 c	33.45 a	39.72 b	37.37 b	36.19 a
	20	39.75 a	30.00 c	36.30 d	39.96 a	36.50 a
	6×10+40	34.64 c	28.62 d	33.54 f	37.70 b	33.63 d
	6×10+30	36.86 b	33.25 a	41.58 a	33.46 de	36.29 a
16.0	10	32.24 d	29.38 c	36.70 d	33.73 de	33.01 d
	15	33.31 cd	32.73 ab	39.91 b	34.74 d	35.17 b
	20	33.69 cd	29.12 c	35.13 e	36.33 c	33.57 d
	6×10+40	36.69 b	30.34 bc	38.44 c	31.13 f	34.15 c
	6×10+30	33.24 cd	32.35 ab	41.33 a	31.04 f	34.49 c
20.0	10	35.94 bc	31.79 ab	36.21 d	30.58 f	33.63 d
	15	31.74 e	30.36 bc	40.71 b	32.21 e	33.76 d
	20	32.90 cd	29.59 c	40.41 b	32.09 e	33.75 d
	6×10+40	33.46 cd	30.62 bc	38.60 c	32.08 e	33.69 d
	6×10+30	35.55 bc	31.08 b	40.00 b	31.89 e	34.63 c

（续表）

播种量 （kg/hm²）	行距 （cm）	中性洗涤纤维（%）				
		2015 年	2016 年	2017 年	2018 年	平均
	10	33.29 cd	28.56 d	33.37 f	32.21 e	31.86 e
	15	32.84 d	31.81 ab	36.53 d	33.25 de	33.61 d
24.0	20	37.66 b	29.00 c	39.71 b	32.96 de	34.83 c
	6×10+40	33.72 cd	32.44 ab	38.82 c	29.62 fg	33.65 d
	6×10+30	32.04 d	30.62 bc	40.37 b	29.12 g	33.04 d

播种量 （kg/hm²）	中性洗涤纤维（%）				
	2015 年	2016 年	2017 年	2018 年	平均
12.0	36.19 a	30.48 a	27.13 a	36.08 a	32.47 a
16.0	33.84 b	30.78 a	27.58 a	33.39 b	31.40 b
20.0	33.92 b	30.69 a	27.38 a	31.77 c	30.94 c
24.0	33.91 b	30.07 b	26.36 b	31.43 c	30.44 c

行距 （cm）	中性洗涤纤维（%）				
	2015 年	2016 年	2017 年	2018 年	平均
10	34.24 b	29.20 d	25.47 d	32.11 c	30.26 b
15	33.03 c	32.09 a	27.12 b	34.39 b	31.66 a
20	36.00 a	29.16 d	27.46 b	35.34 a	31.99 a
6×10+40	34.63 b	30.50 c	26.56 c	32.63 c	31.08 b
6×10+30	34.42 b	31.57 b	28.96 a	31.38 d	31.58 a

注：同列中不同小写字母表示差异显著（P<0.05）。

9. 不同播种量和行距对苜蓿酸性洗涤纤维含量的影响

由表 4.19 可知，不同播种量和行距对苜蓿酸性洗涤纤维含量影响差异显著（P<0.05）。2015—2018 年，不同播种量和行距处理组合的苜蓿酸性洗涤纤维含量变化范围分别为 25.91%～33.92%、24.72%～30.13%、22.22%～32.28%、20.88%～26.77%。20 个播种量、行距处理组合中，播种量 20.0 kg/hm² + 行距 20 cm 处理组合的 4 年平均酸性洗涤纤维含量最低，为 25.01%。

表 4.19　不同播种量和行距对苜蓿酸性洗涤纤维含量的影响

播种量 （kg/hm²）	行距 （cm）	酸性洗涤纤维（%）				
		2015 年	2016 年	2017 年	2018 年	平均
	10	31.68 b	27.07 c	23.08 e	21.30 de	25.78 e
	15	31.14 b	27.08 c	28.46 c	23.93 bc	27.65 c
12.0	20	30.56 c	29.81 a	28.21 c	24.11 bc	28.17 b
	6×10+40	31.11 b	25.94 d	23.64 e	26.77 a	26.87 d
	6×10+30	33.27 a	28.87 b	32.28 a	23.54 c	29.49 a
	10	29.34 c	28.03 b	25.33 d	23.45 c	26.54 d
	15	31.29 b	26.35 d	30.32 b	23.59 c	27.89 b
16.0	20	30.98 b	27.18 c	27.49 cd	24.07 bc	27.43 c
	6×10+40	32.03 ab	26.68 d	26.48 cd	22.79 d	27.00 c
	6×10+30	27.56 d	26.11 d	28.27 c	22.44 d	26.10 d

（续表）

播种量 （kg/hm²）	行距 （cm）	酸性洗涤纤维（%）				
		2015 年	2016 年	2017 年	2018 年	平均
20.0	10	27.76 d	25.91 d	26.86 cd	22.45 d	25.75 e
	15	28.77 cd	29.84 a	27.47 cd	21.24 e	26.83 d
	20	25.91 e	24.91 e	26.95 cd	22.26 d	25.01 e
	6×10+40	28.94 cd	30.13 a	27.16 cd	23.81 c	27.51 c
	6×10+30	29.58 c	28.56 b	28.45 c	23.11 c	27.43 c
24.0	10	29.43 c	24.98 e	26.61 cd	20.88 e	25.48 e
	15	28.18 cd	26.52 d	22.22 e	23.89 c	25.20 e
	20	33.92 a	26.94 cd	27.19 cd	22.72 d	27.69 c
	6×10+40	30.07 c	24.72 e	28.96 c	23.55 c	26.83 d
	6×10+30	31.42 b	28.43 b	26.83 cd	22.10 d	27.20 c

播种量 （kg/hm²）	酸性洗涤纤维（%）				
	2015 年	2016 年	2017 年	2018 年	平均
12.0	31.55 a	28.00 a	37.61 c	24.13 a	30.32 a
16.0	30.24 b	26.87 b	38.30 b	23.27 b	29.67 b
20.0	28.19 c	27.87 a	39.19 a	22.57 c	29.46 b
24.0	30.60 b	26.73 b	37.76 c	22.43 c	29.38 b

行距 （cm）	酸性洗涤纤维（%）				
	2015 年	2016 年	2017 年	2018 年	平均
10	29.55 b	26.80 c	35.80 c	22.02 c	28.54 c
15	29.85 b	27.45 b	37.82 b	23.16 b	29.57 b
20	30.34 a	27.48 b	37.89 b	23.29 b	29.75 b
6×10+40	30.54 a	26.87 c	37.35 b	24.23 a	29.75 b
6×10+30	30.46 a	28.24 a	39.22 a	22.80 c	30.18 a

注：同列中不同小写字母表示差异显著（P＜0.05）。

10. 不同播种量和行距对苜蓿相对饲用价值的影响

由表 4.20 可知，不同播种量和行距对苜蓿相对饲用价值影响差异显著（P＜0.05）。2015—2018 年，不同播种量和行距处理组合的相对饲用价值变化范围分别为 153.7～198.5、177.9～268.3、142.7～195.7、163.2～229.0。20 个播种量、行距处理组合中，播种量 24.0 kg/hm² + 行距 10 cm 处理组合的 4 年平均相对饲用价值最高，为 206.7，与播种量 16.0 kg/hm² + 行距 20 cm 处理组合的 4 年平均相对饲用价值差异不显著（P＞0.05）。

表 4.20　不同播种量和行距对苜蓿相对饲用价值的影响

播种量 （kg/hm²）	行距 （cm）	相对饲用价值				
		2015 年	2016 年	2017 年	2018 年	平均
12.0	10	168.3 fg	223.0 c	178.7 b	210.8 e	195.2 b
	15	175.8 ef	188.6 g	156.4 f	174.9 k	173.9 d
	20	153.7 i	201.9 ef	171.5 d	163.2 m	172.6 d
	6×10+40	173.7 ef	223.8 c	195.7 a	167.9 l	190.3 bc
	6×10+30	159.0 h	185.8 h	142.7 h	196.2 h	170.9 d

（续表）

播种量 （kg/hm²）	行距 （cm）	相对饲用价值				
		2015 年	2016 年	2017 年	2018 年	平均
16.0	10	190.6 bc	212.6 d	175.3 c	194.8 h	193.3 b
	15	182.7 de	192.1 fg	152.1 g	188.8 i	178.9 d
	20	179.0 de	268.3 a	178.7 b	179.6 j	201.4 a
	6×10+40	162.2 g	209.0 de	165.3 e	212.6 de	187.3 c
	6×10+30	192.2 bc	243.0 b	150.6 g	214.0 d	199.9 ab
20.0	10	191.0 bc	177.9 i	174.7 c	217.2 c	190.2 bc
	15	195.0 ab	199.5 ef	154.2 f	208.9 f	189.4 c
	20	194.4 ab	239.9 b	156.3 f	207.4 f	199.5 ab
	6×10+40	185.6 cd	182.5 h	163.3 e	204.0 g	183.8 c
	6×10+30	174.6 ef	184.1 h	155.2 f	206.8 f	180.2 cd
24.0	10	184.4 cd	242.7 b	190.1 a	209.8 ef	206.7 a
	15	198.5 a	190.8 fg	182.3 b	196.6 h	192.1 b
	20	165.7 g	213.8 d	158.8 f	200.9 g	184.8 c
	6×10+40	180.8 de	199.7 ef	159.0 f	221.5 b	190.3 bc
	6×10+30	191.7 bc	202.4 ef	156.7 f	229.0 a	195.0 b

播种量 （kg/hm²）	相对饲用价值				
	2015 年	2016 年	2017 年	2018 年	平均
12.0	166.1 c	204.6 c	169.0 a	182.6 d	180.6 b
16.0	181.3 b	225.0 a	164.4 b	198.0 c	192.2 a
20.0	188.1 a	196.8 d	160.7 c	208.9 b	188.6 ab
24.0	184.2 b	209.9 b	169.4 a	211.6 a	193.8 a

行距 （cm）	相对饲用价值				
	2015 年	2016 年	2017 年	2018 年	平均
10	183.6 b	214.1 b	179.7 a	208.1 b	196.4 a
15	188.0 a	192.8 d	161.3 d	192.3 c	183.6 b
20	173.2 d	231.0 a	166.3 c	187.8 d	189.6 ab
6×10+40	175.6 cd	203.8 c	170.8 b	201.5 b	187.9 ab
6×10+30	179.3 bc	203.8 c	151.3 e	211.5 a	186.5 ab

注：同列中不同小写字母表示差异显著（P<0.05）。

11. 结论

在甘肃武威地区，播种量 16.0 kg/hm²+ 行距 20 cm 的种植密度增产和提升品质效果好。

第五章

苜蓿测土配方施肥技术

第一节 概 论

科学施肥是确保苜蓿人工草地增产、提质及地力提升最为行之有效的手段之一，由于苜蓿是高产饲草，每年可刈割3～5次，所以苜蓿从土壤中吸取或带走的养分远高于其他饲料作物，如若不加以科学施肥，将导致草地土壤肥力匮乏，草地生产力下降，苜蓿产草量降低，因此施肥是调控土壤养分平衡，维持地力，保障苜蓿草地持久利用的重要措施。施肥有利于增加苜蓿产量。除在播种前整地时施入有机肥或磷肥作底肥外，在苜蓿返青期、越冬前和刈割后再生时期，还应适当追肥。建植当年苜蓿在最后一茬刈割后追肥，2年以上苜蓿在第一茬和最后一茬刈割期追肥。此外，如出现营养缺乏症，也需及时追肥。

一、氮肥

氮是植物生长的必需元素，也是植物体内多种有机化合物的主要成分。苜蓿通常有2种获取氮素方式，一是吸收人工施入的氮肥，二是苜蓿根瘤固氮。其中人工施氮成本高、土壤污染严重，不利于生态环境的可持续发展；而根瘤固氮能将氮气转化为植物吸收的氮素，具有对土壤污染小、利用率高的优点。苜蓿含氮量较高，其干物质中含氮量通常不低于4.4%，每收获1 000 kg苜蓿干草，需带走氮素27 kg，因此氮对苜蓿的生长发育至关重要。苜蓿由根瘤固氮可解决植株40%～80%氮需求，苜蓿接种根瘤菌后，能够明显提高土壤有机质、碱解氮及速效磷的含量。李思言研究得出，施入氮肥15 g/m^{2}时，可显著提高苜蓿单株根瘤重、株高、主根长、分枝数和芽数，且显著降低苜蓿粗纤维含量。范富等研究指出，磷、钾肥施入量一定时，施氮肥会抑制苜蓿根瘤菌的形成并导致苜蓿产量下降。刘晓静研究表明，随供氮量的增加，苜蓿产量呈现增加的变化，且施氮明显提高苜蓿粗蛋白质含量，103.50 kg/hm^{2}为最佳施氮量。施氮可显著增加苜蓿的株高、单株重量、产草量以及植株的干物质和氮素积累，特别是施氮能提高苜蓿产量8%～25%。可见对于苜蓿高产田而言，施氮肥有利于苜蓿草地增产。

二、磷肥

磷是植物生长发育过程中必不可少的元素，在植物光合作用、呼吸作用、糖代谢及氮代谢等生理过程中起着不可替代的作用。尽管苜蓿植株磷含量仅0.2%～0.5%，但磷对苜蓿产量和品质提高起重要作用。磷肥对苜蓿增产效果十分明显，并且氮、磷、钾肥之间存在相互促进作用。氮、钾肥对苜蓿产量没有显著影响，但磷肥可显著提高苜蓿产量。高丽敏等研究表明，不同施氮处理（0 kg/hm^2、60 kg/hm^2、

120 kg/hm²、180 kg/hm²）下，饲草产量均随施磷量增加而呈现增加的趋势，并且施磷还可增加苜蓿叶面积指数及叶绿素含量。陈卫东等研究表明，在科尔沁沙地，秋季施磷 300 kg/hm² 时有利于苜蓿根颈安全越冬。施磷、钾肥可促进苜蓿根瘤形成，提高根瘤活性，进而增加苜蓿蛋白质含量，提高苜蓿品质。李富宽等研究表明，播种前施磷可增加苜蓿产量 12.9%～85.5%，提高粗蛋白质含量，降低粗纤维含量，增加苜蓿干物质消化率 0.73%～8.49%。

三、钾肥

钾是植物生长中不可缺少的元素，具有增强植株抗寒旱、耐盐碱、抗倒伏等特性。苜蓿体内钾含量高达 2.4%，随苜蓿种植年限的增加，适量施入钾肥可增加苜蓿产量，提高粗蛋白质含量。施钾能提高苜蓿叶绿素含量和光合速率，增加苜蓿产量，提高粗蛋白质积累速度，施入钾肥（K₂O）90 kg/hm² 时，苜蓿产量最高、品质最优。土壤中钾肥水平较高时，可提高根颈碳水化合物的储藏能力，以满足苜蓿冬季弱的呼吸代谢所需的能量，也为翌年春季苜蓿返青提供能量，并保持苜蓿旺盛的活力，降低苜蓿发生冻害的风险。若土壤中缺钾，苜蓿根颈储藏碳水化合物的能力会降低，苜蓿的耐寒能力也会下降。较高的钾肥可以维持春季苜蓿草地较高水平的植株密度，特别是对于多次刈割的人工草地，钾肥的作用尤为明显。

四、测土配方施肥

苜蓿测土配方施肥是以土壤和肥料田间试验为基础，根据苜蓿需肥规律、土壤供肥性能和肥料效应，在合理施用有机肥料的基础上，提出氮、磷、钾及钙、镁、硫、微量元素等肥料的施用数量、施肥时期和施用方法。测土配方施肥技术实现了根据苜蓿必需的各种营养元素的供应和协调，满足苜蓿生长发育的需要，从而达到提高产量和改善品质、减少肥料浪费、防止环境污染的目的。提倡测土配方施肥，做到缺什么补什么，缺多少补多少。由于不同土壤的养分条件不同，需根据养分状况和目标产量，确定最佳的施肥方案。根据 NY/T 2700—2015《草地测土施肥技术规程　紫花苜蓿》，将有机质、碱解氮、有效磷、速效钾、有效硫、有效铁、有效锰、有效锌、有效铜、有效硼、有效钼按照丰富程度分为极缺、缺乏、足够和丰富 4 级（表 5.1）。

表 5.1　紫花苜蓿草地土壤养分诊断分级

诊断指标	分级指标			
	极缺	缺乏	足够	丰富
有机质（%）	<1.0	1.0～2.0	2.0～3.0	≥3.0
碱解氮（mg/kg）	<15	15～30	30～50	≥50
有效磷（mg/kg）	0～5	5～10	10～15	≥15
速效钾（mg/kg）	0～50	50～100	100～150	≥150
有效硫（mg/kg）	0～5	5～10	10～15	≥15
有效铁（mg/kg）	<2.0	2.0～4.5	4.5～10	≥10
有效锰（mg/kg）	<1.0	1.0～5.0	5～10	≥10
有效锌（mg/kg）	<0.5	0.5～1.0	1～2	≥2
有效铜（mg/kg）	<0.2	0.2～0.4	0.4～1.0	≥1

诊断指标	分级指标			
	极缺	缺乏	足够	丰富
有效硼（mg/kg）	<0.25	0.25～0.5	0.5～1.0	≥1.0
有效钼（mg/kg）	<0.10	0.10～0.15	0.15～0.2	≥0.2

注：引自《苜蓿营养与施肥》（第二版），中国农业出版社。

五、苜蓿营养诊断

在苜蓿高产区以及种植面积较大时，建议每年进行植物组织分析。在初花期（10% 植株开花），采集植物冠层上部 15 cm 内的植物样品进行分析。目前，我国没有建立与苜蓿组织诊断相应的参考指标体系，可参考组织分析营养诊断表（表 5.2）中的营养元素含量范围对苜蓿营养状况进行判断。也可以分别采集生长异常和健康的两块苜蓿地的草样进行对比分析，来确定生长异常样地苜蓿营养缺乏状况。

表 5.2　苜蓿组织分析营养诊断表

营养元素	缺乏	基本足够	足够	较高	过量
氮（%）	<2.0	2.0～2.5	2.5～5.0	5.0～7.0	>7.0
磷（%）	<0.20	0.20～0.25	0.25～0.70	0.7～1.0	>1.0
钾（%）	<1.75	1.75～2.00	2.0～3.5	3.5～5.0	>5.0
硫（%）	<0.20	0.20～0.25	0.25～0.50	0.5～0.8	>0.8
钙（%）	<0.25	0.25～0.50	0.5～3.0	3.0～4.0	>4.0
镁（%）	<0.20	0.20～0.30	0.30～1.00	1.0～2.0	>2.0
锌（mg/kg）	<12	12～20	20～70	70～100	>100
铜（mg/kg）	<4	4～8	8～30	30～50	>50
铁（mg/kg）	<20	20～30	30～250	250～500	>500
锰（mg/kg）	<15	15～25	25～100	100～300	>300
硼（mg/kg）	<20	20～30	30～80	80～100	>100
钼（mg/kg）	<0.5	0.5～1.0	1.0～5.0	5.0～10	>10

注：引自《苜蓿营养与施肥》（第二版），中国农业出版社。

第二节　黄淮海平原苜蓿测土配方施肥技术

一、河北黄骅地区苜蓿测土配方施肥技术

1. 试验地概况

本试验于 2014—2018 年在河北省黄骅市茂盛源苜草种植合作社苜蓿田进行。试验地位于北纬 38° 08′、东经 117° 51′，海拔高度 3.0 m，属暖温带半湿润大陆性季风气候，四季分明，光照充足，雨热同季。全年平均气温 12.9 ℃，7 月平均气温 26.6 ℃，1 月平均气温 -3.8 ℃，无霜冻期 150 d。降水多集中在夏季，约占年降水量的 73%；春、冬季降水少，蒸发量较大，干旱严重。年际降水变化

大，年平均降水量 567.8 mm，最大年降水量 937.0 mm（1995 年），最少 303.6 mm（1989 年）。太阳辐射资源较丰富，年平均日照时数 2 461.9 h，5—8 月最多，在 200 h 以上。试验田土壤 pH 值约 8.1，0～20 cm 土层土壤全氮含量 1.03 g/kg、土壤有机质含量 22.6 g/kg、碱解氮含量 79.8 mg/kg、速效磷含量 64.0 mg/kg、速效钾含量 179.5 mg/kg。前茬作物为玉米。

2. 试验材料与设计

苜蓿品种为中苜 3 号，供试肥料：氮肥为尿素（N≥46.3%），磷肥为过磷酸钙（P_2O_5≥14%），钾肥为硫酸钾（K_2O≥50%）。试验设氮、磷、钾 3 个因素 4 个水平，共 14 个处理（表 5.3）。试验采用随机区组排列，每个施肥处理 3 次重复，小区面积 30 m²（5 m×6 m）。于 2014 年 9 月 6 日播种。播种前精细整地，条播，人工开沟，沟深为 1～3 cm，行距 30 cm。试验期间随时人工除杂草和防治病虫害。肥料每年分两次施入，其中，9 月施入年总量的一半，另一半在第 2 年 5 月第一次刈割后施入。在苜蓿行人工开沟施肥，施肥深度 10～15 cm。初花期刈割，2015—2018 年每年刈割 4 次。

表 5.3　施肥处理及施肥量

编号	处理	N（kg/hm²）	P_2O_5（kg/hm²）	K_2O（kg/hm²）
1	$N_0P_0K_0$	0.00	0.00	0.00
2	$N_0P_2K_2$	0.00	60.00	180.00
3	$N_1P_2K_2$	5.00	60.00	180.00
4	$N_2P_0K_2$	10.00	0.00	180.00
5	$N_2P_1K_2$	10.00	30.00	180.00
6	$N_2P_2K_2$	10.00	60.00	180.00
7	$N_2P_3K_2$	10.00	90.00	180.00
8	$N_2P_2K_0$	10.00	60.00	0.00
9	$N_2P_2K_1$	10.00	60.00	90.00
10	$N_2P_2K_3$	10.00	60.00	270.00
11	$N_3P_2K_2$	15.00	60.00	180.00
12	$N_1P_1K_2$	5.00	30.00	180.00
13	$N_1P_2K_1$	5.00	60.00	90.00
14	$N_2P_1K_1$	10.00	30.00	90.00

3. 不同施肥处理对苜蓿干草产量的影响

由表 5.4 可知，不同施肥处理对苜蓿干草产量影响差异显著（$P<0.05$）。施肥处理 $N_1P_1K_2$ 的 4 年总产量最高，为 49 529.8 kg/hm²，较不施肥处理（$N_0P_0K_0$）年均增产 2 350.6 kg/hm²。

表 5.4　不同施肥处理对苜蓿干草产量的影响

施肥处理	干草产量（kg/hm²）				4 年总产量（kg/hm²）
	2015 年	2016 年	2017 年	2018 年	
$N_0P_0K_0$	7 641.2 c	12 083.3 c	11 014.4 b	9 388.3 b	40 127.3 c
$N_0P_2K_2$	7 925.9 bc	12 621.8 bc	12 264.7 ab	10 137.2 ab	42 949.6 bc
$N_1P_2K_2$	8 399.3 bc	13 644.4 abc	12 847.2 ab	10 928.9 ab	45 819.9 abc
$N_2P_0K_2$	7 905.1 bc	13 055.6 abc	11 686.1 ab	10 437.5 ab	43 084.4 bc

（续表）

施肥处理	干草产量（kg/hm²）				4 年总产量（kg/hm²）
	2015 年	2016 年	2017 年	2018 年	
$N_2P_1K_2$	9 200.2 ab	13 879.4 ab	13 234.4 a	11 333.3 ab	47 647.5 ab
$N_2P_2K_2$	9 196.8 ab	13 741.5 abc	13 581.1 a	11 834.4 a	48 353.8 ab
$N_2P_3K_2$	8 377.3 bc	13 293.8 abc	13 171.9 a	11 492.8 a	46 335.8 ab
$N_2P_2K_0$	9 717.6 a	13 974.5 ab	13 686.7 a	10 363.9 ab	47 742.7 ab
$N_2P_2K_1$	9 057.9 ab	14 080.6 ab	12 818.9 ab	11 689.4 a	47 646.9 ab
$N_2P_2K_3$	9 057.9 ab	14 300.2 ab	13 634.4 a	11 070.6 ab	48 063.1 ab
$N_3P_2K_2$	8 724.5 abc	12 857.6 abc	12 548.9 ab	10 455.0 ab	44 586.0 abc
$N_1P_1K_2$	9 847.2 a	14 452.9 a	13 753.3 a	11 476.4 a	49 529.8 a
$N_1P_2K_1$	9 208.3 ab	14 331.9 ab	13 330.3 a	11 495.0 a	48 365.5 ab
$N_2P_1K_1$	8 675.9 abc	12 907.4 abc	12 342.2 ab	10 575.6 ab	44 501.1 abc

注：同列中不同小写字母表示差异显著（$P<0.05$）。

4. 不同施肥处理对苜蓿品质的影响

由表 5.5 可知，不同施肥处理对 2016 年第 1 茬苜蓿粗蛋白质、中性洗涤纤维、酸性洗涤纤维含量和相对饲用价值影响差异显著（$P<0.05$）。施肥处理 $N_1P_1K_2$ 的苜蓿粗蛋白质含量最高，为 19.56%。施肥处理 $N_0P_2K_2$ 的中性洗涤纤维含量最低，为 43.10%。施肥处理 $N_2P_2K_2$ 的酸性洗涤纤维含量最低，33.12%。施肥处理 $N_0P_2K_2$ 的相对饲用价值最高，为 135.6。

表 5.5 不同施肥处理对苜蓿品质的影响

施肥处理	粗蛋白质（%）	中性洗涤纤维（%）	酸性洗涤纤维（%）	相对饲用价值
$N_0P_0K_0$	18.26 bc	45.81 abc	36.08 ab	123.4 b
$N_0P_2K_2$	19.50 a	43.10 d	33.49 fg	135.6 a
$N_1P_2K_2$	17.70 c	46.64 a	36.84 bc	120.1 cd
$N_2P_0K_2$	17.90 c	44.22 cd	34.43 ef	130.6 ab
$N_2P_1K_2$	18.52 bc	43.62 d	33.61 efg	133.8 ab
$N_2P_2K_2$	18.40 bc	43.68 d	33.12 g	134.4 ab
$N_2P_3K_2$	18.40 bc	45.68 abc	35.91 bc	124.1 c
$N_2P_2K_0$	18.07 c	46.37 ab	36.47 bc	121.3 c
$N_2P_2K_1$	19.18 ab	43.79 d	33.75 efg	133.0 ab
$N_2P_2K_3$	18.15 c	47.33 a	37.11 bc	117.9 d
$N_3P_2K_2$	18.54 bc	45.62 abc	36.01 bc	124.1 c
$N_1P_1K_2$	19.56 a	43.82 d	34.73 de	131.3 ab
$N_1P_2K_1$	18.50 bc	44.79 bcd	35.72 cd	126.8 bc
$N_2P_1K_1$	17.97 c	47.37 a	38.05 a	116.4 d

注：同列中不同小写字母表示差异显著（$P<0.05$）。

5. 结论

在河北黄骅地区，中苜 3 号苜蓿的最佳施肥量是氮肥（N）5 kg/hm²、磷肥（P_2O_5）30 kg/hm²、钾肥（K_2O）180 kg/hm^2。

二、河北沧州地区苜蓿测土配方施肥技术

1. 试验地概况

试验地在河北省沧州市农林科学院前营试验站，地理位置北纬 43° 36′、东经 122° 22′，海拔高度 178.51 m，属温带大陆性季风气候。该地区年平均气温 12.5 ℃，极端最低气温 −20 ℃，年有效积温（≥10 ℃）3 184 ℃，无霜期 150 d。年平均降水量 610 mm，4—9 月降水量占全年降水量的 92%。土壤为中壤土，pH 值 7.97，含盐量 0.11%，0～30 cm 土层土壤有机质含量 8.6 g/kg、碱解氮含量 97.14 mg/kg、速效磷含量 13.97 mg/kg、速效钾含量 206.53 mg/kg。该地区为河北省东部沿海农区的典型地域。前茬作物为玉米。

2. 试验材料与设计

苜蓿品种为中苜 3 号，供试肥料：氮肥为尿素（N≥46.3%），磷肥为过磷酸钙（P_2O_5≥14%），钾肥为硫酸钾（K_2O≥50%）。试验设氮、磷、钾 3 个因素 4 个水平，共 14 个处理（表 5.6）。试验采用随机区组排列，每个施肥处理 3 次重复，小区面积 30 m^2（5 m×6 m）。试验田苜蓿于 2014 年 5 月 5 日播种。播种前精细整地，条播，人工开沟，沟深为 1～3 cm，行距 30 cm。试验于 2015—2018 年进行，肥料每年分两次施入。9 月中旬最后一次刈割后施入肥料总量的一半，另一半在第 2 年 5 月第一次刈割后施入。在苜蓿行间人工开沟施肥，施肥深度 10～15 cm，施肥后立即覆土。试验期间根据田间实际情况人工除杂草和防治病虫害。初花期刈割，2015—2018 年每年刈割 4 次。

表 5.6　试验处理及施肥量

编号	处理	N（kg/hm^2）	P_2O_5（kg/hm^2）	K_2O（kg/hm^2）
1	$N_0P_0K_0$	0.00	0.00	0.00
2	$N_0P_2K_2$	0.00	60.00	180.00
3	$N_1P_2K_2$	5.00	60.00	180.00
4	$N_2P_0K_2$	10.00	0.00	180.00
5	$N_2P_1K_2$	10.00	30.00	180.00
6	$N_2P_2K_2$	10.00	60.00	180.00
7	$N_2P_3K_2$	10.00	90.00	180.00
8	$N_2P_2K_0$	10.00	60.00	0.00
9	$N_2P_2K_1$	10.00	60.00	90.00
10	$N_2P_2K_3$	10.00	60.00	270.00
11	$N_3P_2K_2$	15.00	60.00	180.00
12	$N_1P_1K_2$	5.00	30.00	180.00
13	$N_1P_2K_1$	5.00	60.00	90.00
14	$N_2P_1K_1$	10.00	30.00	90.00

3. 不同施肥处理对苜蓿干草产量的影响

由表 5.7 可知，不同施肥处理对苜蓿干草产量影响差异显著（$P<0.05$）。施肥处理 $N_0P_2K_2$ 的 4 年总产量最高，为 65 125.8 kg/hm^2，较不施肥处理（$N_0P_0K_0$）年均增产 1 865.2 kg/hm^2。

表 5.7　不同施肥处理对苜蓿干草产量的影响

施肥处理	干草产量（kg/hm^2）				4 年总产量（kg/hm^2）
	2015 年	2016 年	2017 年	2018 年	
$N_0P_0K_0$	16 803.3 d	16 495.2 c	11 010.9 de	13 355.6 c	57 665.1 f
$N_0P_2K_2$	19 313.8 ab	18 831.6 a	12 311.5 ab	14 668.9 b	65 125.8 a
$N_1P_2K_2$	18 671.1 abc	17 440.5 bc	11 244.2 de	14 325.1 bc	61 680.9 cde
$N_2P_0K_2$	17 752.9 cd	17 092.1 bc	10 845.5 e	14 099.3 bc	59 789.9 e
$N_2P_1K_2$	19 170.1 ab	17 784.2 ab	11 682.2 bcde	13 291.8 c	61 928.3 cd
$N_2P_2K_2$	19 516.3 a	17 892.3 ab	11 804.2 bcd	14 441.9 bc	63 654.7 abc
$N_2P_3K_2$	18 740.6 abc	17 157.9 bc	12 374.8 ab	15 821.7 a	64 094.9 ab
$N_2P_2K_0$	18 661.8 abc	18 038.4 ab	11 431.5 cde	15 071.2 ab	63 203.0 abcd
$N_2P_2K_1$	19 191.1 ab	17 351.8 bc	11 265.6 cde	14 441.8 bc	62 250.4 bcd
$N_2P_2K_3$	18 808.8 abc	17 084.3 bc	11 343.2 cde	14 193.5 bc	61 429.8 de
$N_3P_2K_2$	19 140.4 ab	16 976.4 bc	11 156.4 de	14 130.8 bc	61 404.0 de
$N_1P_1K_2$	18 587.3 abc	17 722.3 ab	12 916.8 a	14 190.0 bc	63 416.4 abcd
$N_1P_2K_1$	19 569.2 a	16 919.0 bc	12 123.2 abc	13 855.5 bc	62 466.9 bcd
$N_2P_1K_1$	18 097.8 bc	18 091.7 ab	11 619.6 bcde	14 265.5 bc	62 074.7 bcd

注：同列中不同小写字母表示差异显著（$P<0.05$）。

4. 不同施肥处理对苜蓿品质的影响

由表 5.8 可知，不同施肥处理对 2016 年第 1 茬苜蓿粗蛋白质、中性洗涤纤维、酸性洗涤纤维含量和相对饲用价值影响差异显著（$P<0.05$）。施肥处理 $N_2P_3K_2$ 的苜蓿粗蛋白质含量最高，为 22.45%。施肥处理 $N_1P_2K_2$ 的酸性洗涤纤维含量最低，为 34.14%。施肥处理 $N_2P_3K_2$ 的中性洗涤纤维含量最低，为 51.27%。施肥处理 $N_2P_3K_2$ 的相对饲用价值最高，为 111.36。

表 5.8　不同施肥处理对苜蓿品质的影响

施肥处理	粗蛋白质（%）	酸性洗涤纤维（%）	中性洗涤纤维（%）	相对饲用价值
$N_0P_0K_0$	17.98 de	38.04 abcd	57.11 ab	96.67 cde
$N_0P_2K_2$	18.45 d	36.75 abcde	54.04 bcd	104.11 abc
$N_1P_2K_2$	18.96 cd	34.14 e	52.99 cd	109.43 ab
$N_2P_0K_2$	17.89 de	36.85 abcde	55.73 bc	100.47 bcd
$N_2P_1K_2$	18.32 d	35.57 cde	53.21 bcd	106.99 ab
$N_2P_2K_2$	16.87 f	35.61 cde	52.25 cd	110.01 ab
$N_2P_3K_2$	22.45 a	35.36 cde	51.27 d	111.36 a
$N_2P_2K_0$	20.30 b	34.72 de	52.71 cd	109.19 ab
$N_2P_2K_1$	18.27 d	38.21 abc	60.29 a	91.32 de
$N_2P_2K_3$	20.19 b	35.92 bcde	54.71 bcd	103.65 abc
$N_3P_2K_2$	19.82 bc	37.31 abcde	52.34 cd	106.44 abc
$N_1P_1K_2$	18.23 d	39.16 ab	54.53 bcd	99.86 bcde
$N_1P_2K_1$	17.15 ef	39.69 a	60.07 a	90.10 e
$N_2P_1K_1$	18.5 d	36.66 abcde	52.21 cd	107.61 ab

注：同列中不同小写字母表示差异显著（$P<0.05$）。

5. 结论

在河北黄骅地区，中苜 3 号苜蓿的最佳施肥量是氮肥（N）5 kg/hm^2、磷肥（P$_2$O$_5$）30 kg/hm^2、钾肥（K$_2$O）180 kg/hm^2。

三、山东东营地区苜蓿测土配方施肥技术

1. 试验地概况

试验地在山东省东营市农业科学研究院试验基地，位于山东省东营市广饶县，北纬 37° 15′、东经 118° 36′，海拔 2 m，属暖温带半湿润季风型大陆性气候，冬寒夏热，四季分明。年平均气温 13.3 ℃，极端最低气温 -23.3 ℃，极端最高气温 41.9 ℃。年平均降水量 537 mm，四季降水不均，冬春及晚秋干旱，降水多集中在 7—8 月。年平均无霜期为 206 d。土壤为潮土，0～20 cm 土层土壤盐含量在 0.12%～0.18%，属于轻度盐碱地。试验地土壤养分状况见表 5.9。

表 5.9　试验地土壤养分状况

取样深度（cm）	pH 值	电导率（μS/cm）	有机质（g/kg）	速效氮（mg/kg）	速效磷（mg/kg）	速效钾（mg/kg）
0～10	8.35	410.71	17.72	94.19	15.45	215.83
10～20	8.40	514.36	15.98	100.10	12.49	197.22

2. 试验材料与设计

苜蓿品种为中苜 3 号，供试肥料：氮肥为尿素（N≥46.3%），磷肥为过磷酸钙（P$_2$O$_5$≥14%），钾肥为硫酸钾（K$_2$O≥50%）。试验设氮、磷、钾 3 个因素 4 个水平，共 14 个处理（表 5.10）。试验采用随机区组排列，每个施肥处理 3 次重复，小区面积 30 m^2（5 m×6 m）。试验田苜蓿于 2015 年 4 月 8 日播种。播种前精细整地，条播，人工开沟，沟深为 1～3 cm，行距 30 cm。试验于 2015—2018 年进行，肥料每年分两次施入。9 月中旬最后一次刈割后施入肥料总量的一半，另一半在第 2 年 5 月第一次刈割后施入。在苜蓿行间人工开沟施肥，施肥深度 10～15 cm，施肥后立即覆土。试验期间根据田间实际情况人工除杂草和防治病虫害。初花期刈割，2015 年刈割 3 次，2016 年刈割 4 次，2017 年刈割 5 次，2018 年刈割 3 次（2018 年 8 月 19 日再生草遭遇强降雨，全部淹死）。

表 5.10　试验处理及施肥量

编号	处理	N（kg/hm^2）	P$_2$O$_5$（kg/hm^2）	K$_2$O（kg/hm^2）
1	N$_0$P$_0$K$_0$	0.00	0.00	0.00
2	N$_0$P$_2$K$_2$	0.00	60.00	180.00
3	N$_1$P$_2$K$_2$	5.00	60.00	180.00
4	N$_2$P$_0$K$_2$	10.00	0.00	180.00
5	N$_2$P$_1$K$_2$	10.00	30.00	180.00
6	N$_2$P$_2$K$_2$	10.00	60.00	180.00
7	N$_2$P$_3$K$_2$	10.00	90.00	180.00
8	N$_2$P$_2$K$_0$	10.00	60.00	0.00
9	N$_2$P$_2$K$_1$	10.00	60.00	90.00
10	N$_2$P$_2$K$_3$	10.00	60.00	270.00

编号	处理	N（kg/hm^2）	P$_2$O$_5$（kg/hm^2）	K$_2$O（kg/hm^2）
11	N$_3$P$_2$K$_2$	15.00	60.00	180.00
12	N$_1$P$_1$K$_2$	5.00	30.00	180.00
13	N$_1$P$_2$K$_1$	5.00	60.00	90.00
14	N$_2$P$_1$K$_1$	10.00	30.00	90.00

3. 不同施肥处理对苜蓿干草产量的影响

由表 5.11 可知，不同施肥处理对苜蓿干草产量影响差异显著（$P<0.05$）。施肥处理 N$_0$P$_2$K$_2$ 的 4 年平均干草产量最高，为 11 622.3 kg/hm^2，较不施肥处理增产 1 649.2 kg/hm^2。

表 5.11　不同施肥处理对苜蓿干草产量的影响

施肥处理	干草产量（kg/hm^2）				4 年平均干草产量（kg/hm^2）
	2015 年	2016 年	2017 年	2018 年	
N$_0$P$_0$K$_0$	7 631.5 ab	12 148.5 d	10 370.6 e	9 741.7 d	9 973.1 d
N$_0$P$_2$K$_2$	8 177.5 ab	13 801.4 a	12 953.9 ab	11 556.3 a	11 622.3 a
N$_1$P$_2$K$_2$	8 236.1 ab	12 814.8 abc	12 355.6 abc	11 110.7 ab	11 129.3 ab
N$_2$P$_0$K$_2$	8 537.0 a	13 474.3 ab	12 629.4 abc	10 545.0 bc	11 296.4 ab
N$_2$P$_1$K$_2$	8 448.1 a	13 113.7 abc	11 470.6 cde	10 281.8 cd	10 828.6 bc
N$_2$P$_2$K$_2$	8 058.8 ab	13 742.8 a	12 656.7 abc	10 624.8 bc	11 270.8 ab
N$_2$P$_3$K$_2$	8 568.5 a	13 799.0 a	13 291.1 a	10 826.0 abc	11 621.2 a
N$_2$P$_2$K$_0$	7 985.4 ab	13 448.9 ab	11 970.6 bcd	10 874.0 abc	11 069.7 ab
N$_2$P$_2$K$_1$	7 817.8 ab	12 559.7 bc	10 884.4 de	10 312.2 bcd	10 393.5 cd
N$_2$P$_2$K$_3$	7 956.7 ab	12 926.8 abc	12 336.7 abc	10 978.2 abc	11 049.6 abc
N$_3$P$_2$K$_2$	7 858.1 ab	13 315.9 ab	13 425.0 a	10 894.5 abc	11 373.4 ab
N$_1$P$_1$K$_2$	8 024.8 ab	13 615.5 ab	11 876.7 bcd	10 558.7 bc	11 018.9 abc
N$_1$P$_2$K$_1$	7 106.7 b	13 842.7 a	11 821.1 bcd	10 687.7 bc	10 864.6 bc
N$_2$P$_1$K$_1$	7 854.9 ab	13 447.2 ab	11 450.6 cde	10 537.2 bc	10 822.4 bc

注：同列中不同小写字母表示差异显著（$P<0.05$）。

4. 不同施肥处理对苜蓿品质的影响

由表 5.12 可知，不同施肥处理对 2016 年第 1 茬苜蓿粗蛋白质、酸性洗涤纤维、中性洗涤纤维含量影响差异显著（$P<0.05$）。施肥处理 N$_1$P$_1$K$_2$ 的苜蓿粗蛋白质含量和相对饲用价值最高、中性洗涤纤维含量最低，分别为 19.06%、134.07 和 42.76%。施肥处理 N$_2$P$_2$K$_1$ 的酸性洗涤纤维含量最低，为 34.73%。

表 5.12　不同施肥处理对苜蓿品质的影响

施肥处理	粗蛋白质（%）	酸性洗涤纤维（%）	中性洗涤纤维（%）	相对饲用价值
N$_0$P$_0$K$_0$	17.21 c	37.88 a	46.28 a	119.44 e
N$_0$P$_2$K$_2$	17.78 bc	36.52 abc	45.03 abc	124.93 cde
N$_1$P$_2$K$_2$	17.84 bc	35.26 c	43.34 de	131.94 ab
N$_2$P$_0$K$_2$	17.46 c	37.27 ab	45.65 ab	122.00 de

（续表）

施肥处理	粗蛋白质（%）	酸性洗涤纤维（%）	中性洗涤纤维（%）	相对饲用价值
$N_2P_1K_2$	18.26 b	35.70 bc	44.01 cde	129.13 abc
$N_2P_2K_2$	17.69 bc	34.87 c	42.99 e	133.64 a
$N_2P_3K_2$	17.93 bc	35.15 c	43.34 de	132.10 ab
$N_2P_2K_0$	17.50 c	36.33 abc	45.23 abc	124.66 cde
$N_2P_2K_1$	18.30 b	34.73 c	43.02 e	133.75 a
$N_2P_2K_3$	17.88 bc	34.89 c	43.19 de	132.95 ab
$N_3P_2K_2$	17.47 c	36.02 abc	44.03 cde	128.55 abc
$N_1P_1K_2$	19.06 a	35.03 c	42.76 e	134.07 a
$N_1P_2K_1$	17.69 bc	35.22 c	43.17 de	132.46 ab
$N_2P_1K_1$	17.58 bc	36.28 abc	44.60 bcd	126.52 bcd

注：同列中不同小写字母表示差异显著（$P<0.05$）。

5. 结论

在山东东营地区的轻度盐碱地，中苜 3 号苜蓿的最佳施肥量是氮肥（N）0 kg/hm²、磷肥（P_2O_5）60 kg/hm²、钾肥（K_2O）180 kg/hm²。

第三节　东北寒冷地区苜蓿测土配方施肥技术

一、黑龙江齐齐哈尔地区苜蓿测土配方施肥技术

1. 试验地概况

试验地位于松嫩平原西部黑龙江省齐齐哈尔市黑龙江省农业科学院畜牧研究所中试基地，地处北纬 47°15′、东经 123°41′，春季干旱多风，冬季寒冷少雪，海拔高度 148.3 m，年平均气温 3.37 ℃，极端最高气温 37.5 ℃，最低气温 -39.5 ℃，年有效积温（≥10 ℃）2 722.1 ℃，年平均降水量 415.5 mm，无霜期 130 d 左右，土壤为黑风沙土，肥力中等。试验地土壤养分情况见表 5.13。

表 5.13　试验地土壤养分情况

碱解氮（mg/kg）	速效磷（mg/kg）	速效钾（mg/kg）	全氮（%）	全磷（%）	全钾（%）	有机质（%）
105.84	25.00	247.79	0.07	0.15	2.61	2.29

2. 试验材料与设计

苜蓿品种为龙牧 806。供试肥料：氮肥为尿素（N≥46.4%），磷肥为过磷酸钙（P_2O_5≥12%），钾肥为硫酸钾（K_2O≥60%）。试验设氮、磷、钾 3 个因素 4 个水平，共 14 个处理（表 5.14）。试验采用随机区组排列，每个施肥处理 3 次重复，小区面积 30 m²（5 m×6 m）。2014 年 5 月 14 日播种，条播，行距 20 cm，播种量为 15 kg/hm²，播种深度为 2～4 cm。2014 年刈割 2 次，从第 2 年开始，每年刈割 3 次，初花期刈割。氮肥按刈割茬次平均施入，即为返青前和第 1 次、第 2 次刈割后，磷肥和钾肥于返青前一次性施入，施肥后充分灌溉。各小区除施氮肥不同外，其他同等管理。

表 5.14　试验处理方案

编号	处理	N（kg/hm²）	P₂O₅（kg/hm²）	K₂O（kg/hm²）
1	$N_0P_0K_0$	0.00	0.00	0.00
2	$N_0P_2K_2$	0.00	150.00	80.00
3	$N_1P_2K_2$	15.00	150.00	80.00
4	$N_2P_0K_2$	30.00	0.00	80.00
5	$N_2P_1K_2$	30.00	75.00	80.00
6	$N_2P_2K_2$	30.00	150.00	80.00
7	$N_2P_3K_2$	30.00	225.00	80.00
8	$N_2P_2K_0$	30.00	150.00	0.00
9	$N_2P_2K_1$	30.00	150.00	40.00
10	$N_2P_2K_3$	30.00	150.00	120.00
11	$N_3P_2K_2$	60.00	150.00	80.00
12	$N_1P_1K_2$	15.00	75.00	80.00
13	$N_1P_2K_1$	15.00	150.00	40.00
14	$N_2P_1K_1$	30.00	75.00	40.00

3. 不同施肥处理对苜蓿干草产量的影响

由表 5.15 可知，不同施肥处理的 2015 年产量、2016 年产量和 2017 年产量较不施肥处理（$N_0P_0K_0$）呈现不同程度的增加，施肥处理 $N_0P_2K_2$ 的 5 年苜蓿干草总产量最高，为 62 017.0 kg/hm²，较不施肥处理（$N_0P_0K_0$）的增产 12.9%。

表 5.15　不同施肥处理对苜蓿干草产量的影响

施肥处理	干草产量（kg/hm²）					5 年苜蓿干草总产量（kg/hm²）
	2014 年产量	2015 年产量	2016 年产量	2017 年产量	2018 年产量	
$N_0P_0K_0$	8 081.7	11 031.2	10 741.8	11 690.9	13 409.1	54 954.7
$N_0P_2K_2$	7 738.2	12 854.4	13 796.5	13 082.3	14 545.7	62 017.0
$N_1P_2K_2$	7 787.0	12 694.9	13 197.1	13 511.1	13 865.7	61 055.6
$N_2P_0K_2$	7 729.3	11 985.3	11 815.2	12 164.7	14 931.0	58 625.4
$N_2P_1K_2$	8 031.9	11 552.4	13 825.8	14 825.5	13 397.2	61 632.7
$N_2P_2K_2$	7 507.1	12 426.8	13 158.1	15 050.4	12 627.0	60 769.3
$N_2P_3K_2$	6 600.4	12 130.4	13 369.9	14 330.7	12 449.3	58 880.7
$N_2P_2K_0$	7 159.3	12 158.5	11 992.4	11 790.5	7 834.8	50 935.5
$N_2P_2K_1$	7 032.0	12 001.7	13 187.5	14 277.8	10 404.5	56 903.5
$N_2P_2K_3$	6 765.5	12 543.5	13 938.4	13 209.2	14 688.6	61 145.2
$N_3P_2K_2$	7 475.7	12 743.3	13 485.2	13 482.5	13 904.0	61 090.8
$N_1P_1K_2$	6 989.5	12 117.2	14 008.7	13 905.9	14 991.4	62 012.6
$N_1P_2K_1$	7 309.1	11 742.5	13 059.4	14 089.0	11 001.3	57 201.2
$N_2P_1K_1$	7 647.2	12 738.4	12 981.6	14 142.1	13 090.5	60 599.9

4. 不同施肥处理对苜蓿农艺性状的影响

由表 5.16 可知，施肥处理 $N_2P_2K_1$ 的苜蓿株高最高，为 87.93 cm，较不施肥处理（$N_0P_0K_0$）增加19.4%。施肥处理 $N_2P_0K_2$ 的苜蓿鲜干比最大，为 4.71。施肥处理 $N_2P_1K_1$ 的苜蓿茎叶比最小，为 1.36。

表 5.16　不同施肥处理对苜蓿农艺性状的影响

施肥处理	株高（cm）	鲜干比	茎（g）	叶（g）	茎叶比
$N_0P_0K_0$	73.64	3.78	76.20	42.47	1.79
$N_0P_2K_2$	82.35	3.92	72.00	43.80	1.64
$N_1P_2K_2$	87.27	4.00	70.83	42.57	1.66
$N_2P_0K_2$	83.19	4.71	78.10	40.33	1.94
$N_2P_1K_2$	83.76	4.18	75.00	33.73	2.22
$N_2P_2K_2$	79.29	4.25	77.13	43.50	1.77
$N_2P_3K_2$	79.26	4.56	77.53	37.93	2.04
$N_2P_2K_0$	80.83	4.45	73.40	48.27	1.52
$N_2P_2K_1$	87.93	4.02	78.30	50.37	1.55
$N_2P_2K_3$	82.56	4.57	84.37	40.83	2.07
$N_3P_2K_2$	83.37	4.36	73.40	43.50	1.69
$N_1P_1K_2$	87.52	4.42	73.97	45.63	1.62
$N_1P_2K_1$	81.42	4.38	78.00	40.73	1.92
$N_2P_1K_1$	85.93	3.99	70.67	52.03	1.36

5. 结论

在黑龙江齐齐哈尔地区，龙牧 806 苜蓿最佳施肥量为氮肥（N）0 kg/hm^2、磷肥（P_2O_5）150 kg/hm^2、钾肥（K_2O）80 kg/hm^2。

二、吉林长春地区苜蓿测土配方施肥技术

1. 试验地概况

试验地位于吉林省长春市吉林农业大学实验区，地理位置北纬 43.88°、东经 125.35°，年平均气温 4.8 ℃，最高温度 39.5 ℃，最低温度 -39.8 ℃，日照时间 2 688 h。年降水量 522～615 mm，夏季降水量占全年降水量的 60% 以上。试验地土壤养分状况见表 5.17。

表 5.17　试验地土壤养分状况

土层（cm）	全氮（mg/kg）	碱解氮（mg/kg）	有效磷（mg/kg）	速效钾（mg/kg）	pH 值	有机质（mg/kg）
0～20	84.0	72.7	4.2	89.8	6.88	16.4
20～40	62.0	66.0	4.0	95.8	7.15	14.2
40～60	52.0	48.2	3.4	99.8	7.18	6.5

2. 试验材料与设计

苜蓿品种为公农 1 号，供试肥料：氮肥为尿素（N≥46.4%），磷肥为过磷酸钙（P_2O_5 ≥12.0%），钾肥为硫酸钾（K_2O≥50.0%）。试验设氮、磷、钾 3 个因素 4 个水平，共 14 个处理（表 5.18）。试验

采用随机区组排列，每个施肥处理 3 次重复，小区面积 20 m²（4 m×5 m）。2016 年 5 月 2 日播种，条播，行距 25 cm，播种量为 30 kg/hm²。肥料于 2015 年返青前作为基肥一次性施入。

表 5.18　试验处理及施肥量

编号	处理	N（kg/hm²）	P_2O_5（kg/hm²）	K_2O（kg/hm²）
1	$N_0P_0K_0$	0.00	0.00	0.00
2	$N_0P_2K_2$	0.00	150.00	100.00
3	$N_1P_2K_2$	50.00	150.00	100.00
4	$N_2P_0K_2$	100.00	0.00	100.00
5	$N_2P_1K_2$	100.00	75.00	100.00
6	$N_2P_2K_2$	100.00	150.00	100.00
7	$N_2P_3K_2$	100.00	225.00	100.00
8	$N_2P_2K_0$	100.00	150.00	0.00
9	$N_2P_2K_1$	100.00	150.00	50.00
10	$N_2P_2K_3$	100.00	150.00	150.00
11	$N_3P_2K_2$	150.00	150.00	100.00
12	$N_1P_1K_2$	50.00	75.00	100.00
13	$N_1P_2K_1$	50.00	150.00	50.00
14	$N_2P_1K_1$	100.00	75.00	50.00

3. 不同施肥处理对苜蓿干草产量的影响

由表 5.19 可知，施肥处理 $N_2P_3K_2$ 的 2016 年产量、2017 年产量、2018 年和 3 年平均产量始终最高，3 年平均产量为 12 169.7 kg/hm²，较不施肥处理（$N_0P_0K_0$）增加 15.9%。

表 5.19　不同施肥处理对苜蓿干草产量的影响

施肥处理	干草产量（kg/hm²）			3 年平均产量（kg/hm²）
	2016 年	2017 年	2018 年	
$N_0P_0K_0$	9 403.9	11 284.6	10 814.5	10 501.0
$N_0P_2K_2$	9 393.4	11 084.2	10 802.4	10 426.6
$N_1P_2K_2$	9 783.5	11 740.2	11 251.0	10 924.9
$N_2P_0K_2$	9 657.3	11 588.8	11 105.9	10 784.0
$N_2P_1K_2$	6 686.3	8 023.5	7 689.2	7 466.3
$N_2P_2K_2$	8 395.1	10 074.1	10 158.1	9 542.4
$N_2P_3K_2$	10 675.2	12 810.3	13 023.8	12 169.7
$N_2P_2K_0$	7 931.4	9 517.6	9 121.1	8 856.7
$N_2P_2K_1$	9 865.6	11 542.7	11 345.4	10 917.9
$N_2P_2K_3$	10 104.5	12 125.4	11 620.2	11 283.4
$N_3P_2K_2$	10 497.2	12 596.6	12 071.8	11 721.9
$N_2P_1K_1$	8 672.5	10 407.0	9 973.3	9 684.3
$N_1P_2K_1$	8 872.9	10 647.5	10 203.9	9 908.1
$N_1P_1K_2$	9 721.7	11 666.1	11 178.0	10 855.3

4. 结论

在吉林长春地区，公农 1 号苜蓿的最佳施肥量是氮肥（N）100 kg/hm²、磷肥（P_2O_5）225 kg/hm²、钾肥（K_2O）100 kg/hm²。

三、吉林白城地区苜蓿测土配方施肥技术

1. 试验地概况

试验地位于吉林省白城市畜牧科学研究院试验基地，属温带大陆性季风气候，降水集中在夏季，雨热同期，春季干燥多风，十年九春旱，夏季炎热多雨，雨热不均；冬季干冷，雨雪较少。年均日照时数 2 885.8 h，年平均气温 4.4 ℃，无霜期 142 d，年平均降水量 354.9 mm，年有效积温（≥10 ℃）2 927 ℃。地形平坦，土壤为草甸黑钙土，海拔 155 m，地下水位 15 m，土壤 pH 值为 7.15、有机质含量 17.25 g/kg、全氮含量 0.10%、有效磷 22.11 mg/kg、速效钾 165.62 mg/kg、铵态氮 1.64 mg/kg。

2. 试验材料与设计

苜蓿品种为公农 5 号，供试肥料：氮肥为尿素（N≥46.4%），磷肥为过磷酸钙（P_2O_5≥12.0%），钾肥为硫酸钾（K_2O≥50.0%）。试验设氮、磷、钾 3 个因素 4 个水平，共 14 个处理（表 5.20）。试验采用随机区组排列，每个施肥处理 3 次重复，共 42 个小区，小区面积 24 m²（4 m×6 m）。2014 年 5 月 5 日播种，条播，行距 30 cm，播种量 20 kg/hm²。肥料每年分两次施入，2014 年为播种后和第 1 次刈割后，2015—2017 年为第 1 次刈割后和第 2 次刈割后。

表 5.20　施肥处理及施肥量

编号	处理	N（kg/hm²）	P_2O_5（kg/hm²）	K_2O（kg/hm²）
1	$N_0P_0K_0$	0.00	0.00	0.00
2	$N_0P_2K_2$	0.00	150.00	100.00
3	$N_1P_2K_2$	50.00	150.00	100.00
4	$N_2P_0K_2$	100.00	0.00	100.00
5	$N_2P_1K_2$	100.00	75.00	100.00
6	$N_2P_2K_2$	100.00	150.00	100.00
7	$N_2P_3K_2$	100.00	225.00	100.00
8	$N_2P_2K_0$	100.00	150.00	0.00
9	$N_2P_2K_1$	100.00	150.00	50.00
10	$N_2P_2K_3$	100.00	150.00	150.00
11	$N_3P_2K_2$	150.00	150.00	100.00
12	$N_1P_1K_2$	50.00	75.00	100.00
13	$N_1P_2K_1$	50.00	150.00	50.00
14	$N_2P_1K_1$	100.00	75.00	50.00

3. 不同施肥处理对苜蓿干草产量的影响

由表 5.21 可知，不同施肥处理对苜蓿干草产量影响差异显著（$P<0.05$）。施肥处理 $N_2P_3K_2$ 的 2014 年产量、2016 年产量和 2017 年产量都是最高，较不施肥处理（$N_0P_0K_0$）分别增加 17.46%、28.73%、34.49%。

表 5.21　不同施肥处理对苜蓿干草年产量的影响

施肥处理	干草产量（kg/hm²）			
	2014 年产量	2015 年产量	2016 年产量	2017 年产量
$N_0P_0K_0$	8 053.79 def	16 395.07 de	14 862.84 ghi	14 287.64 e
$N_0P_2K_2$	7 740.22 fg	18 397.51 bc	18 573.34 ab	17 634.12 bc
$N_1P_2K_2$	9 234.65 ab	18 096.70 bcd	18 093.10 bc	17 323.83 c
$N_2P_0K_2$	9 025.78 abc	16 742.13 cde	14 660.18 hi	14 066.14 e
$N_2P_1K_2$	7 922.63 ef	16 938.97 cd	15 472.30 fg	16 629.04 c
$N_2P_2K_2$	8 747.54 abcd	16 608.93 cde	17 583.90 c	17 154.77 c
$N_2P_3K_2$	9 459.98 a	18 918.10 ab	19 133.49 a	19 215.65 a
$N_2P_2K_0$	6 970.80 g	15 003.87 e	14 330.11 i	13 996.68 e
$N_2P_2K_1$	8 461.16 bcdef	17 363.36 bcd	16 619.20 de	16 147.84 cd
$N_2P_2K_3$	7 916.89 ef	20 290.80 a	18 769.00 ab	19 013.60 ab
$N_3P_2K_2$	8 393.82 cdef	17 942.41 bcd	17 349.50 cd	16 257.71 cd
$N_1P_1K_2$	8 786.76 abcd	17 704.50 bcd	16 002.56 ef	13 769.00 e
$N_1P_2K_1$	8 700.18 abcde	16 405.43 de	15 184.89 gh	14 987.39 de
$N_2P_1K_1$	9 276.64 a	16 524.57 de	14 909.59 ghi	16 221.26 cd

注：同列中不同小写字母表示差异显著（$P<0.05$）。

4. 结论

在吉林白城地区，公农 5 号苜蓿最佳施肥量为氮肥（N）100 kg/hm²、磷肥（P_2O_5）225 kg/hm²、钾肥（K_2O）100 kg/hm²。

第四节　内蒙古高原苜蓿测土配方施肥技术

一、内蒙古磴口地区苜蓿测土配方施肥技术

1. 试验材料与设计

试验地为内蒙古自治区巴彦淖尔市磴口县。苜蓿品种为中草 3 号，供试肥料：氮肥为尿素（N≥46%），磷肥为过磷酸钙（P_2O_5≥12%），钾肥为硫酸钾（K_2O≥51%）。试验设氮、磷、钾 3 个因素 4 个水平，共 14 个施肥处理（表 5.22）。试验采用随机区组排列，每个施肥处理 3 次重复，共 42 个小区，小区面积 20 m²（5 m×4 m），小区间隔 0.5 m。

表 5.22　施肥处理及施肥量

编号	处理	N（kg/hm²）	P_2O_5（kg/hm²）	K_2O（kg/hm²）
1	$N_0P_0K_0$	0.00	0.00	0.00
2	$N_0P_2K_2$	0.00	937.50	176.40
3	$N_1P_2K_2$	81.50	937.50	176.40
4	$N_2P_0K_2$	163.00	0.00	176.40

（续表）

编号	处理	N（kg/hm^2）	P$_2$O$_5$（kg/hm^2）	K$_2$O（kg/hm^2）
5	N$_2$P$_1$K$_2$	163.00	468.75	176.40
6	N$_2$P$_2$K$_2$	163.00	937.50	176.40
7	N$_2$P$_3$K$_2$	163.00	1 406.25	176.40
8	N$_2$P$_2$K$_0$	163.00	937.50	0.00
9	N$_2$P$_2$K$_1$	163.00	937.50	88.20
10	N$_2$P$_2$K$_3$	163.00	937.50	264.60
11	N$_3$P$_2$K$_2$	244.50	937.50	176.40
12	N$_1$P$_1$K$_2$	81.50	468.75	176.40
13	N$_1$P$_2$K$_1$	81.50	937.50	88.20
14	N$_2$P$_1$K$_1$	163.00	468.75	88.20

2. 不同施肥处理对苜蓿干草产量的影响

由表 5.23 可知，施肥处理 N$_2$P$_3$K$_2$ 的苜蓿 4 年平均干草产量最高，为 17 208 kg/hm^2，较不施肥处理（N$_0$P$_0$K$_0$）提高 27.9%。

表 5.23　不同施肥处理对苜蓿干草产量的影响

施肥处理	干草产量（kg/hm^2）				4 年平均干草产量（kg/hm^2）	较不施肥处理（N$_0$P$_0$K$_0$）提高（%）
	2015 年	2016 年	2017 年	2018 年		
N$_2$P$_3$K$_2$	18 948.0	16 441.5	17 431.5	16 011.0	17 208.0	27.9
N$_2$P$_2$K$_3$	18 720.0	15 841.5	16 789.5	15 430.5	16 696.5	24.2
N$_2$P$_2$K$_2$	18 480.0	16 273.5	16 810.5	15 642.0	16 801.5	24.9
N$_2$P$_2$K$_1$	17 307.0	15 493.5	16 905.0	15 538.5	16 311.0	21.3
N$_1$P$_2$K$_2$	17 236.5	15 834.0	16 369.5	15 058.5	16 124.6	19.9
N$_1$P$_2$K$_1$	17 178.0	14 784.0	15 640.5	14 422.5	15 506.3	15.3
N$_3$P$_2$K$_2$	16 093.5	14 658.0	15 679.5	14 418.0	15 212.3	13.1
N$_2$P$_1$K$_2$	16 048.5	14 481.0	15 133.5	13 590.0	14 813.3	10.2
N$_2$P$_1$K$_1$	15 526.5	14 202.0	15 270.0	14 212.5	14 802.8	10.1
N$_1$P$_1$K$_2$	15 511.5	14 200.5	15 244.5	14 076.0	14 758.1	9.7
N$_2$P$_2$K$_0$	15 289.5	13 930.5	15 160.5	13 875.0	14 563.9	8.3
N$_0$P$_2$K$_2$	14 857.5	13 741.5	14 241.0	13 278.0	14 029.5	4.3
N$_2$P$_0$K$_2$	14 772.0	13 816.5	15 016.5	14 028.0	14 408.3	7.1
N$_0$P$_0$K$_0$	14 623.5	13 393.5	13 233.0	12 538.5	13 447.1	—

3. 结论

在内蒙古磴口地区，中草 3 号苜蓿最佳施肥量是氮肥（N）163.0 kg/hm^2、磷肥（P$_2$O$_5$）1 406.25 kg/hm^2、钾肥（K$_2$O）176.4 kg/hm^2。

二、内蒙古鄂尔多斯地区苜蓿测土配方施肥技术

1. 试验地概况

试验地在农业农村部鄂尔多斯沙地草原生态环境重点野外科学观测试验站，位于内蒙古自治区鄂尔多斯市达拉特旗，地处库布齐沙漠东段，海拔 1 100 m 左右，年平均气温 6 ℃，最低气温 -32.3 ℃，最高气温 38.3 ℃；年平均降水量 310 mm 左右，年蒸发量 2 600 mm，无霜期 156 d。位于半干旱地带，风蚀沙化现象十分严重，地下水位较高，丘间洼地土质、水源较好。土壤为风沙土。

2. 试验材料与设计

苜蓿品种为草原 3 号杂花苜蓿，供试肥料：氮肥为尿素（N≥46%），磷肥为重过磷酸钙（P_2O_5≥46%），钾肥为硫酸钾（K_2O≥60%）。试验设氮、磷、钾 3 个因素 4 个水平，共 14 个处理（表 5.24）。试验采用随机区组排列，每个施肥处理 4 次重复，共 56 个小区，小区面积 50 m²。2018 年 7 月播种，条播，行距 30 cm。

表 5.24　施肥处理及施肥量

编号	处理	N（kg/hm²）	P_2O_5（kg/hm²）	K_2O（kg/hm²）
1	$N_0P_0K_0$	0.00	0.00	0.00
2	$N_2P_0K_2$	75.00	0.00	90.00
3	$N_2P_1K_2$	75.00	67.50	90.00
4	$N_2P_2K_0$	75.00	135.00	0.00
5	$N_2P_2K_1$	75.00	135.00	45.00
6	$N_2P_2K_2$	75.00	135.00	90.00
7	$N_2P_2K_3$	75.00	135.00	135.00
8	$N_0P_2K_2$	0.00	135.00	90.00
9	$N_1P_2K_2$	37.50	135.00	90.00
10	$N_3P_2K_2$	112.50	135.00	90.00
11	$N_2P_3K_2$	75.00	202.50	90.00
12	$N_2P_1K_1$	75.00	67.50	45.00
13	$N_1P_1K_2$	37.50	67.50	90.00
14	$N_1P_2K_1$	37.50	135.00	45.00

3. 不同施肥处理对苜蓿生长相关性状的影响

由表 5.25 可知，施肥处理 $N_2P_2K_3$ 的株高和茎粗最高，分别为 43.5 cm、2.61 mm，较不施肥处理（$N_0P_0K_0$）分别增加 70.0% 和 47.5%，施肥处理 $N_2P_2K_0$ 的根长最大，为 30.4 cm，较不施肥处理增加 19.2%。施肥处理 $N_2P_1K_1$ 的单株分枝数最高，为 6.5 个 / 株，较不施肥处理增加 35.4%。

表 5.25　不同施肥处理对苜蓿生长相关性状的影响

施肥处理	株高（cm）	茎粗（mm）	根长（cm）	单株分枝数（个 / 株）
$N_0P_0K_0$	25.9	1.77	25.5	4.8
$N_2P_0K_2$	29.5	2.01	27.9	5.7
$N_2P_1K_2$	36.7	2.31	26.8	5.3

施肥处理	株高（cm）	茎粗（mm）	根长（cm）	单株分枝数（个/株）
$N_2P_2K_0$	43.2	2.39	30.4	5.7
$N_2P_2K_1$	30.7	2.19	30.1	5.1
$N_2P_2K_2$	27.6	1.77	27.2	4.6
$N_2P_2K_3$	43.5	2.61	27.8	6.4
$N_0P_2K_2$	25.6	1.90	25.5	5.0
$N_1P_2K_2$	32.1	2.05	27.1	4.3
$N_3P_2K_2$	33.3	2.12	26.7	5.0
$N_2P_3K_2$	24.5	1.63	25.9	5.0
$N_2P_1K_1$	25.6	1.79	26.1	6.5
$N_1P_1K_2$	36.4	2.04	25.9	4.5
$N_1P_2K_1$	39.6	2.41	26.4	4.3

4. 不同施肥处理对地上、地下生物量的影响

由表5.26可知，施肥处理$N_2P_2K_3$的苜蓿地上生物量鲜重、地下生物量鲜重、地上生物量干重和地下生物量干重均为最高，较不施肥处理（$N_0P_0K_0$）分别提高116.6%、508.1%、156.2%和228.9%。

表5.26 不同施肥处理对地上、地下生物量的影响

施肥处理	地上生物量鲜重（g/株）	地下生物量鲜重（g/株）	地上生物量干重（g/株）	地下生物量干重（g/株）
$N_0P_0K_0$	5.89	2.47	1.30	0.83
$N_2P_0K_2$	8.95	3.96	1.86	1.42
$N_2P_1K_2$	12.00	5.16	2.88	1.89
$N_2P_2K_0$	11.62	5.52	2.97	2.10
$N_2P_2K_1$	9.17	5.18	2.31	1.99
$N_2P_2K_2$	5.10	3.15	1.40	1.12
$N_2P_2K_3$	12.76	15.02	3.33	2.73
$N_0P_2K_2$	3.96	4.10	1.23	1.02
$N_1P_2K_2$	8.46	4.20	2.13	1.42
$N_3P_2K_2$	8.05	6.76	2.41	1.46
$N_2P_3K_2$	6.78	2.82	1.86	1.09
$N_2P_1K_1$	7.26	3.18	1.63	1.17
$N_1P_1K_2$	6.33	3.69	1.69	1.49
$N_1P_2K_1$	9.73	3.79	2.16	1.46

5. 结论

在内蒙古鄂尔多斯地区，草原3号杂花苜蓿最佳施肥量为氮肥（N）75.0 kg/hm^2、磷肥（P_2O_5）135.0 kg/hm^2、钾肥（K_2O）135.0 kg/hm^2。

三、内蒙古呼和浩特地区苜蓿测土配方施肥技术

1. 试验地概况

试验地位于内蒙古自治区呼和浩特市和林格尔县盛乐园区，北纬39°58′~40°41′、东经111°26′~112°18′，该地区属于中温带半干旱大陆性季风气候，年平均降水量400 mm左右，无霜期130 d左右。年平均气温在6.2 ℃左右。供试土壤养分状况见表5.27。

表5.27 供试土壤养分状况

pH 值	有机质（g/kg）	全氮（g/kg）	全磷（g/kg）	碱解氮（mg/kg）	有效磷（mg/kg）	速效钾（mg/kg）	硫元素（g/kg）	电导率（μS/cm）
8.22	13.3	0.61	13.3	5.4	6.1	82.1	2.2	102.4

2. 试验材料与设计

苜蓿品种为草原2号，供试肥料：尿素（N≥46.0%）、重过磷酸钙（P_2O_5≥46%）、硫酸钾（K_2O≥60%) 作底肥，来自北京克劳沃草业公司的水溶肥（含 N 20%，P_2O_5 20%，K_2O 20%）和微生物菌肥（含2.1亿/mL，61种有益菌）作追肥。试验设氮、磷、钾3个因素4个水平，共14个处理（表5.28），随机区组排列，4次重复，小区面积20 m²。氮、磷、钾肥作为底肥在播种时一次性全部施入，在苜蓿生长第二年现蕾期第一次刈割后进行追肥，每一种施肥处理的追肥量（水溶肥270 kg/hm² 和微生物菌肥150 L/hm²）一致，在施肥处理的试验小区上取对角线位置上的两个5 m²进行追肥试验，另10 m²不追肥的为对照。于2014年7月11日播种，条播，播种量5 g左右，行距50 cm。其他管理同大田管理。

表5.28 不同施肥水平下各养分含量和相应肥料用量

施肥处理	N（kg/hm²）	P_2O_5（kg/hm²）	K_2O（kg/hm²）	底肥（kg/hm²）		
				尿素	重过磷酸钙	硫酸钾
$N_0P_0K_0$	0.00	0.00	0.00	0.00	0.00	0.00
$N_2P_0K_2$	75.00	0.00	90.00	163.00	0.00	150.00
$N_2P_1K_2$	75.00	67.50	90.00	163.00	146.70	150.00
$N_2P_2K_0$	75.00	135.00	0.00	163.00	293.40	0.00
$N_2P_2K_1$	75.00	135.00	45.00	163.00	293.40	75.00
$N_2P_2K_2$	75.00	135.00	90.00	163.00	293.40	150.00
$N_2P_2K_3$	75.00	135.00	135.00	163.00	293.40	225.00
$N_0P_2K_2$	0.00	135.00	90.00	0.00	293.40	150.00
$N_1P_2K_2$	37.50	135.00	90.00	81.50	293.40	150.00
$N_3P_2K_2$	112.50	135.00	90.00	244.50	293.40	150.00
$N_2P_3K_2$	75.00	202.50	90.00	163.00	440.10	150.00
$N_2P_1K_1$	75.00	67.50	45.00	163.00	146.70	75.00
$N_1P_1K_2$	37.50	67.50	90.00	81.50	146.70	150.00
$N_1P_2K_1$	37.50	135.00	45.00	81.50	293.40	75.00

3. 不同施肥处理对苜蓿产量的影响

由表5.29可见，不同施肥处理对苜蓿干草产量影响差异显著（$P < 0.05$）。在追肥和不追肥条件

下，施肥处理 $N_2P_2K_0$ 的苜蓿干草产量都是最大，分别为 1 655.9 kg/hm^2 和 1 747.1 kg/hm^2，较不施肥处理（$N_0P_0K_0$）分别提高了 79.2%、99.9%。

表 5.29　不同施肥处理对苜蓿干草产量的影响

施肥处理	追肥产量（kg/hm^2）	不追肥产量（kg/hm^2）
$N_0P_0K_0$	929.7 c	874.2 c
$N_2P_0K_2$	1 562.8 abc	1 663.0 ab
$N_2P_1K_2$	1 340.9 abc	1 315.9 abc
$N_2P_2K_0$	1 665.9 a	1 747.1 a
$N_2P_2K_1$	857.0 c	811.7 c
$N_2P_2K_2$	1 425.6 abc	1 377.8 abc
$N_2P_2K_3$	1 279.1 abc	1 298.0 abc
$N_0P_2K_2$	1 006.9 abc	1 037.2 bc
$N_1P_2K_2$	1 340.1 abc	1 348.0 abc
$N_3P_2K_2$	862.1 c	941.9 c
$N_2P_3K_2$	913.2 bc	883.0 c
$N_2P_1K_1$	1 318.9 abc	1 407.1 abc
$N_1P_1K_2$	1 617.0 ab	1 431.9 abc
$N_1P_2K_1$	1 189.9 abc	1 242.1 abc

注：同列中不同小写字母表示差异显著（$P<0.05$）。

4. 结论

在内蒙古呼和浩特地区，草原 2 号杂花苜蓿最佳施肥量是氮肥（N）75.0 kg/hm^2、磷肥（P_2O_5）135.0 kg/hm^2、钾肥（K_2O）0 kg/hm^2。

四、内蒙古科尔沁地区苜蓿测土配方施肥技术

1. 试验地概况

试验地位于内蒙古自治区赤峰市阿鲁科尔沁旗，地理位置为北纬 43°21′～45°24′、东经 119°02′～121°01′，属于中温带干旱大陆性季风气候区，四季分明，年平均气温 5.5 ℃，年日照时数 2 760～3 030 h，极端最高气温 40.6 ℃，极端最低气温 -32.7 ℃，年平均积温 2 900～3 400 ℃，无霜期 95～140 d，年平均降水量 300～400 mm。试验地土壤为沙土，0～20 cm 土层土壤养分状况如下：土壤碱解氮 49.99 mg/kg、有效磷 12.95 mg/kg、速效钾 60.84 mg/kg、有机质含量为 8.35 g/kg、阳离子交换量为 33.31 cmol/kg、土壤 pH 值 7.91。

2. 试验材料与设计

苜蓿品种为康赛，供试肥料：氮肥为尿素（N≥46%），磷肥为重过磷酸钙（P_2O_5≥44%），钾肥为硫酸钾（K_2O≥60%）。试验采用完全随机区组设计，其中氮肥 3 个水平：N0（不施氮）、N45（N 45 kg/hm^2）、N90（N 90 kg/hm^2）；磷肥 4 个水平：P0（不施磷）、P90（P_2O_5 90 kg/hm^2）、P180（P_2O_5 180 kg/hm^2）、P270（P_2O_5 270 kg/hm^2）；钾肥 4 个水平：K0（不施钾）、K100（K_2O 100 kg/hm^2）、K200（K_2O 200 kg/hm^2）、K300（K_2O 300 kg/hm^2），共 48 个处理（表 5.30）。

施肥次数即每次用量：氮肥春季沟施 40%，第 1 茬、第 2 茬刈割后分别人工撒施 30%。磷肥和钾肥春季沟施 30%，第 1 茬、第 2 茬和第 3 茬刈割后分别人工撒施 20%、20% 和 30%。试验地于 2012 年 7 月 14 日播种建植，试验于 2015 年春季开展，小区面积 24 m²（4 m×6 m），4 次重复。试验地苜蓿行距 17 cm，播种量 22.5 kg/hm²。

表 5.30　苜蓿施肥完全随机区组设计

施肥水平 (kg/hm²)	N0				N45				N90			
	K0	K100	K200	K300	K0	K100	K200	K300	K0	K100	K200	K300
P0	T1	T2	T3	T4	T17	T18	T19	T20	T33	T34	T35	T36
P90	T5	T6	T7	T8	T21	T22	T23	T24	T37	T38	T39	T40
P180	T9	T10	T11	T12	T25	T26	T27	T28	T41	T42	T43	T44
P270	T13	T14	T15	T16	T29	T30	T31	T32	T45	T46	T47	T48

3. 不同施肥处理对苜蓿形态指标的影响

由表 5.31 可知，不同施肥处理对第 1 茬株高、第 2 茬和第 3 茬的干鲜比、茎叶比、株高影响差异显著（$P<0.05$）。不同施肥处理的第 2 茬苜蓿株高较不施肥处理（T1）差异显著（$P<0.05$），不同施肥处理可以在一定程度上提高第 2 茬苜蓿株高，而对第 1 茬、第 3 茬株高影响差异不显著。

表 5.31　施肥处理下苜蓿的形态指标

施肥处理	第1茬			第2茬			第3茬		
	干鲜比	茎叶比	株高	干鲜比	茎叶比	株高	干鲜比	茎叶比	株高
T1	0.23 a	1.48 a	94.40 ab	0.23 abc	1.03 ab	71.43 cd	0.19 abc	0.85 abc	54.05 ab
T2	0.23 a	1.35 a	94.45 ab	0.25 abc	0.94 ab	75.00 abcd	0.20 ab	0.83 abc	52.79 ab
T3	0.23 a	1.42 a	93.60 ab	0.22 abc	1.08 ab	74.00 abcd	0.19 abc	0.85 abc	55.23 ab
T4	0.22 a	1.49 a	90.94 b	0.21 abc	1.04 ab	74.00 abcd	0.19 abc	0.83 abc	54.86 ab
T5	0.24 a	1.40 a	92.68 ab	0.22 abc	0.93 ab	77.70 abc	0.19 abc	0.80 abc	56.24 ab
T6	0.23 a	1.45 a	91.59 b	0.21 bc	1.08 ab	73.00 abcd	0.18 abc	0.81 abc	52.75 ab
T7	0.23 a	1.52 a	95.30 ab	0.22 abc	1.10 ab	78.00 abc	0.19 abc	0.74 abc	54.94 ab
T8	0.24 a	1.36 a	94.69 ab	0.23 abc	1.01 ab	76.00 abcd	0.19 abc	0.86 abc	56.90 ab
T9	0.22 a	1.28 a	92.93 ab	0.24 abc	1.05 ab	74.00 abcd	0.19 abc	0.82 abc	52.91 ab
T10	0.24 a	1.36 a	92.63 ab	0.21 bc	1.19 ab	72.3 bcd	0.18 abc	0.86 abc	53.41 ab
T11	0.22 a	1.31 a	91.00 b	0.22 abc	1.03 ab	77.60 abc	0.19 abc	0.69 abc	57.84 ab
T12	0.21 a	1.54 a	96.03 ab	0.22 abc	0.90 ab	74.00 abcd	0.20 abc	0.63 bc	53.30 ab
T13	0.21 a	1.40 a	94.29 ab	0.24 abc	0.96 ab	74.00 abcd	0.21 a	0.75 abc	54.08 ab
T14	0.22 a	1.35 a	92.68 ab	0.23 abc	1.02 ab	79.41 ab	0.19 abc	0.76 abc	57.06 ab
T15	0.24 a	1.34 a	94.26 ab	0.22 abc	1.22 a	78.88 ab	0.18 abc	0.65 bc	56.38 ab
T16	0.24 a	1.45 a	90.66 b	0.22 abc	0.98 ab	79.71 a	0.19 abc	0.97 abc	50.21 b
T17	0.23 a	1.43 a	93.44 ab	0.25 abc	1.03 ab	75.00 abcd	0.18 abc	0.97 abc	54.45 ab
T18	0.21 a	1.36 a	92.64 ab	0.22 abc	1.06 ab	76.00 abcd	0.19 abc	0.93 abc	53.63 ab
T19	0.21 a	1.33 a	95.94 ab	0.23 abc	1.14 ab	78.2 abc	0.19 abc	0.77 abc	56.36 ab

（续表）

施肥处理	第1茬			第2茬			第3茬		
	干鲜比	茎叶比	株高	干鲜比	茎叶比	株高	干鲜比	茎叶比	株高
T20	0.23 a	1.42 a	94.00 ab	0.23 abc	0.91 ab	76.00 abcd	0.20 abc	0.69 abc	56.00 ab
T21	0.22 a	1.29 a	92.30 ab	0.23 abc	1.00 ab	74.00 abcd	0.20 abc	0.88 abc	54.70 ab
T22	0.22 a	1.48 a	94.05 ab	0.24 abc	0.89 ab	75.00 abcd	0.19 abc	0.92 abc	56.90 ab
T23	0.24 a	1.34 a	95.59 ab	0.21 abc	0.98 ab	73.00 abcd	0.18 abc	0.89 abc	53.78 ab
T24	0.23 a	1.42 a	94.48 ab	0.26 ab	1.02 ab	73.00 abcd	0.18 abc	0.79 abc	55.43 ab
T25	0.23 a	1.38 a	94.21 ab	0.21 abc	1.00 ab	73.00 abcd	0.19 abc	0.86 abc	54.61 ab
T26	0.22 a	1.53 a	94.86 ab	0.24 abc	1.03 ab	78.3 abc	0.18 abc	0.82 abc	52.16 ab
T27	0.24 a	1.47 a	94.68 ab	0.23 abc	0.92 ab	73.00 abcd	0.20 abc	0.85 abc	53.15 ab
T28	0.22 a	1.38 a	93.24 ab	0.23 abc	0.98 ab	73.00 abcd	0.18 abc	0.74 abc	54.69 ab
T29	0.23 a	1.40 a	98.40 a	0.22 abc	1.10 ab	69.73 d	0.21 a	0.77 abc	55.31 ab
T30	0.23 a	1.50 a	93.53 ab	0.22 abc	0.98 ab	75.00 abcd	0.18 abc	0.81 abc	54.44 ab
T31	0.21 a	1.56 a	93.16 ab	0.20 bc	1.07 ab	69.61 d	0.17 c	0.76 abc	56.86 ab
T32	0.21 a	1.36 a	94.05 ab	0.21 abc	1.01 ab	73.00 abcd	0.18 abc	0.73 abc	52.63 ab
T33	0.21 a	1.50 a	93.98 ab	0.24 abc	0.92 ab	77.80 abc	0.19 abc	1.09 a	55.96 ab
T34	0.23 a	1.28 a	92.65 ab	0.22 abc	0.99 ab	75.00 abcd	0.19 abc	0.70 abc	54.58 ab
T35	020 a	1.57 a	95.35 ab	0.21 abc	1.13 ab	73.00 abcd	0.19 abc	0.71 ab	56.34 ab
T36	0.24 a	1.29 a	89.85 ab	0.27 a	0.87 b	74.00 abcd	0.19 abc	0.72 abc	52.00 ab
T37	0.23 a	1.43 a	94.10 ab	0.20 c	1.14 ab	76.00 abcd	0.19 abc	0.78 abc	55.45 ab
T38	0.23 a	1.42 a	93.90 ab	0.22 abc	0.97 ab	73.00 abcd	0.19 abc	0.99 abc	53.59 ab
T39	0.23 a	1.52 a	93.13 ab	0.20 bc	1.15 ab	78.00 abc	0.19 abc	1.03 ab	58.61 a
T40	0.22 a	1.56 a	93.30 ab	0.23 abc	0.92 ab	77.1 abc	0.20 abc	0.77 abc	54.85 ab
T41	0.24 a	1.59 a	95.51 ab	0.24 abc	0.90 ab	76.00 abcd	0.19 abc	0.62 bc	54.65 ab
T42	0.24 a	1.84 a	94.81 ab	0.21 abc	1.02 ab	74.00 abcd	0.20 abc	0.58 c	55.71 ab
T43	0.20 a	1.32 a	92.39 b	0.22 abc	0.97 ab	75.00 abcd	0.18 abc	1.01 ab	53.78 ab
T44	0.21 a	1.53 a	96.00 ab	0.21 abc	1.14 ab	78.94 ab	0.19 abc	0.93 abc	57.49 ab
T45	0.21 a	1.43 a	94.10 ab	0.23 abc	1.03 ab	73.00 abcd	0.19 abc	0.92 abc	52.80 ab
T46	0.23 a	1.51 a	95.65 ab	0.23 abc	1.12 ab	77.00 abcd	0.19 abc	0.80 abc	56.25 ab
T47	0.22 a	1.53 a	92.43 ab	0.22 abc	0.81 b	76.00 abcd	0.19 abc	0.77 abc	54.03 ab
T48	0.24 a	1.56 a	93.53 ab	0.22 abc	0.95 ab	79.20 ab	0.18 abc	0.94 abc	56.48 ab

注：同列中不同小写字母表示差异显著（$P < 0.05$）。

4. 不同施肥处理对苜蓿干草产量的影响

由图5.1可知，不同施氮处理对苜蓿产量影响差异显著（$P < 0.05$）。施氮处理N45的苜蓿第1茬、第2茬及3茬总产量都是最高，3茬总产量为13.19 t/hm²，较不施氮处理（N0）增产7.6%。氮肥的施用均可以显著提高第1茬苜蓿产量，与之不同的是，第2茬苜蓿产量只在低氮处理（N45）下得到显著增加，而第3茬苜蓿产量只在高氮处理（N90）下得到显著增加。

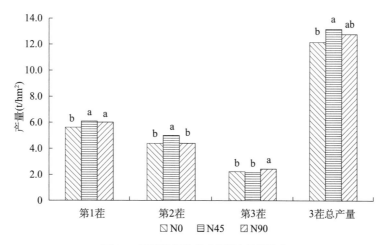

图 5.1 不同施氮处理对苜蓿产量的影响

注：不同小写字母表示差异显著（$P < 0.05$）。

由图 5.2 可知，不同施磷处理对苜蓿第 1 茬、第 2 茬及 3 茬总产量影响差异不显著。

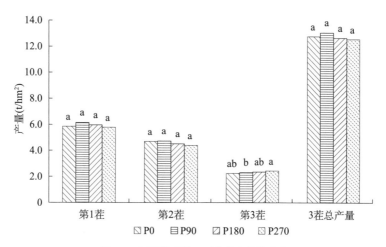

图 5.2 不同施磷处理对苜蓿产量的影响

注：不同小写字母表示差异显著（$P < 0.05$）。

由图 5.3 可知，不同施钾处理对苜蓿第 1 茬、第 2 茬和 3 茬总产量影响差异显著（$P < 0.05$）。施钾处理 K200 的苜蓿 3 茬总产量较不施钾处理（K0）增加 8.5%。

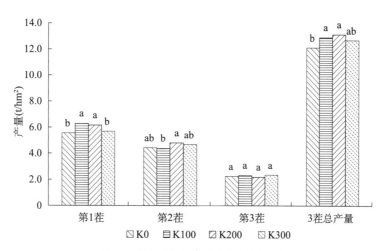

图 5.3 不同施钾处理对苜蓿产量的影响

注：不同小写字母表示差异显著（$P < 0.05$）。

5. 不同施肥处理对首蓿粗蛋白质含量的影响

由图5.4、图5.5、图5.6可知，不同施氮、施磷、施钾处理对首蓿粗蛋白质含量影响差异显著（$P<$ 0.05）。施氮处理降低了第1茬和第3茬首蓿粗蛋白质含量（$P<0.05$），但提高了第2茬首蓿粗蛋白质含量。施磷处理P270的第1茬、第2茬和第3茬首蓿粗蛋白质含量都是最高。施钾处理的第3茬首蓿粗蛋白质含量较不施钾处理（K0）差异显著（$P<0.05$），但在第1茬和第2茬，钾肥的施用对首蓿粗蛋白质含量并无显著影响（$P>0.05$）（图5.6）。

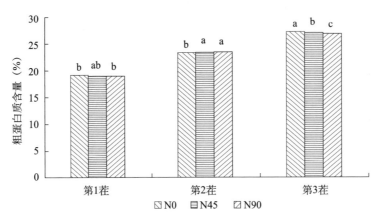

图5.4　不同施氮处理对首蓿粗蛋白质含量的影响

注：不同小写字母表示差异显著（$P<0.05$）。

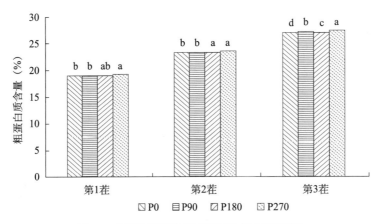

图5.5　不同施磷处理对首蓿粗蛋白质含量的影响

注：不同小写字母表示差异显著（$P<0.05$）。

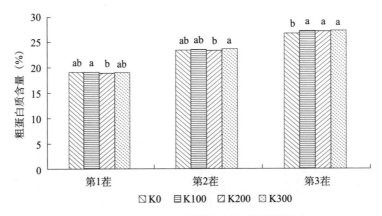

图5.6　不同施钾处理对首蓿粗蛋白质含量的影响

注：不同小写字母表示差异显著（$P<0.05$）。

　　由表 5.32 可知，不同施肥处理对苜蓿各茬次粗蛋白质含量的影响不同。施肥处理 T9（P180）的第 1 茬苜蓿粗蛋白质含量最高，为 20.11%，较不施肥处理（T1）增加 10.37%。施肥处理 T48（N90、P270、K300）第 2 茬苜蓿粗蛋白质含量最高，为 25.13%，较不施肥处理（T1）增加 9.55%。施肥处理 T15（P270、K200）的第 3 茬苜蓿粗蛋白质含量最高，为 29.00%，较不施肥处理（T1）增加 12.10%。

表 5.32　不同施肥处理对苜蓿粗蛋白质含量的影响　　　　　　单位：%

施肥处理	第 1 茬	第 2 茬	第 3 茬
T1	18.22	22.94	25.87
T2	19.94	23.06	27.87
T3	18.62	22.71	26.72
T4	18.58	23.75	26.66
T5	18.14	23.41	27.73
T6	18.78	23.76	26.86
T7	19.01	22.48	27.85
T8	19.48	22.87	27.48
T9	20.11	22.92	26.98
T10	18.76	23.53	27.92
T11	19.37	23.68	26.97
T12	18.75	23.05	27.04
T13	18.95	24.11	27.78
T14	19.78	22.90	28.08
T15	19.32	23.87	29.00
T16	19.98	23.54	27.03
T17	18.70	23.80	27.74
T18	18.16	22.89	27.02
T19	19.23	23.82	26.90
T20	19.47	22.04	26.02
T21	19.28	22.90	26.94
T22	19.29	22.91	26.41
T23	19.81	23.23	26.70
T24	18.82	23.24	28.45
T25	19.37	23.36	26.45
T26	18.94	24.22	27.64
T27	18.79	23.30	26.56
T28	19.50	24.14	28.60
T29	18.75	23.48	26.33
T30	18.56	24.31	27.75
T31	19.21	23.74	27.49
T32	19.06	25.00	27.09

（续表）

施肥处理	第1茬	第2茬	第3茬
T33	19.91	23.95	25.60
T34	19.97	23.82	26.91
T35	18.08	23.56	27.12
T36	18.41	23.92	28.00
T37	18.82	23.23	26.54
T38	18.68	24.22	25.72
T39	18.46	22.59	27.10
T40	19.05	23.93	28.44
T41	18.89	24.64	27.39
T42	19.14	23.26	27.16
T43	18.68	23.97	26.30
T44	18.26	22.81	25.84
T45	18.15	22.70	26.68
T46	19.59	22.49	27.02
T47	18.63	22.54	27.62
T48	19.17	25.13	26.54

6. 结论

在内蒙古科尔沁地区，康赛苜蓿的最佳施肥量是氮肥（N）45 kg/hm^2、磷肥（P$_2$O$_5$）270 kg/hm^2、钾肥（K$_2$O）200 kg/hm^2。

第五节　西北荒漠灌区苜蓿测土配方施肥技术

一、甘肃金昌地区苜蓿测土配方施肥技术

1. 试验地概况

试验地在甘肃省农业科学院永昌试验站，位于甘肃省金昌市永昌县，位于北纬37°47′～38°35′、东经101°04′～102°42′，海拔1 996 m，属温带大陆性干旱气候区，年平均气温4.8 ℃，夏秋季节平均气温20 ℃。多年平均降水量185.1 mm，降水年内分布不均，主要集中于6—9月，年蒸发量2 000.6 mm，年有效积温（≥10 ℃）2 011 ℃，无霜期134 d。土壤为灌漠土，土壤养分状况如下：有机质14.8 g/kg、全氮0.88 g/kg，碱解氮38.8 mg/kg，有效磷30 mg/kg、速效钾104.4 mg/kg、pH值8.5。

2. 试验材料与设计

苜蓿品种为甘农3号，由甘肃农业大学草业学院提供。供试肥料：氮肥为尿素（N≥46%），磷肥为过磷酸钙（P$_2$O$_5$≥12%），钾肥为硫酸钾（K$_2$O≥52%）。试验设氮、磷、钾3个因素4个水平，共

14 个处理（表 5.33）。试验采用随机区组排列，每个施肥处理 3 次重复，共 42 个小区，小区面积为 25 m^2（5 m × 5 m），小区间隔 80 cm，每个小区一侧有水渠。2015 年 4 月播种，条播，行距 20 cm，播种量 15 kg/hm^2，播种深度 2~4 cm。2015 年刈割 1 次，从第 2 年开始，每年刈割 3 次，初花期刈割。氮肥按刈割茬次平均施入，即为返青前和第 1 次、第 2 次刈割后，磷肥和钾肥于返青前一次性施入，施量为磷肥 105 kg/hm^2、钾肥 90 kg/hm^2，施肥后充分灌溉。各小区除施肥不同外，其他管理全部相同。

表 5.33　苜蓿测土配方施肥试验方案

编号	施肥处理	N（kg/hm^2）	P$_2$O$_5$（kg/hm^2）	K$_2$O（kg/hm^2）
1	N$_0$P$_0$K$_0$	0.00	0.00	0.00
2	N$_2$P$_0$K$_2$	103.50	0.00	90.00
3	N$_2$P$_1$K$_2$	103.50	52.50	90.00
4	N$_2$P$_2$K$_0$	103.50	105.00	0.00
5	N$_2$P$_2$K$_1$	103.50	105.00	45.00
6	N$_2$P$_2$K$_2$	103.50	105.00	90.00
7	N$_2$P$_2$K$_3$	103.50	105.00	135.00
8	N$_0$P$_2$K$_2$	0.00	105.00	90.00
9	N$_1$P$_2$K$_2$	51.75	105.00	90.00
10	N$_3$P$_2$K$_2$	155.25	105.00	90.00
11	N$_2$P$_3$K$_2$	103.50	157.50	90.00
12	N$_2$P$_1$K$_1$	103.50	52.50	45.00
13	N$_1$P$_1$K$_2$	51.75	52.50	90.00
14	N$_1$P$_2$K$_1$	51.75	105.00	45.00

3. 不同施肥处理对苜蓿干草产量的影响

由表 5.34 可知，不同施肥处理对苜蓿干草产量影响差异显著（$P < 0.05$）。除施肥处理 N$_3$P$_2$K$_2$ 外，其他施肥处理各年苜蓿干草产量均显著高于不施肥处理（N$_0$P$_0$K$_0$）。施肥处理 N$_1$P$_2$K$_2$ 的 3 年平均苜蓿干草产量最高，为 21 429.9 kg/hm^2，较不施肥处理增产 39.7%，只与施肥处理 N$_2$P$_0$K$_2$ 和 N$_3$P$_2$K$_2$ 差异显著（$P < 0.05$），与其他施肥处理差异不显著。

表 5.34　不同施肥处理对苜蓿干草产量的影响　　　　　　　　　　单位：kg/hm^2

施肥处理	2016 年	2017 年	2018 年	3 年平均
N$_0$P$_0$K$_0$	14 089.8 k	16 014.8 i	15 902.8 n	15 335.8 d
N$_2$P$_0$K$_2$	16 411.9 j	18 079.8 g	17 301.9 l	17 264.5 c
N$_2$P$_1$K$_2$	19 407.0 d	21 429.1 d	21 679.6 d	20 838.6 a
N$_2$P$_2$K$_0$	17 293.5 h	20 004.4 e	20 311.3 g	19 203.1 abc
N$_2$P$_2$K$_1$	18 991.6 f	21 820.9 c	21 738.4 c	20 850.3 a
N$_2$P$_2$K$_2$	19 991.6 c	21 529.9 d	21 953.5 b	21 158.3 a
N$_2$P$_2$K$_3$	19 193.7 e	18 631.9 f	20 988.2 f	19 604.6 abc

（续表）

施肥处理	2016 年	2017 年	2018 年	3 年平均
$N_0P_2K_2$	19 048.6 ef	22 363.1 c	16 994.6 m	19 468.8 abc
$N_1P_2K_2$	20 245.6 b	22 903.6 b	21 140.6 e	21 429.9 a
$N_3P_2K_2$	16 925.1 i	16 394.2 i	19 024.4 i	17 447.9 c
$N_2P_3K_2$	18 603.7 g	17 629.7 h	23 250.1 a	19 827.8 ab
$N_2P_1K_1$	18 861.2 f	20 404.6 e	19 641.9 h	19 635.9 abc
$N_1P_1K_2$	20 723.6 a	22 346.4 c	18 655.3 j	20 575.1 a
$N_1P_2K_1$	20 057.4 c	23 447.8 a	19 022.3 k	20 842.5 a

注：同列中不同小写字母表示差异显著（$P<0.05$）。

4. 不同施肥处理对紫花苜蓿粗蛋白质含量的影响

由表 5.35 可知，不同施肥处理对苜蓿粗蛋白质含量的影响差异显著（$P<0.05$）。施肥处理 $N_2P_2K_2$ 的 2016 年、2017 年和 3 年平均粗蛋白质含量都是最高，分别为 21.43%、21.20% 和 20.97%，较不施肥处理（$N_0P_0K_0$）分别增加 20.9%、28.5% 和 23.1%。

表 5.35　不同施肥处理对苜蓿粗蛋白质含量的影响　　　　　单位：%

施肥处理	2016 年	2017 年	2018 年	3 年平均
$N_0P_0K_0$	17.73 g	16.50 i	16.89 g	17.04 d
$N_2P_0K_2$	19.27 f	18.77 f	18.40 f	18.81 c
$N_2P_1K_2$	19.80 de	19.83 cd	18.69 f	19.44 bc
$N_2P_2K_0$	19.70 def	18.17 g	18.68 f	18.85 c
$N_2P_2K_1$	20.63 b	19.07 ef	18.83 ef	19.51 bc
$N_2P_2K_2$	21.43 a	21.20 a	20.28 bc	20.97 a
$N_2P_2K_3$	21.10 a	19.00 f	19.63 cd	19.91 abc
$N_0P_2K_2$	18.00 g	17.50 h	21.35 a	18.95 c
$N_1P_2K_2$	19.90 de	19.03 ef	19.51 de	19.48 bc
$N_3P_2K_2$	20.00 cd	19.97 c	19.94 bcd	19.97 abc
$N_2P_3K_2$	20.40 bc	20.53 b	20.57 b	20.50 ab
$N_2P_1K_1$	19.93 cd	20.90 ab	19.44 de	20.09 abc
$N_1P_1K_2$	19.97 cd	19.20 ef	18.90 ef	19.35 bc
$N_1P_2K_1$	19.43 ef	19.50 de	19.80 cd	19.57 bc

注：同列中不同小写字母表示差异显著（$P<0.05$）。

5. 不同施肥处理对苜蓿相对饲用价值的影响

由表 5.36 可知，不同施肥处理对苜蓿相对饲用价值影响差异显著（$P<0.05$），不同施肥处理的相对饲用价值较不施肥处理 $N_0P_0K_0$ 都有显著提高。施肥处理 $N_3P_2K_2$ 的 3 年平均苜蓿相对饲用价值最高，为 138.8，但与施肥处理 $N_2P_3K_2$、$N_2P_2K_2$、$N_2P_2K_3$ 差异不显著（$P>0.05$）。

表 5.36　不同施肥处理对苜蓿相对饲用价值的影响

施肥处理	2016 年	2017 年	2018 年	3 年平均
$N_0P_0K_0$	114.2 d	114.7 d	110.7 d	113.2 d
$N_2P_0K_2$	120.5 c	127.3 b	122.4 c	123.4 c
$N_2P_1K_2$	122.6 bc	128.3 b	124.7 c	125.2 bc
$N_2P_2K_0$	125.4 b	129.5 b	130.5 b	128.5 b
$N_2P_2K_1$	127.1 b	128.6 b	131.7 b	129.2 b
$N_2P_2K_2$	128.8 a	134.5 b	141.2 a	134.8 ab
$N_2P_2K_3$	128.4 b	132.9 b	141.9 a	134.4 ab
$N_0P_2K_2$	124.1 bc	128.4 b	125.7 c	126.1 bc
$N_1P_2K_2$	125.4 b	130.7 b	135.7 b	130.6 b
$N_3P_2K_2$	131.4 a	142.3 a	142.8 a	138.8 a
$N_2P_3K_2$	131.8 a	134.1 b	143.4 a	136.5 a
$N_2P_1K_1$	127.3 b	130.6 b	124.1 c	127.3 b
$N_1P_2K_2$	124.0 bc	122.3 c	125.3 c	123.9 c
$N_1P_2K_1$	123.8 bc	121.5 c	128.9 bc	124.7 bc

注：同列中不同小写字母表示差异显著（$P < 0.05$）。

6. 结论

在甘肃金昌地区，甘农 3 号苜蓿最佳施肥量为氮肥（N）103.5 kg/hm²、磷肥（P_2O_5）157.5 kg/hm²、钾肥（K_2O）90 kg/hm²。

二、甘肃庆阳地区苜蓿测土配方施肥技术

1. 试验地概况

试验地在兰州大学庆阳黄土高原试验站，位置北纬 35° 40′、东经 107° 52′，属于典型的大陆性气候，海拔 1 146 m，年平均降水量 562 mm，全年降水的 70% 集中于 7—9 月，年平均潜在蒸发量 1 504 mm，年有效积温（≥10 ℃）为 3 446 ℃，极端最高气温 39.6 ℃，极端最低气温为 -22.4 ℃，无霜期 161 d，生长季 225 d。试验地土壤全氮含量 0.6 g/kg、速效磷含量 23.0 mg/kg、速效钾含量 179.4 mg/kg。

2. 试验材料与设计

苜蓿品种为甘农 3 号，供试肥料：氮肥为尿素（N≥46%），磷肥为过磷酸钙（P_2O_5≥16%），钾肥为硫酸钾（K_2O≥51%）。试验设氮、磷、钾 3 个因素 4 个水平，共 30 个处理（表 5.37）。试验采用随机区组排列，每个施肥处理重复 3 次，共 90 个小区，小区面积为 20 m²（4 m×5 m），小区间隔 0.5 m。于 2015 年 9 月 8 日条播，行距 30 cm，播种量 22.5 kg/hm²。2015 年不施肥，于 2016 年、2017 年、2018 年进行施肥处理，1/2 的氮肥、全部的磷肥和钾肥混合，在返青时一次性施入，第 1 次刈割后追肥 1/2 的氮肥，开沟条施。整个试验期不进行人工灌水处理。每年头茬在初花期进行刈割，而后每 45 d 刈割 1 茬，共 3 茬。测定苜蓿干草产量和品质。

表 5.37　苜蓿测土配方施肥试验方案　　　　　　　　　　单位: kg/hm^2

编号	施肥处理	N	P$_2$O$_5$	K$_2$O
1	N$_0$P$_0$K$_0$	0.00	0.00	0.00
2	N$_0$P$_0$K$_1$	0.00	0.00	60.00
3	N$_0$P$_0$K$_2$	0.00	0.00	120.00
4	N$_0$P$_1$K$_0$	0.00	60.00	0.00
5	N$_0$P$_1$K$_1$	0.00	60.00	60.00
6	N$_0$P$_1$K$_2$	0.00	60.00	120.00
7	N$_0$P$_2$K$_0$	0.00	120.00	0.00
8	N$_0$P$_2$K$_1$	0.00	120.00	60.00
9	N$_0$P$_2$K$_2$	0.00	120.00	120.00
10	N$_1$P$_0$K$_0$	50.00	0.00	0.00
11	N$_1$P$_0$K$_1$	50.00	0.00	60.00
12	N$_1$P$_0$K$_2$	50.00	0.00	120.00
13	N$_1$P$_1$K$_0$	50.00	60.00	0.00
14	N$_1$P$_1$K$_1$	50.00	60.00	60.00
15	N$_1$P$_1$K$_2$	50.00	60.00	120.00
16	N$_1$P$_2$K$_0$	50.00	120.00	0.00
17	N$_1$P$_2$K$_1$	50.00	120.00	60.00
18	N$_1$P$_2$K$_2$	50.00	120.00	120.00
19	N$_2$P$_0$K$_0$	100.00	0.00	0.00
20	N$_2$P$_0$K$_1$	100.00	0.00	60.00
21	N$_2$P$_0$K$_2$	100.00	0.00	120.00
22	N$_2$P$_1$K$_0$	100.00	60.00	0.00
23	N$_2$P$_1$K$_1$	100.00	60.00	60.00
24	N$_2$P$_1$K$_2$	100.00	60.00	120.00
25	N$_2$P$_2$K$_0$	100.00	120.00	0.00
26	N$_2$P$_2$K$_1$	100.00	120.00	60.00
27	N$_2$P$_2$K$_2$	100.00	120.00	120.00
28	N$_3$P$_2$K$_2$	150.00	120.00	120.00
29	N$_2$P$_3$K$_2$	100.00	180.00	120.00
30	N$_2$P$_2$K$_3$	100.00	120.00	180.00

3. 不同施肥处理对苜蓿干草产量的影响

由表 5.38 可知，不同施肥处理的苜蓿干草产量均高于不施肥处理（N$_0$P$_0$K$_0$）。施肥处理 N$_1$P$_2$K$_1$ 的 3 年总产量最高，为 39.76 t/hm^2，较不施肥处理（N$_0$P$_0$K$_0$）增产 43.5%。利用 3 年总产量与施肥处理进行二次肥料效应函数的拟合，建立了氮、磷、钾 3 种肥料用量与产量的回归方程 $Y = 3.312 + 2.596N + 2.513P + 2.546K + 1.168N^2 + 3.106P^2 + 1.554K^2 - 2.895NP - 1.836NK + 1.364PK$。经过 F 检验，3 年产量 F 值为 4.60，达到极显著水平（$P < 0.01$），表明上述模型拟合性好，可用于决策苜蓿的合理施肥。通过对肥料效应函数进行求解，获得不同函数类型下的最高产量与适宜施肥量。可获得

的最高年产量 (Y) 为 41.18 t/hm^2，其相应施肥方案为氮肥（N）68.3 kg/hm^2、磷肥（P$_2$O$_5$）130.7 kg/hm^2、钾肥（K$_2$O）55.0 kg/hm^2。

表 5.38　不同施肥处理对苜蓿干草产量的影响　　　　单位：t/hm^2

施肥处理	2016 年	2017 年	2018 年	3 年总产量
N$_0$P$_0$K$_0$	10.18	8.70	8.85	27.70
N$_0$P$_0$K$_1$	12.24	11.41	10.32	33.98
N$_0$P$_0$K$_2$	12.63	10.52	10.84	33.99
N$_0$P$_1$K$_0$	12.54	11.21	11.22	34.97
N$_0$P$_1$K$_1$	12.43	10.66	10.71	33.80
N$_0$P$_1$K$_2$	13.21	11.30	10.86	35.36
N$_0$P$_2$K$_0$	13.10	11.20	11.51	35.81
N$_0$P$_2$K$_1$	13.90	11.86	10.18	35.94
N$_0$P$_2$K$_2$	12.92	11.94	11.01	35.88
N$_1$P$_0$K$_0$	11.16	12.26	10.46	33.87
N$_1$P$_0$K$_1$	12.03	11.96	11.81	35.81
N$_1$P$_0$K$_2$	13.05	11.84	11.13	36.02
N$_1$P$_1$K$_0$	12.31	11.77	11.89	35.97
N$_1$P$_1$K$_1$	12.54	12.42	10.37	35.33
N$_1$P$_1$K$_2$	12.66	12.50	10.82	35.98
N$_1$P$_2$K$_0$	12.59	12.55	10.09	35.23
N$_1$P$_2$K$_1$	13.89	13.70	12.16	39.76
N$_1$P$_2$K$_2$	13.20	12.28	11.29	36.76
N$_2$P$_0$K$_0$	13.18	12.34	11.23	36.74
N$_2$P$_0$K$_1$	13.01	11.31	11.18	35.50
N$_2$P$_0$K$_2$	13.16	12.25	11.19	36.60
N$_2$P$_1$K$_0$	13.23	11.63	10.80	35.66
N$_2$P$_1$K$_1$	13.01	12.14	11.08	36.23
N$_2$P$_1$K$_2$	13.03	11.20	10.99	35.22
N$_2$P$_2$K$_0$	12.37	12.31	10.03	34.71
N$_2$P$_2$K$_1$	12.16	12.89	11.04	36.08
N$_2$P$_2$K$_2$	13.08	11.94	10.73	35.76
N$_3$P$_2$K$_2$	12.11	10.48	11.63	34.22
N$_2$P$_3$K$_2$	14.66	9.87	9.74	34.27
N$_2$P$_2$K$_3$	12.53	11.11	10.36	34.00

4. 不同施肥处理对紫花苜蓿品质的影响

由表 5.39 可知，不同施肥处理的苜蓿粗蛋白质含量和相对饲用价值均高于不施肥处理（N$_0$P$_0$K$_0$）。随种植年限的增加，苜蓿粗蛋白质含量和相对饲用价值呈先上升后下降趋势。施肥处理 N$_2$P$_2$K$_0$ 的 3 年平均粗蛋白质含量最高，为 18.63%，较不施肥处理（N$_0$P$_0$K$_0$）增加 35.4%。施肥处理 N$_2$P$_0$K$_0$ 的 3 年平均相对饲用价值最高，为 153.67，较不施肥处理（N$_0$P$_0$K$_0$）增加 24.0%。

表 5.39 不同施肥处理对苜蓿粗蛋白质含量和相对饲用价值的影响

施肥处理	粗蛋白质（%）				相对饲用价值			
	2016	2017	2018	3 年平均	2016	2017	2018	3 年平均
$N_0P_0K_0$	13.80	13.26	14.21	13.76	124.38	127.08	120.24	123.90
$N_0P_0K_1$	14.13	15.13	16.23	15.16	131.28	131.81	135.60	132.90
$N_0P_0K_2$	14.36	15.52	15.69	15.19	137.22	135.07	134.63	135.64
$N_0P_1K_0$	15.52	16.89	17.65	16.69	138.01	146.02	138.71	140.91
$N_0P_1K_1$	16.05	16.84	16.35	16.41	138.22	145.58	142.28	142.03
$N_0P_1K_2$	16.29	17.64	17.58	17.17	138.40	152.08	144.05	144.84
$N_0P_2K_0$	16.81	17.93	18.09	17.61	139.37	154.36	147.71	147.15
$N_0P_2K_1$	16.81	17.80	17.76	17.46	139.64	153.38	147.42	146.81
$N_0P_2K_2$	16.43	18.17	17.70	17.43	142.72	136.40	145.15	141.42
$N_1P_0K_0$	16.71	18.07	17.12	17.30	137.23	135.63	140.35	137.74
$N_1P_0K_1$	15.60	16.96	16.42	16.33	128.48	146.64	142.55	139.22
$N_1P_0K_2$	16.64	18.10	16.29	17.01	139.50	155.82	143.20	146.17
$N_1P_1K_0$	16.85	18.22	16.65	17.24	129.89	156.67	148.04	144.87
$N_1P_1K_1$	16.80	17.78	17.76	17.45	141.69	153.26	144.32	146.42
$N_1P_1K_2$	16.22	17.88	18.32	17.47	141.60	153.85	143.48	146.31
$N_1P_2K_0$	16.49	18.84	17.14	17.49	143.00	136.81	135.93	138.58
$N_1P_2K_1$	15.79	19.54	18.45	17.93	142.77	130.40	127.18	133.45
$N_1P_2K_2$	16.77	18.33	17.94	17.68	149.88	137.60	147.45	144.98
$N_2P_0K_0$	16.88	16.97	17.18	17.01	157.95	154.84	148.22	153.67
$N_2P_0K_1$	17.17	18.72	17.03	17.64	141.96	150.94	150.19	147.70
$N_2P_0K_2$	17.38	17.69	17.12	17.40	152.92	152.55	151.65	152.37
$N_2P_1K_0$	17.94	18.92	18.08	18.31	142.06	142.54	155.62	146.74
$N_2P_1K_1$	18.43	17.89	17.71	18.01	142.41	155.69	142.37	146.82
$N_2P_1K_2$	17.25	18.53	18.67	18.15	143.40	139.29	150.69	144.46
$N_2P_2K_0$	19.18	19.04	17.66	18.63	148.71	143.50	145.59	145.93
$N_2P_2K_1$	16.41	17.70	17.99	17.37	134.32	152.53	155.87	147.57
$N_2P_2K_2$	17.38	18.57	17.79	17.91	142.83	149.58	141.73	144.71
$N_3P_2K_2$	16.81	17.77	16.88	17.15	140.67	152.90	137.38	143.65
$N_2P_3K_2$	15.43	16.82	17.39	16.55	139.10	145.12	137.91	140.71
$N_2P_2K_3$	16.85	18.58	18.29	17.91	150.29	139.94	138.57	142.93
平均	16.51	17.67	17.30		140.66	145.60	142.80	

5. 结论

在甘肃庆阳地区，甘农 3 号苜蓿的最佳施肥量是氮肥（N）68.3 kg/hm^2、磷肥（P_2O_5）130.7 kg/hm^2、钾肥（K_2O）55.0 kg/hm^2。

三、新疆乌鲁木齐地区苜蓿测土配方施肥技术

1. 试验地概况

试验地在新疆农业大学三坪农场牧草与草坪试验站，北纬 43° 56′、东经 87° 35′，海拔 580 m，该站地处天山山脉北麓、准噶尔盆地南缘，地势平坦开阔，由西南向东北倾斜，平均坡降在 1.3%；昼夜温差大，冬季寒冷漫长，夏季炎热干燥；全年平均气温 7.2 ℃，极端高温 42 ℃，极端低温 -38 ℃；年平均降水量 228.8 mm，年平均蒸发量 2 647 mm。土壤养分状况如下：有机质 1.3%、碱解氮 19.69 mg/kg、速效磷 1.95 mg/kg、速效钾 249.91 mg/kg、pH 值 7.10。

2. 试验材料与设计

苜蓿品种为新牧 4 号，供试肥料：氮肥为尿素（$N \geqslant 46.3\%$），磷肥为过磷酸钙（$P_2O_5 \geqslant 14\%$），钾肥为硫酸钾（$K_2O \geqslant 40\%$）。试验设氮、磷、钾 3 个因素 4 个水平，共 14 个处理（表 5.40）。试验采用随机区组排列，每个施肥处理 3 次重复，共 42 个小区，小区面积 20 m²（4 m×5 m），3 次重复。2014 年 10 月 22 日播种，行距 15 cm，播量 30 kg/hm²，灌溉方式为地下渗灌，每次灌水量为 900 m³/hm²，采用渗灌进行追施肥料。2017—2018 年，每年刈割 3 次（苜蓿花期）、施肥 3 次（春季苜蓿返青期以及每次刈割后追施肥）、灌水 12 次（每次 60 m³/667 m²，其中第 1 茬灌水 3 次、第 2 茬灌水 4 次、第 3 茬灌水 3 次，第 3 次刈割后以及入冬前各灌 1 次）。

表 5.40　苜蓿施肥试验方案　　　　　　　　　单位：kg/hm²

编号	施肥处理	N	P₂O₅	K₂O
1	$N_0P_0K_0$	0.00	0.00	0.00
2	$N_0P_2K_2$	0.00	90.00	60.00
3	$N_1P_2K_2$	60.00	90.00	60.00
4	$N_2P_0K_2$	120.00	0.00	60.00
5	$N_2P_1K_2$	120.00	45.00	60.00
6	$N_2P_2K_2$	120.00	90.00	60.00
7	$N_2P_3K_2$	120.00	135.00	60.00
8	$N_2P_2K_0$	120.00	90.00	0.00
9	$N_2P_2K_1$	120.00	90.00	30.00
10	$N_2P_2K_3$	120.00	90.00	90.00
11	$N_3P_2K_2$	180.00	90.00	60.00
12	$N_2P_1K_1$	120.00	45.00	30.00
13	$N_1P_2K_1$	60.00	90.00	30.00
14	$N_1P_1K_2$	60.00	45.00	60.00

3. 不同施肥处理对苜蓿干草产量的影响

由表 5.41 可知，不同施肥处理对苜蓿干草产量影响差异显著（$P < 0.05$），不同施肥处理的苜蓿干草产量均高于不施肥处理（$N_0P_0K_0$）。施肥处理 $N_2P_2K_2$ 的 2 年总产量最高，为 49.16 t/hm²，较不施肥处理（$N_0P_0K_0$）增加 49.7%。

表 5.41 不同施肥处理对苜蓿干草产量的影响 单位：t/hm²

施肥处理	2017 年	2018 年	2 年总产量
$N_0P_0K_0$	15.19 b	17.64 b	32.83 d
$N_2P_0K_2$	19.16 ab	19.29 ab	38.45 c
$N_2P_1K_2$	19.86 ab	20.47 ab	40.33 bc
$N_2P_2K_0$	20.66 ab	21.28 ab	41.94 bc
$N_2P_2K_1$	20.58 ab	21.50 ab	42.08 bc
$N_2P_2K_2$	24.77 a	24.39 a	49.16 a
$N_2P_2K_3$	20.95 ab	22.18 a	43.13 b
$N_0P_2K_2$	22.97 a	23.94 a	46.91 ab
$N_1P_2K_2$	21.34 ab	23.06 a	44.40 b
$N_3P_2K_2$	20.7 ab	23.64 a	44.34 b
$N_2P_3K_2$	23.63 a	23.56 a	47.19 ab
$N_2P_1K_1$	20.24 ab	22.19 a	42.43 bc
$N_1P_1K_2$	20.03 ab	21.18 ab	41.21 bc
$N_1P_2K_1$	18.55 b	18.96 b	37.51 cd

注：同列中不同小写字母表示差异显著（$P<0.05$）。

4. 不同施肥处理对苜蓿粗蛋白质含量的影响

由表 5.42 可知，不同施肥处理对 2 年平均苜蓿粗蛋白质含量影响差异不显著，施肥处理 $N_1P_1K_2$ 的 2 年平均粗蛋白质含量最高，为 18.53%，较不施肥处理（$N_0P_0K_0$）增加 8.7%。

表 5.42 不同施肥处理对苜蓿粗蛋白质含量的影响 单位：%

施肥处理	2017 年	2018 年	2 年平均
$N_0P_0K_0$	16.45 b	17.64 a	17.04 a
$N_2P_0K_2$	16.67 b	17.77 a	17.22 a
$N_2P_1K_2$	17.97 ab	18.54 a	18.26 a
$N_2P_2K_0$	16.69 b	18.08 a	17.38 a
$N_2P_2K_1$	17.74 ab	18.76 a	18.25 a
$N_2P_2K_2$	16.36 b	17.74 a	17.05 a
$N_2P_2K_3$	18.12 a	17.97 a	18.05 a
$N_0P_2K_2$	16.50 b	17.15 a	16.82 a
$N_1P_2K_2$	18.03 a	17.99 a	18.01 a
$N_3P_2K_2$	17.27 ab	17.36 a	17.31 a
$N_2P_3K_2$	17.51 ab	18.03 a	17.77 a
$N_2P_1K_1$	17.69 ab	17.16 a	17.43 a
$N_1P_1K_2$	18.45 a	18.61 a	18.53 a
$N_1P_2K_1$	17.84 ab	17.96 a	17.84 a

注：同列中不同小写字母表示差异显著（$P<0.05$）。

5. 结论

在新疆乌鲁木齐地区，新牧 4 号苜蓿的最佳施肥量是氮肥（N）120 kg/hm²、磷肥（P_2O_5）90 kg/hm²、钾肥（K_2O）60 kg/hm²。

第六节　西北荒漠灌区苜蓿水肥配套技术

一、甘肃金昌地区苜蓿畦灌施肥技术

1. 试验地概况

试验地在甘肃省金昌市永昌县杨柳青牧草饲料开发有限公司试验基地（北纬 37° 47′～38° 39′、东经 102° 31′），该地平均海拔 1 487 m，年均气温 7.8 ℃，无霜期 145 d。年平均降水量 185.1 mm，年平均日照 2 884.2 h，日照率 65%，年蒸发量为 2 000.6 mm，属于典型内陆干旱荒漠区气候。土壤为砂壤土，0～60 cm 土层土壤理化指标如下：土壤容重 1.58 g/cm³、田间持水量 24.6%、有机质 11.2 g/kg、全氮 0.26 g/kg、全磷 0.43 g/kg、速效氮 18.6 mg/kg、速效磷 4.65 mg/kg、速效钾 90.52 mg/kg、pH 值 8.29。

2. 试验材料与设计

苜蓿品种为甘农 3 号。试验采用 2 个因素 4 个水平随机区组设计，设灌水和施肥 2 个因素，灌水分别为重度水分调控 W_0（土壤水分下限占田间持水量的 45%～55%），中度水分调控 W_1（土壤水分下限占田间持水量的 55%～65%），轻度水分调控 W_2（土壤水分下限占田间持水量的 65%～75%），充分灌溉 W_3（土壤水分下限占田间持水量的 75%～85%）；参考当地施肥用量，施肥设 4 个水平，肥料为尿素（N≥46.6%），施肥量为 0 kg/hm²（N_0）、60 kg/hm²（N_1）、120 kg/hm²（N_2）、180 kg/hm²（N_3），分 4 次施用，即每次施肥水平为 0 kg/hm²、15 kg/hm²、30 kg/hm²、45 kg/hm²，分别于返青期（4 月 8 日）后、第 1 茬（6 月 6 日）、第 2 茬（7 月 14 日）、第 3 茬（8 月 22 日）刈割后结合灌溉施入，以充分灌溉不施肥（W_3N_0）处理为对照。共 16 个处理，每个处理 3 个重复，小区面积为 40 m²（4 m×10 m），相邻小区开挖 1.0 m 深、0.5 m 宽的防水隔离带，采用防渗膜隔离后用原土回填进行防水隔离处理，采用畦灌方式进行灌水，每个小区铺设 PE 支管进行灌水并安装阀门和水表（精度 0.000 1 m³）控制灌溉水量，全生长期每个小区施相同量的磷钾复合肥（磷酸二氢钾 150 kg/hm²，P_2O_5≥20%、K_2O≥34%）于第 1 茬返青后随灌溉施入。2012 年 4 月 14 日播种，人工开沟，条播，行距 20 cm，播种量为 24 kg/hm²，播深 2 cm。管理同大田，2015 年试验期间试验点降水量如图 5.7 所示。

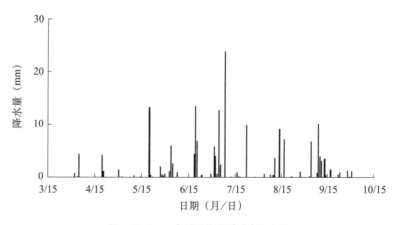

图 5.7　2015 年试验期间试验点降水量

3. 不同水肥处理对苜蓿干草产量的影响

由表 5.43 可知，不同水肥处理对苜蓿干草产量影响差异显著（$P<0.05$）。水肥处理 W_3N_2 的 4 茬总产量最高，为 18 871.6 kg/hm^2，与 W_2N_2 和 W_3N_3 差异不显著，较 W_0N_0 增产 59.8%。在相同水分处理条件下，苜蓿干草产量随施氮量的增加呈先增加后减少的趋势。

表 5.43　不同水肥处理对苜蓿干草产量的影响　　　　单位：kg/hm^2

水肥处理		第 1 茬	第 2 茬	第 3 茬	第 4 茬	4 茬总产量
W_0	N_0	3 202.8 d	3 539.3 d	3 059.4 b	2 008.0 c	11 809.6 j
	N_1	3 677.6 c	3 907.8 c	3 628.8 ab	2 408.6 b	13 622.8 i
	N_2	4 198.7 a	4 497.5 a	3 788.7 a	2 753.8 a	15 238.6 fg
	N_3	3 929.0 b	4 269.8 b	3 544.5 ab	2 995.3 a	14 738.7 ghi
W_1	N_0	3 811.0 d	4 020.4 c	3 557.8 c	2 666.2 b	14 055.4 hi
	N_1	4 109.8 c	4 615.1 b	4 117.2 ab	2 939.6 ab	15 781.7 efg
	N_2	4 737.6 a	5 085.6 a	4 310.3 a	3 165.2 a	17 298.7 cd
	N_3	4 452.3 b	4 587.9 b	3 978.8 b	3 242.2 a	16 261.1 def
W_2	N_0	4 031.9 d	4 359.9 b	3 866.6 b	2 726.1 b	14 984.5 gh
	N_1	4 410.4 c	4 703.3 b	4 323.0 ab	3 386.9 a	16 823.6 cde
	N_2	5 187.0 a	5 429.9 a	4 762.5 a	3 434.1 a	18 813.5 a
	N_3	4 773.3 b	4 819.1 b	4 416.9 a	3 625.9 a	17 635.2 bc
W_3	N_0	4 208.8 c	4 601.2 c	4 180.3 b	2 870.9 c	15 861.1 efg
	N_1	4 868.5 b	4 917.9 b	4 351.4 b	3 193.1 ab	17 330.8 cd
	N_2	5 132.0 a	5 411.8 a	4 638.7 a	3 689.1 a	18 871.6 a
	N_3	4 922.4 b	5 261.4 ab	4 855.9 a	3 557.3 a	18 597.0 ab

注：同列中不同小写字母表示差异显著（$P<0.05$）。

4. 不同水肥处理对苜蓿粗蛋白质含量的影响

由表 5.44 可知，不同水肥处理对苜蓿粗蛋白质含量影响差异显著（$P<0.05$）。在相同水分处理条件下，粗蛋白质含量随施氮量增加呈先增加后降低趋势。水肥处理 W_2N_2 的各茬苜蓿粗蛋白质含量都是最高，分别为 22.35%、23.55%、20.77% 和 21.54%。

表 5.44　不同水肥处理对苜蓿粗蛋白质含量的影响　　　　单位：%

水肥处理		第 1 茬	第 2 茬	第 3 茬	第 4 茬
W_0	N_0	16.01 a	16.58 a	15.02 b	16.22 c
	N_1	17.53 a	18.14 a	17.80 ab	19.57 a
	N_2	18.19 a	18.43 a	18.82 a	17.50 ab
	N_3	17.39 a	16.60 a	16.55 ab	15.53 c
W_1	N_0	17.28 a	18.01 b	16.71 a	16.35 b
	N_1	18.74 a	19.34 ab	18.64 a	18.75 ab
	N_2	20.06 a	20.69 a	19.77 a	20.04 a
	N_3	18.34 a	18.14 b	18.50 a	19.46 ab

（续表）

水肥处理		第1茬	第2茬	第3茬	第4茬
W₂	N₀	18.15 b	19.04 b	17.12 b	18.08 b
	N₁	19.08 b	19.73 b	19.14 ab	18.15 b
	N₂	22.35 a	23.55 a	20.77 a	21.54 a
	N₃	19.67 ab	19.40 b	17.80 ab	20.00 ab
W₃	N₀	15.53 c	16.98 a	14.24 b	15.87 c
	N₁	18.63 ab	17.25 a	18.01 a	16.72 bc
	N₂	20.08 a	19.10 a	16.11 ab	20.44 a
	N₃	16.89 bc	18.77 a	14.40 b	19.98 ab

注：同列中不同小写字母表示差异显著（$P<0.05$）。

5. 不同水肥处理对苜蓿酸性洗涤纤维和中性洗涤纤维含量的影响

由表5.45、表5.46可知，不同水肥处理对苜蓿酸性洗涤纤维和中性洗涤纤维含量影响差异显著（$P<0.05$）。在相同水分处理条件下，酸性洗涤纤维和中性洗涤纤维含量都是随施氮量增加呈先增加后降低趋势。水肥处理 W_2N_2 的各茬苜蓿酸性洗涤纤维含量都是最低，分别为27.41%、24.06%、21.23%、18.19%。W_2N_2 的各茬苜蓿中性洗涤纤维含量都是最低，分别为36.86%、33.61%、32.07%、30.06%。

表5.45　不同水肥处理对苜蓿酸性洗涤纤维含量的影响　　单位：%

水肥处理		第1茬	第2茬	第3茬	第4茬
W₀	N₀	33.61 b	34.56 a	28.10 ab	27.69 a
	N₁	31.83 b	28.16 b	26.22 b	21.68 b
	N₂	32.48 b	29.01 b	27.09 ab	22.60 b
	N₃	36.84 a	35.56 a	34.03 a	26.25 a
W₁	N₀	33.02 a	33.60 a	27.63 b	26.54 a
	N₁	30.04 b	27.85 b	25.72 b	20.60 c
	N₂	31.46 ab	27.31 b	26.98 b	21.20 bc
	N₃	33.94 a	34.09 a	33.38 a	25.54 ab
W₂	N₀	32.81 a	32.35 a	25.17 b	23.32 a
	N₁	29.37 bc	27.50 b	24.32 b	19.31 b
	N₂	27.41 c	24.06 c	21.23 c	18.19 b
	N₃	31.53 ab	30.08 ab	31.15 a	23.75 a
W₃	N₀	34.61 b	32.10 a	26.95 a	27.01 a
	N₁	31.68 ab	30.17 a	25.21 a	26.42 a
	N₂	33.08 ab	31.72 a	30.44 a	27.26 a
	N₃	38.14 a	32.09 a	34.83 a	28.12 a

注：同列中不同小写字母表示差异显著（$P<0.05$）。

表5.46 不同水肥处理对苜蓿中性洗涤纤维含量的影响 单位：%

水肥处理		第1茬	第2茬	第3茬	第4茬
W_0	N_0	40.26 b	39.52 c	38.51 a	36.51 a
	N_1	42.56 ab	40.99 bc	37.70 a	34.38 a
	N_2	43.74 ab	42.65 b	38.12 a	35.05 a
	N_3	47.66 a	46.16 a	44.19 a	38.57 a
W_1	N_0	40.17 b	38.40 ab	37.95 a	35.70 ab
	N_1	41.11 ab	38.60 ab	36.08 a	33.67 c
	N_2	39.95 b	35.96 b	35.29 a	34.28 bc
	N_3	44.16 a	43.43 a	40.04 a	36.75 a
W_2	N_0	39.21 ab	37.92 b	36.68 a	30.19 b
	N_1	40.34 ab	38.34 b	36.89 a	33.14 ab
	N_2	36.86 b	33.61 c	32.07 b	30.06 b
	N_3	43.18 a	42.99 a	39.62 a	35.90 a
W_3	N_0	41.47 c	40.44 a	38.78 b	36.63 a
	N_1	44.29 b	41.02 a	40.30 b	38.70 a
	N_2	40.63 c	42.62 a	38.46 b	34.96 a
	N_3	46.29 a	45.60 a	45.84 a	39.77 a

注：同列中不同小写字母表示差异显著（$P < 0.05$）。

6. 不同水肥处理对苜蓿相对饲用价值的影响

由图5.8可知，不同水肥处理对苜蓿相对饲用价值影响差异显著（$P < 0.05$）。在相同水分处理条件下，相对饲用价值都是随施氮量增加呈先增加后降低趋势。水肥处理 W_2N_2 的苜蓿相对饲用价值最高，为201.4。

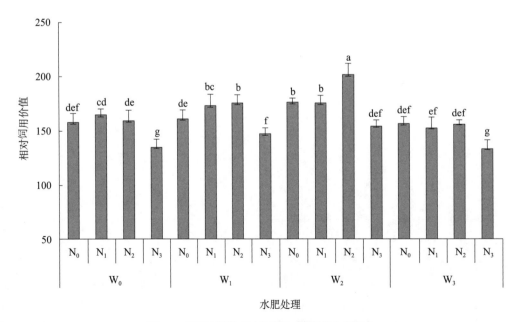

图5.8 不同水肥处理对苜蓿相对饲用价值的影响

注：不同小写字母表示差异显著（$P < 0.05$）。

7. 结论

在甘肃金昌地区，甘农 3 号苜蓿最佳水肥调控模式为轻度水分调控 W_2（土壤水分下限占田间持水量的 65%～75%）+ 施氮肥 N_2（120 kg/hm²）。

二、甘肃金昌地区苜蓿地下滴灌施肥技术

1. 试验地概况

试验地在甘肃省金昌市永昌县杨柳青牧草饲料开发有限公司试验基地（北纬 37°47′～38°39′、东经 102°31′），该地平均海拔 1 487 m，年均气温 7.8 ℃，无霜期 145 d。年平均降水量 185.1 mm，年平均日照 2 884.2 h，日照率 65%，年蒸发量为 2 000.6 mm，属于典型内陆干旱荒漠区气候。土壤为砂壤土，0～60 cm 土层土壤理化指标如下：土壤容重 1.58 g/cm³、田间持水量 24.6%、有机质 11.2 g/kg、全氮 0.26 g/kg、全磷 0.43 g/kg、速效氮 18.6 mg/kg、速效磷 4.65 mg/kg、速效钾 90.52 mg/kg、pH 值 8.29。

2. 试验材料与设计

苜蓿品种为甘农 3 号。试验采用灌水和施肥 2 个因素 4 水平，共 16 个水肥处理（表 5.47）。灌溉设 4 个水平，充分灌溉（根据土壤含水量占田间持水量的 75%～85%，CK）；轻度水分胁迫（土壤含水量占田间持水量的 65%～75%，LD）；中度水分胁迫（土壤含水量占田间持水量的 55%～65%，MD）；重度水分胁迫（土壤含水量占田间持水量的 45%～55%，SD），其中 CK 为对照处理。肥料为尿素（N≥46.6%），设 4 个水平（0 kg/hm²、40 kg/hm²、80 kg/hm²、120 kg/hm²），分别用 N1、N2、N3、N4 表示，每茬刈割后结合灌溉施入。试验采用随机区组排列，每个处理 3 次重复，共 48 个小区，区面积为 25 m²（5 m×5 m）。当各小区计划湿润层 0.6 m 以上土层的土壤体积含水量占田间持水量的百分比达到所在处理的设计水分下限时开始灌水，灌水量用水表计量（精度 0.000 1 m³）。于 2016 年 8 月 12 日播种，人工撒播，播量为 26 kg/hm²，播深 2 cm。滴灌材料由内镶式贴片滴灌带，管径 16 mm，壁厚 0.4 mm，滴头流量 3.0 L/h，滴头间距 30 cm。

表 5.47 水肥处理试验设计

处理编号	施氮量（kg/hm²）	灌溉处理		
		分枝前期（～4 月 13 日）	分枝期（4 月 13 日至 5 月 20 日）	现蕾期（5 月 20 日至 6 月 9 日）
CKN1	0	75%～85%	75%～85%	75%～85%
CKN2	40	75%～85%	75%～85%	75%～85%
CKN3	80	75%～85%	75%～85%	75%～85%
CKN4	120	75%～85%	75%～85%	75%～85%
LDN1	0	65%～75%	65%～75%	65%～75%
LDN2	40	65%～75%	65%～75%	65%～75%
LDN3	80	65%～75%	65%～75%	65%～75%
LDN4	120	65%～75%	65%～75%	65%～75%
MDN1	0	55%～65%	55%～65%	55%～65%
MDN2	40	55%～65%	55%～65%	55%～65%
MDN3	80	55%～65%	55%～65%	55%～65%

（续表）

处理编号	施氮量 （kg/hm²）	灌溉处理		
		分枝前期 （～4月13日）	分枝期 （4月13日至5月20日）	现蕾期 （5月20日至6月9日）
MDN4	120	55%～65%	55%～65%	55%～65%
SDN1	0	45%～55%	45%～55%	45%～55%
SDN2	40	45%～55%	45%～55%	45%～55%
SDN3	80	45%～55%	45%～55%	45%～55%
SDN4	120	45%～55%	45%～55%	45%～55%

3. 不同水肥处理对苜蓿干草产量的影响

由图 5.9 可知，不同水肥处理对苜蓿干草产量影响差异显著（$P<0.05$）。水肥处理 CKN4 的苜蓿干草产量最高，为 6 505 kg/hm²；SDN4 处理产量最低，为 4 469 kg/hm²。

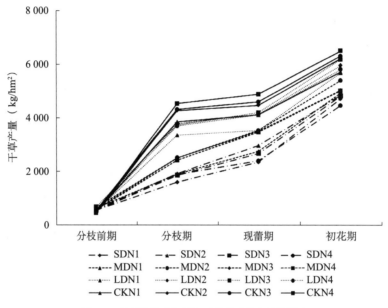

图 5.9　地下滴灌水氮调控对苜蓿干草产量的影响

4. 不同水肥处理对苜蓿株高的影响

由图 5.10 可知，不同水肥处理对苜蓿株高影响差异显著（$P<0.05$）。水肥处理 CKN4 的苜蓿株高最大，为 111 cm；SDN4 处理株高最低，为 72 cm。

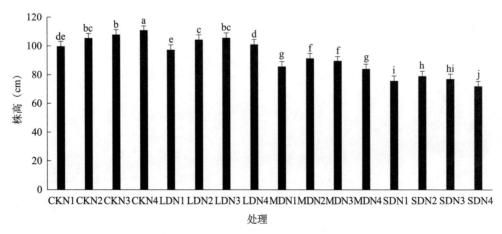

图 5.10　地下滴灌水氮调控对苜蓿株高的影响

5. 结论

在甘肃金昌地区，甘农 3 号苜蓿滴灌种植最适宜的水肥调控模式为轻度水分胁迫 LD（土壤水分下限占田间持水量的 65%～75%）+ 施氮肥 N3（80 kg/hm²）。

三、甘肃酒泉地区苜蓿地下滴灌施肥技术

1. 试验地概况

试验地在甘肃省酒泉市金塔县的甘肃农垦集团生地湾农场（北纬 40°13′～40°17′，东经 98°34′～98°41′），属典型温带大陆性气候，平均海拔 1 260 m，年平均降水量 64.8 mm，年平均蒸发量 2 336.6 mm，年平均日照总时数 3 193.2 h，年有效积温（≥10℃）3 292 ℃，年平均温度 9.1 ℃，最冷月（1 月）平均温度 -8.9 ℃，最热月（7 月）平均温度 24.5 ℃。土壤为砂壤土，土壤养分状况如下：有机质 10.11 g/kg、碱解氮 37 mg/kg、速效磷 4 mg/kg、速效钾 278 mg/kg。

2. 试验材料与设计

苜蓿品种为亮苜 2 号。试验以灌溉量为主处理，施氮量为副处理。灌溉量设 3 个水平，分别为 1 170 m³/hm²（W_1）、1 560 m³/hm²（W_2）和 1 920 m³/hm²（W_3），其中 W_1 为当地常规灌溉量的 60%，W_2 为当地常规灌溉量的 80%，W_3 为当地常规灌溉量。施肥量设 4 个水平，肥料为尿素（N≥46.4%），施肥量分别为 0 kg/hm²（N_1）、40 kg/hm²（N_2）、80 kg/hm²（N_3）和 120 kg/hm²（N_4），共 12 个处理（表 5.48）。试验采用完全随机区组排列，每个处理重复 3 次，共 36 个小区，小区面积 100 m²（10 m×10 m），小区之间设置宽 1 m 的隔离带，以减小氮素和水分侧向移动对试验结果的影响。灌溉时采用塑料软管灌水，塑料软管顶端装置水表，控制灌水量，水表出口接有自制的多孔塑料管，以保证小区均匀灌溉。苜蓿草地建植于 2014 年 5 月 5 日，种植时没有接种根瘤菌。灌溉水来自黑河。2015 年试验期间共计灌溉 2 次，分别为返青期（5 月初）和分枝期（5 月 25 日），施肥采用直接撒播方式，每次灌溉前 1 d 施肥，每次施设计肥料的 1/2。

表 5.48　试验设计方案

处理编号	灌溉量（m³/hm²）	施氮量（kg/hm²）
W_1N_1	1 170	0
W_1N_2	1 170	40
W_1N_3	1 170	80
W_1N_4	1 170	120
W_2N_1	1 560	0
W_2N_2	1 560	40
W_2N_3	1 560	80
W_2N_4	1 560	120
W_3N_1	1 920	0
W_3N_2	1 920	40
W_3N_3	1 920	80
W_3N_4	1 920	120

3. 不同水肥处理对苜蓿地上生物量、植物学特征及水分利用效率的影响

由表 5.49 可知，不同水肥处理对苜蓿株高、分枝数和水分利用效率影响差异显著（$P < 0.05$），地上生物量及叶茎比影响差异不显著（$P > 0.05$）。不同灌溉量对苜蓿株高、分枝数、地上生物量和水分利用效率影响差异显著（$P < 0.05$），对叶茎比没有显著影响（$P < 0.05$）。苜蓿株高、分枝数、地上生物量和水分利用效率随灌溉量的增加呈先增加后降低的趋势。不同施氮量对苜蓿分枝数、叶茎比和水分利用效率影响差异显著（$P < 0.05$），对株高和地上生物量影响不显著（$P > 0.05$）。苜蓿分枝数、叶茎比和水分利用效率随着施氮量逐渐增加呈现先升高后降低的趋势。水肥处理 W_2N_3 的水分利用效率最高。

表 5.49　不同水肥处理对苜蓿地上生物量、植物学特征和水分利用效率的影响

处理		株高（cm）	分枝数（个/株）	叶茎比	地上生物量（kg/hm²）	水分利用效率（kg/hm²·mm）
灌溉量	W_1	94.7 b	6.3 b	1.5 a	5 362.4 c	14.0 c
	W_2	102.6 a	8.2 a	1.5 a	6 442.2 a	25.8 a
	W_3	100.4 a	7.3 ab	1.5 a	5 968.2 b	18.1 b
施氮量	N_1	98.0 a	6.2 b	1.1 b	6 148.9 a	19.8 ab
	N_2	99.6 a	7.8 a	1.1 b	5 032.6 a	19.9 a
	N_3	100.7 a	8.0 a	1.4 a	5 703.5 a	19.2 b
	N_4	98.7 a	6.9 ab	1.1 b	5 816.6 a	18.3 c
水肥处理	W_1N_1	89.2 d	5.0 cd	1.4 a	5 605.5 a	14.6 e
	W_1N_2	91.0 cd	8.0 abc	1.4 a	5 390.0 a	14.0 e
	W_1N_3	96.4 bcd	7.3 bcd	1.5 a	5 280.0 a	13.7 e
	W_1N_4	102.3 ab	4.7 d	1.5 a	5 184.7 a	13.5 e
	W_2N_1	101.2 ab	7.3 bcd	1.3 a	6 685.2 a	25.6 ab
	W_2N_2	109.1 a	7.3 bcd	1.4 a	6 634.2 a	26.1 ab
	W_2N_3	103.7 ab	10.7 a	2.0 a	6 184.7 a	27.0 a
	W_2N_4	96.5 bcd	7.3 bcd	1.1 a	6 264.7 a	24.5 b
	W_3N_1	103.6 ab	6.3 bcd	1.4 a	6 155.2 a	19.1 c
	W_3N_2	98.6 bc	8.0 abc	1.5 a	6 072.7 a	19.5 c
	W_3N_3	101.9 ab	6.0 bcd	1.6 a	5 644.2 a	16.8 d
	W_3N_4	97.3 bc	8.7 ab	1.6 a	6 000.7 a	17.0 d

注：同列中不同小写字母表示差异显著（$P < 0.05$）。

4. 不同水肥处理对苜蓿地下生物量的影响

由表 5.50 可知，不同水肥处理对苜蓿地下生物量影响差异显著（$P < 0.05$）。水肥处理 W_2N_3 的 0～60 cm 土层地下生物量最高。0～60 cm 土层地下生物量随施氮量增加呈先增加后降低的趋势，随灌溉量的增加呈增加趋势。

表 5.50　不同水肥处理对苜蓿地下生物量的影响　　　　　　单位：g/m³

处理		0~20 cm 土层	20~40 cm 土层	40~60 cm 土层	0~60 cm 土层
灌溉量	W_1	453.5 b	372.4 b	305.7 b	1 131.7 b
	W_2	573.1 a	420.8 ab	353.7 a	1 347.6 a
	W_3	503.9 ab	446.3 a	379.7 a	1 329.9 a
施氮量	N_1	484.9 b	370.1 b	305.4 b	1 160.4 b
	N_2	520.3 ab	377.7 b	348.0 b	1 246.1 b
	N_3	581.6 a	500.3 a	396.9 a	1 478.8 a
	N_4	453.9 b	404.6 b	335.2 b	1 193.6 b
水肥处理	W_1N_1	607.7 b	400.3 abcd	267.0 ef	1 275.0 bcde
	W_1N_2	486.7 bc	268.7 e	253.9 f	1 009.3 ef
	W_1N_3	451.0 c	486.7 ab	412.6 ab	1 350.2 bc
	W_1N_4	268.7 d	333.9 cde	289.5 def	892.1 f
	W_2N_1	407.2 c	424.9 abc	304.9 cdef	1 137.0 cdef
	W_2N_2	485.9 bc	363.7 cde	363.7 abcd	1 213.3 cde
	W_2N_3	795.0 a	513.5 a	410.7 ab	1 719.1 a
	W_2N_4	604.3 b	381.0 bcde	335.7 bcdef	1 321.0 bcd
	W_3N_1	439.7 c	285.2 de	344.4 abcde	1 069.3 def
	W_3N_2	588.4 b	500.6 a	426.5 a	1 515.6 ab
	W_3N_3	498.8 bc	500.7 a	367.4 abcd	1 367.0 bc
	W_3N_4	488.4 bc	498.8 a	380.3 abc	1 368.0 bc

注：同列中不同小写字母表示差异显著（$P<0.05$）。

5. 不同水肥处理对苜蓿品质的影响

由表 5.51 可知，不同水肥处理对苜蓿粗蛋白质、中性洗涤纤维含量、酸性洗涤纤维含量和相对饲用价值影响差异显著（$P<0.05$）。苜蓿粗蛋白质、中性洗涤纤维含量、酸性洗涤纤维含量和相对饲用价值都是随灌溉量和施氮量的增加呈先增加再减低趋势。水肥处理 W_2N_3 的苜蓿粗蛋白质含量最高，为 11.97%。水肥处理 W_1N_2 的中性洗涤纤维含量最低，为 40.61%。水肥处理 W_1N_1 的酸性洗涤纤维含量最低，为 26.74%。水肥处理 W_2N_2 的苜蓿相对饲用价值最高，为 151.64。

表 5.51　不同水肥处理对苜蓿品质的影响

处理		粗蛋白质含量（%）	中性洗涤纤维含量（%）	酸性洗涤纤维含量（%）	相对饲用价值
灌溉量	W_1	8.30 c	48.76 b	29.22 b	108.07 b
	W_2	9.91 a	53.13 a	33.65 a	123.00 a
	W_3	9.25 b	52.20 a	32.31 a	121.43 a
施氮量	N_1	7.98 c	48.50 b	28.60 c	104.40 c
	N_2	9.17 b	48.25 b	31.48 b	137.78 a
	N_3	11.16 a	55.31 a	36.06 a	123.13 b
	N_4	8.32 c	53.54 a	30.43 b	104.68 c

（续表）

处理		粗蛋白质含量（%）	中性洗涤纤维含量（%）	酸性洗涤纤维含量（%）	相对饲用价值
水肥处理	W_1N_1	6.25 e	45.59 ef	26.74 a	103.18 e
	W_1N_2	8.30 d	40.61 g	29.07 a	114.86 d
	W_1N_3	11.06 ab	56.40 a	34.14 a	109.45 de
	W_1N_4	7.60 de	52.45 bc	26.95 a	104.78 e
	W_2N_1	8.78 d	47.60 e	29.82 a	103.50 e
	W_2N_2	9.87 bc	51.42 cd	33.03 a	151.64 a
	W_2N_3	11.97 a	55.53 ab	37.97 a	132.45 bc
	W_2N_4	9.05 cd	54.65 ab	33.78 a	104.43 e
	W_3N_1	8.89 d	52.30 bc	29.18 a	106.54 e
	W_3N_2	9.35 cd	52.71 bc	33.43 a	146.83 b
	W_3N_3	10.44 ab	54.00 ab	36.06 a	127.51 cd
	W_3N_4	8.33 d	53.51 ab	30.57 a	104.84 e

注：同列中不同小写字母表示差异显著（$P<0.05$）。

6. 结论

在甘肃河西走廊酒泉地区，亮苜2号苜蓿的最佳施肥灌溉模式为灌溉量 W_2（1 560 m^3/hm^2）+ 施氮量 N_2（40 kg/hm^2）。

第六章

苜蓿节水灌溉技术

第一节 概 论

紫花苜蓿较适宜种植在年降水量为 500～800 mm 的地区，超过 1 000 mm 不适于苜蓿生长，降水不足地区需要进行灌溉以满足苜蓿正常生长。在生产中，灌溉是维系紫花苜蓿栽培、草地稳产和高产的主要措施之一，不充足的灌溉会弱化紫花苜蓿生长从而导致其减产，过量的灌溉不仅会引起土壤盐渍化，而且会造成水资源浪费，也会引起苜蓿减产，甚至死亡。

苜蓿属于高耗水作物，庞大的根系易造成土壤干层，同时苜蓿又具有较强的抗旱性，在黄土高原地区其他农作物出现凋萎时苜蓿仍可以正常生长。苜蓿需水量和耗水量范围一般在 400～2 250 mm 和 300～2 250 mm。多数研究者认为在半干旱和半湿润易旱地区对苜蓿进行补充灌溉能够提高苜蓿生产能力，并且广泛开展了苜蓿灌水量、灌水方式、灌水频率、水分利用效率等方面的研究。

选择适宜的灌溉指标是进行合理灌溉的关键，在各种灌溉指标中土壤含水率指标是目前比较成熟的可行指标，通过调亏灌溉试验确定灌溉下限可有效指导苜蓿节水灌溉生产。董国峰等研究表明苜蓿轻度水分调亏（田间持水量的 60%～65%）处理较充足灌溉（田间持水量的 65%～70%）处理苜蓿干草产量差异不显著，一定灌水范围内苜蓿干草产量随灌水量增加而增加，轻度水分调亏不会引起苜蓿干草产量的降低。

大多数学者研究结果显示，增加灌水量能够不同程度增加苜蓿生物产量，苜蓿生物产量和耗水量呈正相关关系。苜蓿生长前期轻度干旱会导致植株枝条数降低，导致苜蓿减产 15%。另有研究认为灌溉会不同程度影响苜蓿株高和叶茎比。水分是影响苜蓿品质的重要因素，有研究表明整个生长期灌溉量保持在最大土壤饱和持水量的 85% 时，紫花苜蓿品质最优。苜蓿粗蛋白质、粗脂肪和粗灰分均与灌溉量大小呈正相关关系；粗纤维和酸性洗涤纤维与灌溉量呈极显著负相关关系。

苜蓿水分利用效率方面，王雪等研究结果显示，充分供水条件下（灌水量 200 mm）苜蓿全年水分利用效率最低，为 2 185 kg/（hm² · mm），适宜供水条件下（灌水量 175 mm）苜蓿全年水分利用效率最高，为 43.09 kg/（hm² · mm）。刘爱红等研究结果显示，随着灌水量的增加，苜蓿水分利用效率呈现先升高后降低的趋势，主要因为水分利用效率受苜蓿耗水量与产量的影响，与地上生物量的变化具有一致性。同时，紫花苜蓿水分利用效率还受气候、茬次、灌溉量、灌溉方式等条件影响。孙洪仁等归纳了国内外对苜蓿水分利用效率的研究结果，认为在相对正常的田间栽培管理条件下，建植当年紫花苜蓿水分利用效率的范围为 8～12 kg/（hm² · mm），建植 2 年及以上者为 1～25 kg/（hm² · mm）。

土壤含水量是影响苜蓿耗水强度的重要因子。当苜蓿从出苗到刈割期土壤相对含水量处于 45% 以下时，苜蓿生长发育不良，年底植株死亡率较高；土壤相对含水量在 60% 以上时苜蓿植株生长较好。

第二节 黄淮海平原苜蓿节水灌溉技术

一、河北衡水地区苜蓿节水灌溉技术

1. 试验地概况

试验在河北省深州市河北省农林科学院旱作农业节水试验站内进行。试验地位于北纬 37° 44′、东经 115° 42′，海拔高度 20 m，属暖温带半干旱半湿润季风气候，年平均降水量 497.1 mm，其中 70% 的降水集中在 7—8 月，年均温 13.3 ℃，最热月均温 27.1 ℃，最冷月均温 -2.1 ℃，极端最高温度 42.8 ℃，极端最低温度 -23.0 ℃，无霜期 202 d，初霜日 10 月 22 日，终霜日 4 月 2 日，年积温（≥0 ℃）5 003.5 ℃，年有效积温（≥10 ℃）4 603.7 ℃，土壤田间持水量 27.8%。播种前测定基础土壤样品营养成分见表 6.1，试验期间降水量见表 6.2。

表 6.1 试验地土壤养分

土层（cm）	含盐量（%）	pH 值	速效磷（mg/kg）	速效钾（mg/kg）	碱解氮（mg/kg）	有机质（%）
0～20	0.049	8.18	7.8	193.12	64.83	1.85
20～40	0.059	8.10	1.0	112.41	34.14	1.26
40～60	0.074	8.10	0.7	143.91	32.99	1.39
平均	0.061	8.13	3.2	149.81	43.99	1.50

表 6.2 试验期间降水量   单位：mm

月份	2014—2015 年	2015—2016 年	2016—2017 年	平均
11 月	8.5	72.6	8.6	29.9
12 月	0.0	0.0	6.7	2.2
1 月	2.4	2.3	0.1	1.6
2 月	7.7	1.6	6.4	5.2
3 月	8.6	0.5	9.7	6.3
4 月	47.4	9.5	19.5	25.5
5 月	83.0	21.2	11.0	38.4
6 月	15.7	90.2	91.6	65.8
7 月	106.5	186.6	127.8	140.3
8 月	94.1	94.2	93.3	93.9
9 月	16.5	44.5	0.2	20.4
10 月	18.9	39.8	149.0	69.2
合计	409.3	563.0	523.9	498.7

2. 试验材料与设计

苜蓿品种为中苜 1 号。试验由 2 个小试验组成。试验一是 2014 年秋开始，2017 年秋结束。试验二是 2015 年秋开始，2017 年秋结束。

两个试验处理一致，即采用在苜蓿3个需水关键期设置6个灌水处理：灌1次冻水（D）；灌1次返青水（F）；灌1次返青水和第1茬刈割后灌水（FY）；灌1次冻水和第1茬刈割后灌水（DY）；灌1次冻水、1次返青水和第1茬刈割后灌水（DFY）；以不灌溉为对照（CK）。采用随机区组排列，3次重复，2个试验共36个小区，小区面积16.5 m²（3 m×5.5 m）。2014年秋播，条播，行距30 cm，播种量15 kg/hm²，播深2 cm。小区之间间隔2 m，防止水分侧渗造成小区之间相互影响。

试验采取小区畦灌方式，每次灌水量均为75 mm，用水表计量灌水量。灌水时间分别为：2014—2015年，2014年11月15日灌冻水，2015年3月25日灌返青水，2015年5月25日第1茬刈割后灌水；2015—2016年，2016年1月7日灌冻水，2016年4月5日灌返青水，2016年5月24日第1茬刈割后灌水；2016—2017年，2016年11月23日灌冻水，2017年4月1日灌返青水，2017年5月28日第1茬刈割后灌水。

两个试验田间管理方式相同，造墒播种，播种前底肥施入复合肥1 125 kg/hm²。试验期间及时进行锄草、病虫害防控等田间管理，每个灌水处理都是年刈割5次，具体刈割时间见表6.3。为了保证当年播种的苜蓿安全越冬，2014年11月15日所有小区均灌溉了冻水，灌水量75 mm。

表6.3　苜蓿各茬刈割日期（月/日）

年份	试验一					试验二				
	第1茬	第2茬	第3茬	第4茬	第5茬	第1茬	第2茬	第3茬	第4茬	第5茬
2015年	5/19	6/20	7/28	8/26	10/10	—	—	—	—	—
2016年	5/7	6/12	7/11	8/16	10/8	5/7	6/12	7/11	8/16	10/8
2017年	5/7	6/7	7/12	8/26	10/5	5/7	6/7	7/12	8/26	10/5

3. 不同灌水处理对苜蓿干草产量的影响

由表6.4看出，试验一不同灌水处理下苜蓿干草产量除2016年外，2015年、2017年以及3年总产量均高于对照，但差异不显著。2016年各处理间苜蓿干草产量以DFY处理最高，之后为DY和D处理，三者苜蓿干草产量均极显著高于对照处理（$P<0.01$），FY处理下苜蓿干草产量显著高于对照（$P<0.05$），而F处理下苜蓿干草产量高于对照，但差异不显著。从2016年苜蓿干草产量结果显示，苜蓿干草产量DFY>DY>D>FY>F>CK，说明灌水量相同情况下，灌冻水效果优于灌返青水；均有灌冻水条件下，灌水量越多，苜蓿干草产量越高。试验一的3年总产量变化趋势和2016年相同。试验二不同灌水处理下苜蓿每年干草产量以及2年总产量均高于对照，但差异不显著（$P>0.05$），干草产量变化趋势为DFY>DY>FY>D>F>CK，和试验一苜蓿干草产量变化趋势基本相同。

表6.4　不同灌水处理下苜蓿的干草产量　　　　　　　　　　　单位：t/hm²

灌水处理	试验一				试验二		
	2015年	2016年	2017年	3年总产量	2016年	2017年	2年总产量
CK	13.74	15.59 Cd	19.31	51.64	19.51	17.77	37.28
D	15.31	20.45 ABab	20.22	55.98	20.85	17.95	38.80
F	15.08	19.41 BCcd	20.00	54.49	20.49	18.26	38.75
FY	15.73	19.94 BCbc	19.56	55.23	21.47	19.17	40.63
DY	16.53	20.60 ABab	19.45	56.58	21.00	19.70	40.71
DFY	16.44	21.39 Aa	19.94	57.77	21.46	19.34	40.80

注：同列中不同小写字母表示差异显著（$P<0.05$），不同大写字母表示差异极显著（$P<0.01$）。

4. 不同灌水处理对苜蓿各茬次干草产量的影响

由表6.5可知，不同灌水处理对苜蓿各茬次干草产量的影响差异不显著。除试验一F处理第3茬、试验二FY处理第4茬、DFY处理第4茬和第5茬外，其他灌水处理的苜蓿干草产量均大于对照。随着灌溉次数增加苜蓿产量呈增加趋势。灌水量相同情况下，灌冻水对苜蓿增产效果优于灌返青水，且灌水处理对前两茬草增产效果明显，对后3茬草增产效果减弱。

表6.5　不同灌水处理下苜蓿各茬次的平均干草产量　　　　单位：t/hm²

灌水处理	试验一					试验二				
	第1茬	第2茬	第3茬	第4茬	第5茬	第1茬	第2茬	第3茬	第4茬	第5茬
CK	5.55	3.13	3.24	2.72	2.57	5.95	3.53	3.08	2.62	2.70
D	6.35	3.27	3.35	2.89	2.80	6.55	3.65	3.26	2.63	2.53
F	6.50	3.15	3.11	2.80	2.61	6.48	3.64	3.17	2.76	2.53
FY	6.19	3.65	3.34	2.66	2.57	6.25	4.39	3.42	2.79	2.64
DY	6.06	3.81	3.56	2.84	2.60	6.73	4.18	3.38	2.63	2.61
DFY	7.03	3.82	3.26	2.69	2.44	6.90	4.34	3.36	2.60	2.37

5. 不同灌水处理对苜蓿株高、枝条数、茎叶比和抗倒性的影响

从表6.6可知，不同灌水处理的苜蓿株高、枝条数和茎叶比与对照相比均差异不显著。除试验二F处理株高低于对照、试验二DFY处理株高低于对照、F处理枝条数低于对照外，其他灌水处理的株高和枝条数都高于对照，苜蓿茎叶比低于对照。增加一次返青水苜蓿整体抗倒性减弱。

表6.6　不同灌水处理下苜蓿各茬次株高、枝条数、茎叶比和抗倒性

灌水处理	试验一				试验二			
	株高（cm）	枝条数（个/m²）	茎叶比	抗倒性（级）	株高（cm）	枝条数（个/m²）	茎叶比	抗倒性（级）
CK	67.57	354.1	0.83	1	75.82	364.2	0.66	1
D	68.48	369.2	0.79	1	76.69	375.7	0.64	1
F	68.17	348.6	0.82	2	75.04	360.6	0.64	2
FY	67.90	375.9	0.69	1	77.04	380.2	0.66	2
DY	69.10	400.2	0.76	1	76.34	372.2	0.63	1
DFY	69.44	383.5	0.75	2	75.79	378.7	0.67	2

6. 不同灌水处理对苜蓿水分利用效率的影响

由表6.7可知，不同灌水处理对苜蓿水分利用效率影响均存在显著差异（$P<0.05$），随着灌水量增加，苜蓿水分利用效率呈现下降趋势。除2016年D处理和2017年F处理外，其他处理的苜蓿水分利用效率均低于对照。对照水分利用效率最高，DFY处理水分利用效率最低。

表6.7　不同灌水处理下苜蓿水分利用效率　　　　单位：kg/（hm²·mm）

灌水处理	2015年	2016年	2017年	平均
CK	36.78 a	33.14 ab	50.34 ab	40.09 a
D	32.44 ab	34.16 a	48.71 ab	38.44 ba

（续表）

灌水处理	2015 年	2016 年	2017 年	平均
F	33.49 ab	30.17 bc	51.71 a	38.45 ba
FY	28.62 bc	29.84 bc	42.56 abc	33.67 b
DY	30.80 abc	28.95 c	38.69 bc	32.81 b
DFY	25.39 c	29.19 c	36.89 c	30.49 b

注：同列中不同小写字母表示差异显著（$P<0.05$）。

7. 结论

在河北衡水地区，中苜 1 号苜蓿最佳灌水模式为灌上冻水 1 次，灌水量为 75 mm。

第三节　内蒙古高原苜蓿节水灌溉技术

一、内蒙古科尔沁地区苜蓿节水灌溉技术

1. 试验地概况

试验地点位于内蒙古自治区赤峰市阿鲁科尔沁旗绍根镇绿生源生态科技有限公司苜蓿基地，地理坐标为北纬 43° 42′、东经 120° 35′，属于中温带半干旱大陆性季风气候区，四季分明，年平均气温 5.5 ℃，年日照时数 2 760～3 030 h，极端最高气温 40.6 ℃，极端最低气温 -32.7 ℃，年平均积温 2 900～3 400 ℃，无霜期 95～140 d，年降水量 300～400 mm，主要集中在 6—8 月，年蒸发量 2 000～2 500 mm。试验地地势平坦，土壤为砂壤土，0～60 cm 土层土壤容重为 1.45 g/cm³，田间持水量（质量）为 16.31%。灌溉水源为地下水，地下水埋深 30 m。2018 年试验期内具体气象数据见表 6.8。

表 6.8　2018 年试验期内气象数据

茬次	日最高气温 （℃）	日最低气温 （℃）	日最大相对湿度 （%）	日最小相对湿度 （%）	日平均风速 （m/s）	累计有效降水量 （mm）
第 1 茬	24.04	8.61	52.43	16.60	4.06	15.50
第 2 茬	30.15	16.18	74.49	31.77	2.84	49.90
第 3 茬	32.05	20.58	87.80	41.63	2.53	131.50
平均	28.75	15.12	71.58	30.00	3.15	196.90

2. 试验材料与设计

苜蓿品种为 WL298HQ。试验灌溉量设置 4 个水平：60%ETc、80% ETc、100% ETc、120% ETc，分别用 W_1、W_2、W_3、W_4 表示。ETc 为作物需水量。试验采用随机区组排列，每个处理 5 次重复，共 20 个小区，小区面积 0.13 hm²。灌溉时间确定为：当 0～60 cm 土层含水量达到田间持水量的 60% 时开始灌溉，灌溉量为相邻两次灌溉时期内累计 ETc 的 60%、80%、100%、120%。每次灌水定额由该时段内累计的作物需水量（ETc）减去该时段内有效降水量（≥5 mm）来确定。2018 年试验期内各处理灌溉量见表 6.9（注：第 1 茬、第 2 茬配合公司施肥作业统一补水，累计 167 mm）。

试验地苜蓿是 2017 年种植，播种量 45 kg/hm²，行距 15 cm，使用圆形喷灌机进行灌溉。

表 6.9　紫花苜蓿生育期内各处理下灌溉量　　　　　单位：mm

茬次	W₁	W₂	W₃	W₄
第 1 茬	199	229	260	304
第 2 茬	259	290	323	370
第 3 茬	68	68	68	68
总计	526	587	651	742

3. 不同灌溉量对苜蓿株高、生长速度和再生速度的影响

由表 6.10 可知，不同灌溉量对苜蓿株高、生长速度和再生速度影响差异显著（$P<0.05$）。随着灌溉量的增加苜蓿株高呈现升高的趋势。第 1 茬苜蓿生长速度随灌溉量的增加表现为增加的趋势，第 2 茬苜蓿再生速度随灌溉量的增加呈增加的趋势，第 3 茬苜蓿再生速度则呈先增加后减低的趋势。

表 6.10　不同灌溉量对苜蓿株高、生长速度和再生速度的影响

处理	株高（cm）			生长速度（cm/d）	再生速度（cm/d）	
	第 1 茬	第 2 茬	第 3 茬	第 1 茬	第 2 茬	第 3 茬
W₁	59.4 c	66.8 c	71.9 b	1.08 c	1.67 c	1.89 b
W₂	66.4 b	75.6 b	75.4 a	1.21 b	1.89 b	1.99 a
W₃	65.0 b	76.8 a	73.2 ab	1.18 b	1.92 a	1.93 b
W₄	68.6 a	77.2 a	73.9 ab	1.25 a	1.93 a	1.94 ab

注：同列中不同小写字母表示差异显著（$P<0.05$）。

4. 不同灌溉量对苜蓿分枝数和枝条鲜重的影响

由表 6.11 可知，不同灌溉量处理对苜蓿第 1 茬分枝数和第 1 茬、第 3 茬的枝条鲜重影响差异显著（$P<0.05$）。第 1 茬分枝数表现为随灌溉量的增加呈现先增加后降低的趋势；第 1 茬、第 2 茬、第 3 茬的枝条鲜重表现为随灌溉量的增加呈增加的趋势，但第 2 茬各处理间无显著性差异。

表 6.11　不同灌溉量对苜蓿分枝数和枝条鲜重的影响

处理	分枝数（枝/m²）			枝条鲜重（g/枝）		
	第 1 茬	第 2 茬	第 3 茬	第 1 茬	第 2 茬	第 3 茬
W₁	374 b	468 a	330 a	3.0 b	5.0 a	2.7 b
W₂	563 a	509 a	408 a	3.2 b	4.9 a	3.7 ab
W₃	557 a	467 a	357 a	3.8 ab	5.6 a	4.4 a
W₄	426 b	422 a	358 a	4.3 a	6.0 a	3.7 ab

注：同列中不同小写字母表示差异显著（$P<0.05$）。

5. 不同灌溉量对苜蓿生物量的影响

由表 6.12 可知，不同灌溉量对苜蓿生物量影响差异显著（$P<0.05$）。随灌溉量增加苜蓿生物量呈现先增加后降低趋势。灌溉处理 W₃ 的苜蓿总生物量最高。

表 6.12　不同灌溉量对紫花苜蓿生物量的影响　　　　　　　　　　单位：kg/hm²

处理	地上生物量				地下生物量	总生物量
	第 1 茬	第 2 茬	第 3 茬	总产量		
W₁	2 357 c	5 133 a	2 517 c	10 007 c	2 816 c	12 823 c
W₂	2 457 c	5 360 a	3 624 a	11 441 b	3 093 b	14 534 b
W₃	4 576 a	5 935 a	3 851 a	14 362 a	4 053 a	18 415 a
W₄	3 748 b	5 356 a	3 052 b	12 156 b	3 051 b	15 207 b

注：同列中不同小写字母表示差异显著（$P<0.05$）。

6. 不同灌溉量对苜蓿水分利用效率的影响

由表 6.13 可知，不同灌溉量对苜蓿水分利用效率影响差异显著（$P<0.05$）。水分利用效率随着刈割茬次的增加呈下降趋势，随着灌溉量的增加呈先增加后降低趋势。灌溉处理 W₃ 3 茬平均水分利用效率最高。

表 6.13　不同灌溉量对苜蓿水分利用效率的影响　　　　　　　　　　单位：kg/m³

处理	第 1 茬	第 2 茬	第 3 茬	3 茬平均
W₁	1.10 b	1.66 a	0.95 c	1.24 b
W₂	1.00 b	1.58 a	1.37 a	1.32 b
W₃	1.66 a	1.59 a	1.45 a	1.57 a
W₄	1.17 b	1.28 b	1.15 b	1.20 b

注：同列中不同小写字母表示差异显著（$P<0.05$）。

7. 结论

在内蒙古科尔沁地区，WL298HQ 苜蓿采用 W₃（100%ETc）灌溉水平下干草产量和水分利用效率高。

第四节　西北荒漠灌区苜蓿节水灌溉技术

一、甘肃玉门地区苜蓿节水灌溉技术

1. 试验地概况

试验地在甘肃省玉门市境内的国营黄花农场（北纬 40° 23′、东经 97° 11′），海拔 1 395 m，属于典型的大陆性干旱荒漠气候，年平均降水量 59.5 mm，年蒸发量 2 250 mm，最高温度 40.4 ℃，最低温度 -29.1 ℃，年平均气温 6.8 ℃，年日照时数 3 280 h，无霜期 129 d，有效积温 2 800 ℃，平均风速为 3.0 m/s，盛行西风，最大风速达 27.0 m/s。土壤为灌溉灰棕土，土壤养分情况如下：pH 值 8.1、有机质 20 g/kg、速效氮 91 mg/kg、速效磷 79 mg/kg、速效钾 191 mg/kg。

2. 试验材料与设计

苜蓿品种为金皇后。试验采用裂区试验设计，灌溉方式为主区，灌溉量为副区。灌溉方式（IM）2 个水平，分别为交替灌溉（AFI）和常规灌溉（CI，当地传统灌溉垄沟式处理）。交替灌溉指每条沟用数字标记，第 1 次灌溉时仅灌标记为奇数的沟，标记为偶数的沟不灌溉；第 2 次灌溉时仅灌标记偶数的沟，标记为奇数的沟不灌溉，以此类推；常规灌溉指每次灌溉时标记为奇数和偶数的沟均灌溉。灌溉量（IV）设 4 个水平，分别为 122 mm、150 mm、178 mm、206 mm，分别为当地紫花苜蓿常规灌水量的 65%、80%、95%、110%，用 I_1、I_2、I_3、I_4 来表示，每个灌水梯度下又分为交替灌溉和常规灌溉两种灌溉方式，共计 8 个处理，交替灌溉的灌溉量为常规灌溉的 1/2，为 61 mm、75 mm、89 mm、103 mm。于 2012 年 4 月 20 日首先在试验田内起垄，垄的走向与条播的走向一致，垄宽 1 m，两垄之间形成距离为 30 cm 的沟，沟顶宽和沟底宽分别约为 30 mm 和 25 cm，沟深 30 cm，条播，行距 25 cm，播深 3 cm，播种量 22.5 kg/hm²。每个灌溉处理重复 3 次，共 24 个小区，小区面积为 120 m²（10 m × 12 m），相邻小区间设置 0.5 m 的保护行。灌溉 2 次，分别为 2014 年 5 月 7 日和 2014 年 6 月 9 日，取样时间为 2014 年 6 月 15 日。

3. 不同灌溉量对苜蓿地上生物量和株高的影响

由表 6.14 可知，不同灌溉量对苜蓿的地上生物量影响显著（$P<0.05$），而灌溉方式、灌溉量与灌溉方式互作对紫花苜蓿地上生物量影响不显著。随着灌溉量逐渐增加，无论是交替灌溉还是常规灌溉，苜蓿地上生物量均逐渐增加，随后趋向平稳，当灌溉量超过当地农户灌溉水平的 80%（I_2）时，苜蓿的地上生物量变化不显著。

苜蓿株高、分枝数、叶片数、茎粗对灌溉量和灌溉方式的响应均出现显著的差异。灌溉量显著影响了苜蓿株高，而灌溉方式对苜蓿株高没有显著影响，株高随着灌溉量的增加呈现先增加后降低的变化趋势，其在灌溉量为农户灌溉水平的 95%（I_3）时最大；灌溉量与灌溉方式的互作效应对苜蓿株高的影响不显著。灌溉量对苜蓿分枝数和叶片数影响不显著，而灌溉方式显著影响了苜蓿分枝数和叶片数（表 6.15），表现为交替灌溉显著增加了苜蓿分枝数（$P<0.05$），而显著降低了苜蓿叶片数（$P<0.05$），灌溉量与灌溉方式的互作对苜蓿分枝数和叶片数影响不显著。灌溉量、灌溉方式及两者互作对苜蓿的茎粗无显著影响（图 6.1）。

表 6.14　不同灌溉量对苜蓿地上生物量和株高的影响

灌溉量	灌溉方式	地上生物量（kg/hm²）	灌溉量为主效应（kg/hm²）	株高（cm）	灌溉量为主效应（cm）
I_1	AFI	4 533.33	4 600 b	60.00	60.66 c
	CI	4 666.67		61.33	
I_2	AFI	5 466.67	5 800 a	66.00	66.97 b
	CI	6 133.33		67.95	
I_3	AFI	6 400.00	6 350 a	70.00	71.10 a
	CI	6 300.00		72.33	
I_4	AFI	5 200.00	5 600 a	66.66	67.16 b
	CI	6 000.00		68.00	

注：同列中不同小写字母表示差异显著（$P<0.05$）。

表 6.15　不同灌溉量对苜蓿分枝数和叶片数的影响

灌溉量	分枝数（个/株）		叶片数（片/株）	
	AFI	CI	AFI	CI
I_1	5.00	4.20	304.00	375.67

（续表）

灌溉量	分枝数（个/株）		叶片数（片/株）	
	AFI	CI	AFI	CI
I₂	6.00	3.53	298.33	402.20
I₃	9.00	5.00	386.00	476.00
I₄	9.33	4.34	352.67	358.00
平均	7.33 a	4.27 b	335.25 b	402.97 a

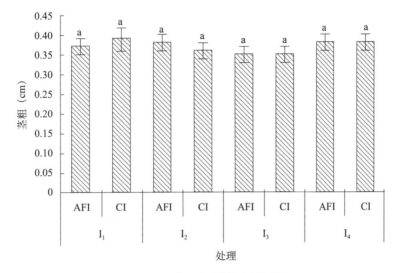

图 6.1　不同灌溉量对苜蓿茎粗的影响

4. 不同灌溉量对苜蓿品质的影响

由表 6.16 可知，不同灌溉量对苜蓿营养品质影响差异显著（$P<0.05$）。粗蛋白质含量随着灌溉量的增加表现出逐渐增高的趋势，交替灌溉增加了苜蓿粗蛋白质的含量。交替灌溉显著增加了苜蓿的中性洗涤纤维含量和酸性洗涤纤维含量（$P<0.05$），且随着灌溉量的增加两者均呈逐渐下降的趋势。

表 6.16　不同灌溉量对苜蓿品质的影响

灌溉量	灌溉方式	粗蛋白质（%）	中性洗涤纤维（%）	酸性洗涤纤维（%）
I₁	AFI	16.69 c	45.44 a	34.97 a
	CI	16.67 c	42.83 cd	33.13 cd
I₂	AFI	17.52 ab	45.50 a	34.65 ab
	CI	17.14 bc	43.32 bc	32.89 cd
I₃	AFI	18.01 a	44.13 ab	34.97 a
	CI	17.38 bc	41.59 e	32.09 d
I₄	AFI	17.57 ab	44.32 b	33.72 bc
	CI	17.02 bc	41.85 de	32.43 cd

注：同列中不同小写字母表示差异显著（$P<0.05$）。

5. 结论

在甘肃玉门地区，交替灌溉能够在保证苜蓿产量和品质不显著降低的前提下，节约近一半的水资源，这对我国西部苜蓿种植业生产发展具有重要的意义。

二、新疆昌吉地区苜蓿节水灌溉技术

1. 试验地概况

试验地在新疆维吾尔自治区昌吉市呼图壁县种牛场新疆农业大学草地生态试验站（北纬 44° 8′、东经 86° 7′），该地区为典型的大陆性干旱气候，年平均降水量 1 633.1 mm，年蒸发量 2 312.7 mm；土壤为盐化灰漠土，土壤养分状况如下：pH 值 8.12、有机质 1.96%、碱解氮 21.73 mg/kg、速效磷 12.33 mg/kg、速效钾 144.54 mg/kg。

2. 试验材料与设计

苜蓿品种为新牧 4 号。2017 年设置 3 个灌溉下限处理，田间持水量的 70% 为正常灌溉水平，田间持水量的 50% 和 60% 为调亏灌溉处理，每个处理 3 次重复。试验地田间持水量为 38.8%，土壤体积含水量每 3 d 测定 1 次，达到或低于设置的灌溉下限时进行灌溉，每次灌溉量为 600 m³/hm²。试验地于 2016 年 5 月播种，播种方式为条播，播量为 19.5 kg/hm²；灌溉采用地下滴灌，毛管为内镶贴片式滴灌带，滴灌带间距为 60 cm，埋深 15 cm；试验小区面积 30 m²（5 m×6 m），2016 年不刈割，2017 全年共收获 3 茬（第 1 茬为 6 月 4 日、第 2 茬为 7 月 20 日、第 3 茬为 9 月 12 日）。

3. 地下调亏滴灌对苜蓿株高的影响

如图 6.2 所示，第 1 茬和第 2 茬均表现出随灌溉下限提高株高呈增加趋势，第 1 茬株高间不存在显著差异（$P>0.05$）。第 2 茬灌溉下限 70% 和 60% 处理显著高于 50% 灌溉下限处理（$P<0.05$）。灌溉下限对紫花苜蓿第 3 茬株高无显著影响（$P>0.05$），且没有明显规律。3 个茬次间株高比较表明，第 1 茬株高最高，第 2 茬次之，第 3 茬最低，第 1 茬 70% 灌溉下限处理株高最高，为 105.08 cm。

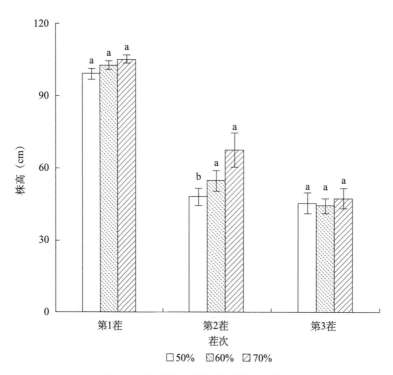

图 6.2 地下调亏滴灌对苜蓿株高的影响

注：不同小写字母表示差异显著（$P<0.05$）。

4. 地下调亏滴灌对苜蓿茎叶比的影响

由图6.3可知，在同一茬次，处理间紫花苜蓿茎叶比不存在显著差异（$P>0.05$），3种灌溉处理下均表现出第1茬最高，第3茬次之，第2茬最低的趋势。其中，第1茬和第2茬60%灌溉下限处理下的茎叶比低于同茬次其他2种灌溉下限处理。

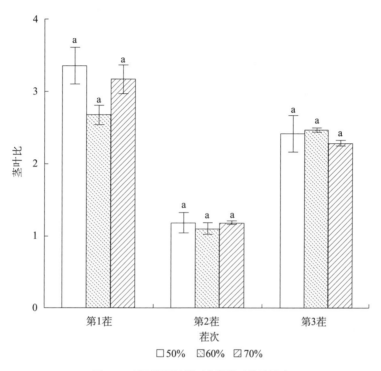

图6.3　地下调亏滴灌对苜蓿茎叶比的影响

5. 地下调亏滴灌对苜蓿产量的影响

如表6.17所示，70%灌溉下限的干草产量显著高于50%处理的干草产量（$P<0.05$），产量增加40.35%。

表6.17　地下调亏滴灌对苜蓿干草产量的影响　　　　　　　　　　　　单位：t/hm²

处理	第1茬	第2茬	第3茬	3茬总产量
50%	5.49 b	0.83 b	1.66 a	7.98 b
60%	6.23 ab	2.08 ab	1.66 a	9.96 ab
70%	6.93 a	2.42 a	1.85 a	11.20 a

注：同列中不同小写字母表示差异显著（$P<0.05$）。

6. 结论

在新疆昌吉地区，新牧4号苜蓿地下滴灌适宜灌溉下限为田间持水量的60%灌溉下限处理。

第七章

刈割调控苜蓿质量技术

第一节　概　论

在紫花苜蓿规模化种植、机械化生产加工过程中，适时科学收割是获得优质高产苜蓿草产品的核心环节，也是加工好紫花苜蓿草产品的第一步。收获制度是否科学，关系到紫花苜蓿当年的产量、质量及紫花苜蓿以后生产年度产量和品质。不同生产年份、科学的刈割次数、每茬合理的收获加工调制时间，乃至每茬刈割时适当的留茬高度，对保证当年获得好的品质、高的产量以及保证紫花苜蓿以后生产年度获得好产量和品质具有至关重要的影响。

一、刈割时间

苜蓿作为多年生植物，它的生长发育过程主要经历出苗期、分枝期、现蕾期、开花期、成熟期，再到返青期进行下一个生长周期。随着成熟度增加，苜蓿茎细胞壁木质化程度增加，使得茎秆越长越粗，粗蛋白质含量明显减少，粗纤维大量增加，牲畜不易消化，采食量也会相应的降低。目前公认的苜蓿品质最佳收获时期为现蕾期。但在实际生产中，为获得最大干物质和蛋白质积累量，确定最佳的刈割时期为现蕾期至初花期。生产实践中，因区域不同，气候不同，不一定各茬次都开花，如在华北地区，第 3 茬、第 4 茬的紫花苜蓿开花较少甚至不开花。此时需根据紫花苜蓿根茎新生的嫩枝高度(5 cm) 确定何时进行收割。研究结果表明，最后 1 次刈割时间对紫花苜蓿生产性能和品质影响非常大，过晚收获会对苜蓿第 2 年的返青产生影响。与初霜后收获的紫花苜蓿相比，初霜前收获，能获得更高的产量和更好的品质，原因是在初霜后收获，此时紫花苜蓿大部分叶片已脱落，能够获得的干物质尤其是高品质的叶片干物质减少，进而导致草品质量变差。

二、刈割次数

紫花苜蓿因其具有再生能力，生长过程中可以多次刈割利用。刈割次数不仅影响紫花苜蓿的当年草产量及营养品质，而且对其安全越冬和持久利用具有重要的影响。如果刈割次数过多，会使苜蓿养分消耗过多，导致再生能力大幅下降，甚至因根系糖分储备不足造成冻害和越冬死亡率增高而不能安全越冬，进而影响翌年产草量；如果刈割次数过少，生长后期植株下部叶片因光照不足造成叶片发黄和脱落，进而造成紫花苜蓿草产量及品质下降。大量研究表明，随着刈割次数增加苜蓿干草产量、粗蛋白质含量和相对饲用价值呈增加趋势，而植株高度、单株重量、分枝数、酸性洗涤纤维和中性洗涤纤维含量呈降低趋势。刘晓静等研究发现，施肥措施和刈割方式合理结合能够显著改善品质并提高产量，并且高频次的刈割能够获得更高产量。但是高频次刈割会对再生性和持续利用产生不利影响，因此需要协调产量和持久性间的关系。此外也有研究表明，随着刈割时间间隔增加，干物质积累会增多但是粗蛋白质含量会随之下降。不同地区的气候等条件差异会对最佳的刈割频次产生较大的影响。例如，积温和纬度的不同会造成中国南北方苜蓿生长差异，北方地区每年刈割 3～5 次，南方地区每年刈割 5～8 次。刘艳楠等对甘肃省苜蓿刈割方式研究得出，刈割 4 次较 3 次能获得更高的产量，并且在不同品种间表现一致。另外，包乌云等研究认为，不同品种的紫花苜蓿对刈割的承受度不同，相同刈割频次条件下部分品种会具有更强的耐刈性和再生能力。金文斌等对刈割强度进行研究得出，中度刈割能够获得更好的品质，再生能力也更强。另外，产量和品质的协调平衡同样是需要考虑的主要因素。

三、留茬高度

留茬高度紫花苜蓿在刈割时应注意所留茬次的高度，留茬高度不当将会影响紫花苜蓿的生物产量和牧草品质，而且会制约下一茬草的再生能力、速度和质量，甚至还会对紫花苜蓿第 2 年的生产能力造成不良的影响。王坤龙等研究发现，紫花苜蓿最后一茬刈割高度为 8～11 cm 时，其根茎内储藏性营养物质、返青率和翌年第 1 茬干草质量极显著高于其他处理组（$P<0.01$），并认为在辽宁凌海地区，紫花苜蓿前 3 茬的适宜留茬高度为 5～8 cm，第 4 茬的适宜留茬高度为 8～11 cm。研究表明，随着留茬高度的增加，干物质含量、粗蛋白质含量以及相对饲用价值呈现上升趋势，中性洗涤纤维和酸性洗涤纤维含量呈现下降趋势。根据王伟研究结果，在银川地区，紫花苜蓿 1 年可以刈割 4 次，其中前 3 茬留茬高度为 5～8 cm，为提高第 2 年返青率，第 4 茬留茬高度至少 11 cm。若留茬高度过高，则紫花苜蓿营养价值高的叶层和基层叶未被收获，下茬收割时叶片变枯黄会降低下一茬干草的质量，同时也导致获得的干草量降低，对产量和质量造成双重不利影响，而且会降低紫花苜蓿的再生能力；如果刈割时留茬高度过低，也许会在当茬甚至当年获得较高的干草产量，但由于绝大部分苜蓿的茎叶被割走，仅存的残茬所产生的光合作用非常弱，在很大程度上制约了紫花苜蓿下一茬的再生速度，同时也消减了紫花苜蓿地下根系对周边土壤中营养物质的消纳吸收和积累，降低了苜蓿生活力，并且刈割高度非常低时不能刺激侧芽的产生，导致 1 级分枝数的数量不足，若连续多次刈割高度非常低时，将会造成紫花苜蓿建植草地的急剧衰退。因此，在每茬紫花苜蓿收获时要保持适宜的留茬高度，具体留茬高度应根据刈割茬次、气候状况、苜蓿的生物学特性及其生产管理水平等条件而定，以促进再生和分枝，保证苜蓿的优质高产稳产，若最后一茬刈割或者冬季来临时，留茬高度应适当高一些。

第二节　黄淮海平原刈割调控苜蓿质量技术

一、河北沧州地区刈割调控苜蓿质量技术

1. 试验地概况

试验地位于河北省沧州市沧县沧州市农林科学院前营试验站，属暖温带半干旱半湿润季风气候，年降水量约 600 mm，主要集中在 7—8 月。年平均气温 13 ℃左右，最冷月份（1 月）平均气温为 -3.0 ℃，最热月份（7 月）平均气温为 26.5 ℃。土质为中壤土，含有机质 1.4%、含盐量 0.2%、pH

值 7.6 左右，为河北省东部沿海农区的典型代表地域。前茬作物为玉米。

2. 试验材料与设计

苜蓿品种为中苜 3 号，试验采用随机区组排列，设有现蕾期刈割、初花期刈割和盛花期刈割共 3 个处理，重复 3 次，小区面积 15 m²（5 m×3 m）。其中，现蕾期刈割处理全年共完成 5 次刈割，初花期刈割处理全年共完成 4 次刈割，盛花期刈割处理全年共完成 3 次刈割。试验地苜蓿于 2014 年 9 月 26 日播种，人工开沟，条播，播种深度 1～2 cm。整个生育期不浇水，不施肥，每年 11 月底灌 1 次冬水。2015—2017 年进行产量、品质等相关指标的测定。

3. 不同刈割次数对苜蓿干草产量的影响

从表 7.1 可以看出，随着刈割次数的增加苜蓿干草产量呈增加趋势，不同刈割次数处理间差异显著（$P<0.05$）。刈割 5 次的 3 年总苜蓿干草产量最高，为 40 200.0 kg/hm²，分别较 3 次和 4 次刈割增产 13.9% 和 7.9%。

表 7.1 不同刈割次数对苜蓿干草产量的影响 单位：kg/hm²

年份	刈割次数	第 1 茬	第 2 茬	第 3 茬	第 4 茬	第 5 茬	年产量
2015 年	3 次	1 428.2	3 681.5	3 044.0	—	—	8 153.7 b
	4 次	1 321.8	1 009.3	4 215.3	1 949.1	—	8 495.5 ab
	5 次	1 276.6	1 024.3	1 936.2	2 571.8	2 104.2	8 913.1 a
2016 年	3 次	7 077.8	3 650.0	2 194.4	—	—	12 922.2 a
	4 次	6 063.9	2 838.9	3 488.9	1 702.8	—	14 094.5 a
	5 次	4 931.9	2 027.8	2 785.2	3 072.2	1 131.9	13 949.0 a
2017 年	3 次	8 000.0	4 100.0	2 127.8	—	—	14 227.8 b
	4 次	6 596.8	3 213.9	3 213.9	1 625.0	—	14 649.6 b
	5 次	6 411.1	3 161.1	4 469.4	1 887.5	1 408.8	17 337.9 a
3 年合计	3 次	16 506.0	11 431.5	7 366.2	—	—	35 303.7 b
	4 次	13 982.5	7 062.1	10 918.1	5 276.9	—	37 239.6 b
	5 次	12 619.6	6 213.2	9 190.8	7 531.5	4 644.9	40 200.0 a

注：同列不同小写字母表示差异显著（$P<0.05$）。

4. 不同刈割次数对苜蓿产量相关农艺性状的影响

由表 7.2 可知，不同刈割次数对苜蓿枝条数、枝条重、株高、茎粗影响显著（$P<0.05$）。随着刈割次数的增加，苜蓿枝条数均呈增加趋势，而苜蓿枝条重、株高和茎粗呈下降趋势。两年中刈割 5 次处理的枝条数均显著高于刈割 3 次处理，刈割 5 次处理的枝条重、株高和茎粗均显著低于刈割 3 次处理和 4 次处理。

表 7.2 刈割次数对苜蓿产量相关农艺性状的影响

年份	刈割次数	枝条数（个/m²）	枝条重（g）	株高（cm）	茎粗（mm）
2015 年	3 次	505 b	0.72 a	62.2 a	1.89 a
	4 次	583 ab	0.42 b	53.2 b	1.92 a
	5 次	681 a	0.41 b	45.7 c	1.82 a

（续表）

年份	刈割次数	枝条数（个/m²）	枝条重（g）	株高（cm）	茎粗（mm）
	3 次	418 c	0.84 a	87.2 a	2.57 a
2016 年	4 次	493 b	0.70 b	77.1 b	2.35 b
	5 次	644 a	0.39 c	58.3 c	2.10 c
	3 次	462 c	0.78 a	74.7 a	2.23 a
2 年平均	4 次	538 b	0.56 b	65.2 b	2.14 ab
	5 次	663 a	0.40 c	52.0 c	1.96 b

注：同列不同小写字母表示差异显著（$P<0.05$）。

5. 不同刈割次数对苜蓿干草品质的影响

从表 7.3 可知，不同刈割次数对苜蓿第 1 茬粗蛋白质含量、酸性洗涤纤维含量、中性洗涤纤维含量和相对饲用价值影响差异显著（$P<0.05$）。随着刈割次数的增加，苜蓿粗蛋白质含量和相对饲用价值呈增加趋势，刈割 5 次处理的苜蓿粗蛋白质含量和相对饲用价值最高。相反，酸性洗涤纤维含量随着刈割次数增加呈下降趋势，刈割 5 次处理的酸性洗涤纤维含量均显著低于刈割 3 次和 4 次处理的（$P<0.05$）。中性洗涤纤维含量随着刈割次数的增加呈下降趋势，2015 年各处理间的差异不显著，2016 年刈割 5 次处理的中性洗涤纤维含量显著低于刈割 3 次和 4 次处理的（$P<0.05$）。

表 7.3 不同刈割次数对苜蓿干草品质的影响

年份	刈割次数	粗蛋白质（%）	酸性洗涤纤维含量（%）	中性洗涤纤维含量（%）	相对饲用价值
	3 次	17.5 b	27.7 a	45.8 a	136.7 b
2015 年	4 次	20.4 a	26.7 a	46.0 a	137.8 b
	5 次	21.7 a	23.9 b	43.3 a	150.8 a
	3 次	15.2 c	45.8 a	55.8 a	88.7 c
2016 年	4 次	18.1 b	37.6 b	47.4 b	117.5 b
	5 次	20.9 a	31.3 c	41.5 c	144.7 a

注：同列不同小写字母表示差异显著（$P<0.05$）。

6. 结论

在河北沧州地区，中苜 3 号苜蓿适宜刈割期为现蕾期，年刈割 5 次的干草产量高、品质好。

二、河北衡水地区刈割调控苜蓿质量技术

1. 试验地概况

试验地位于河北省深州市河北省农林科学院旱作农业节水试验站（北纬 37° 44′、东经 115° 42′），海拔高度 20 m，属暖温带半干旱半湿润季风气候，年平均气温 12.6 ℃，年平均降水 510 mm，其中 70% 降水集中在 7—8 月。无霜期 206 d。土壤为黏壤土，0～40 cm 土层土壤养分情况如下：pH 值 8.23、全盐量 0.69 g/kg、有机质 8.79 g/kg、全氮 0.92 g/kg、碱解氮 43.06 mg/kg、速效磷 6.61 mg/kg 和速效钾 94.1 mg/kg。

2. 试验材料与设计

试验选用的苜蓿品种为适宜该区域种植的主栽品种中苜 1 号，引自中国农业科学院北京畜牧兽医

研究所。试验设置两种刈割制度：Ⅰ为首次刈割时间确定；Ⅱ为末次刈割时间确定。首次刈割时间确定在苜蓿现蕾期，一般在每年的5月上中旬；末次刈割时间依据本地区多年苜蓿刈割经验确定，一般在霜降前半个月进行，安排在每年的10月5日。每种刈割制度设置3种刈割次数，即：首次刈割时间确定下年刈割4次（首次刈割时间为现蕾期，之后间隔45 d刈割1次，F4）、刈割5次（首次刈割时间为现蕾期，之后间隔35 d刈割1次，F5）和刈割6次（首次刈割时间为现蕾期，之后间隔28 d刈割1次，F6）；末次刈割时间确定下年刈割4次（末次刈割时间为每年10月5日，前推间隔45 d刈割1次，L4）、刈割5次（末次刈割时间为每年10月5日，前推间隔35 d刈割1次，L5）和刈割6次（末次刈割时间为每年10月5日，前推间隔28 d刈割1次，L6）。试验共6个处理，每个处理3次重复，共18个小区，小区面积16.5 m²（5.5 m×3 m）。试验于2012—2015年进行，连续4年。试验材料于2011年9月3日播种，条播，行距30 cm，播种量22.5 kg/hm²。播前施复合肥（氮、磷、钾含量45%）750 kg/hm²，每年全生育期不灌溉，及时防除杂草及虫害。每次刈割留茬高度3～5 cm。

3. 不同刈割方式对干草产量的影响

由表7.4可知，中首1号在两种刈割制度下干草产量表现趋势相同，4年总产量在首次刈割时间确定情况下随着刈割次数增加呈现逐渐下降趋势，而在末次刈割时间确定情况下呈现先升高后降低的趋势。同一刈割制度下2012年和2013年产草量随着刈割次数增加呈现先升高后降低的趋势，2014年和2015年产草量随着刈割次数增加呈现逐渐降低趋势。L5处理4年总产量最高，为84.45 t/hm²，与L4、F4处理差异不显著（$P>0.05$）。

表7.4　不同刈割方式对干草产量的影响　　　　　　　　　　　单位：t/hm²

刈割方式	2012年	2013年	2014年	2015年	4年总产量
F4	19.82 b	18.80 b	23.60 b	20.42 a	82.64 ab
F5	20.01 b	19.07 b	21.23 b	18.95 ab	79.26 b
F6	16.60 d	16.83 c	18.96 c	16.45 cd	68.84 b
L4	20.80 b	19.50 ab	24.53 ab	18.37 bc	83.20 ab
L5	23.16 a	20.56 a	22.75 a	17.98 bc	84.45 a
L6	18.04 c	17.23 c	18.49 c	15.84 d	69.60 b

注：同列不同小写字母表示差异显著（$P<0.05$）。

4. 不同刈割方式对苜蓿粗蛋白质含量的影响

由表7.5看出，不同刈割方式对苜蓿粗蛋白质含量影响显著（$P<0.05$）。同一刈割制度下，2012年和2013年两年平均苜蓿粗蛋白质含量随着刈割次数增加而逐渐升高，F6处理的平均粗蛋白质含量最高，为21.12%，与L6处理差异不显著（$P>0.05$）。

表7.5　不同刈割方式对苜蓿粗蛋白质含量的影响

刈割方式	第1茬	第2茬	第3茬	第4茬	第5茬	第6茬	平均
F4	16.87 b	14.71 d	17.68 cd	18.73 b	—	—	17.00 c
F5	17.09 a	16.18 c	20.00 ab	19.22 ab	24.58 a	—	19.42 b
F6	17.10 a	18.48 b	21.37 a	19.97 a	20.70 b	29.11 a	21.12 a
L4	15.03 c	16.20 c	16.85 d	18.83 b	—	—	16.73 c
L5	15.76 c	16.45 c	18.39 bcd	20.13 a	24.63 a	—	19.07 b
L6	15.81 c	19.32 a	18.97 bc	20.69 a	22.00 b	29.34 a	21.02 a

注：同列不同小写字母表示差异显著（$P<0.05$）。

5. 不同刈割方式对相对饲用价值的影响

由表 7.6 可知，不同刈割方式对苜蓿相对饲用价值影响显著（$P<0.05$）。在同一刈割制度下，各茬平均苜蓿相对饲用价值均随着刈割次数增加而逐渐提高。L6 处理的苜蓿平均相对饲用价值最高，为 174.1，与 F6 处理差异不显著（$P>0.05$）。

表 7.6　不同刈割方式对苜蓿相对饲用价值的影响

刈割方式	第 1 茬	第 2 茬	第 3 茬	第 4 茬	第 5 茬	第 6 茬	平均
F4	112.2 ab	121.4 b	106.9 d	116.7 c	—	—	114.3 d
F5	119.9 a	127.3 b	124.3 bc	127.0 c	215.3 b	—	142.8 c
F6	121.2 a	143.3 a	139.4 a	141.9 b	175.1 d	295.4 a	169.4 a
L4	109.0 b	123.8 b	122.9 c	114.6 c	—	—	117.6 d
L5	118.3 a	140.1 a	129.4 abc	149.4 b	229.8 a	—	153.4 b
L6	124.5 a	149.0 a	137.0 ab	172.8 a	185.1 c	276.3 a	174.1 a

注：同列不同小写字母表示差异显著（$P<0.05$）。

6. 不同刈割方式对株高的影响

由表 7.7 可知，不同刈割方式对苜蓿 4 年平均株高影响显著（$P<0.05$）。在同一刈割制度下，随着刈割次数的增加苜蓿株高呈下降趋势。L4 处理的苜蓿平均株高最大，为 73.1 cm，与 F4 处理差异不显著（$P>0.05$）。

表 7.7　不同刈割方式对苜蓿 4 年平均株高的影响　　　　单位：cm

刈割方式	第 1 茬	第 2 茬	第 3 茬	第 4 茬	第 5 茬	第 6 茬	平均
F4	86.7 bc	79.2 a	69.4 a	51.8 ab	—	—	71.8 a
F5	85.4 c	76.8 a	63.1 abc	54.1 a	40.8 a	—	64.0 b
F6	85.7 c	63.4 b	55.9 bc	53.8 a	41.0 a	32.4 a	55.4 c
L4	98.1 a	78.3 a	68.0 ab	48.1 c	—	—	73.1 a
L5	96.3 ab	75.7 a	67.3 ab	50.4 b	38.8 a	—	65.7 b
L6	96.3 ab	61.2 b	52.3 c	50.3 b	30.4 b	27.8 b	53.1 c

注：同列不同小写字母表示差异显著（$P<0.05$）。

7. 结论

在河北衡水地区，中苜 1 号苜蓿首次刈割时间为现蕾期，之后间隔 35 d 刈割 1 次，全年刈割 5 次时苜蓿饲草产量高和品质较优。

第三节　东北寒冷地区刈割调控苜蓿质量技术

一、黑龙江哈尔滨地区刈割调控苜蓿质量技术

1. 试验地概况

试验地在黑龙江省农业科学院科技示范园区，位于黑龙江省哈尔滨市道外区民主乡，该地年平均

气温 3.1 ℃，年有效积温（≥10 ℃）2 546.2 ℃，无霜期 150 d，地势平坦，土壤为黑土，土壤养分状况如下：速效氮 113.6 mg/kg、速效磷 84.3 mg/kg、速效钾 215 mg/kg、有机质 41.38 mg/kg、pH 值 7.15。

2. 试验材料与设计

苜蓿品种为农菁 8 号。试验采用四因素三水平正交试验设计（表 7.8）。设定每年刈割 3 次，每次刈割设定 3 个时期，留茬高度设定 3 个水平，设定因素代码 A 代表第 1 次刈割、B 代表第 2 次刈割、C 代表第 3 次刈割、D 代表刈割高度，1 代表现蕾初期、2 代表现蕾末期、3 代表中花期。留茬高度分别为 5 cm、8 cm 和 12 cm。试验采用随机区组排列，每个处理重复 2 次，小区面积 15 m²（3 m × 5 m），小区间隔 0.5 m。于 2014 年 4 月下旬播种，试验地四周设置保护行。

表 7.8　四因素三水平正交试验设计表

水平	因素			
	A 第 1 次刈割时期	B 第 2 次刈割时期	C 第 3 次刈割时期	D 留茬高度（cm）
1	现蕾初期	现蕾初期	现蕾初期	5
2	现蕾末期	现蕾末期	现蕾末期	8
3	中花期	中花期	中花期	12

3. 不同刈割期对 2015 年干草产量的影响

由表 7.9 可知，综合分析极差值，最终的优化组合为 A2B2C2D1，即第 1 次刈割最佳时期是现蕾末期，第 2 次刈割最佳时期是现蕾末期，第 3 次刈割最佳时期是现蕾末期，留茬高度 5 cm。

表 7.9　2015 年干草产量正交试验计算代码

试验	正交试验计算代码				均产（kg/hm²）
	A	B	C	D	
1	1	1	1	1	12 507.0
2	1	2	2	2	14 377.5
3	1	3	3	3	12 940.5
4	2	1	2	3	13 897.5
5	2	2	3	1	16 905.0
6	2	3	1	2	16 237.5
7	3	1	3	2	12 876.0
8	3	2	1	3	14 824.5
9	3	3	2	1	16 237.5
K1	39 823.5	39 279.0	43 569.0	45 649.5	
K2	47 040.0	46 107.0	44 512.5	43 491.0	
K3	43 938.0	45 415.5	42 721.5	41 661.0	
k1	13 274.4	13 093.2	14 522.8	15 216.5	
k2	12 543.6	15 368.8	14 837.4	14 497.2	
k3	14 646.2	15 138.7	14 240.4	13 887.0	
极差	91.45	136.36	39.80	88.64	
主次顺序		B>A>D>C			
优水平	A2	B2	C2	D1	
优组合		A2B2C2D1			

4. 不同刈割期对 2016 年干草产量的影响

由表 7.10 可知，综合分析极差值，最终的优化组合为 A2B2C2D2，即第 1 次刈割最佳时期是现蕾末期，第 2 次刈割最佳时期是现蕾末期，第 3 次刈割最佳时间是现蕾末期，留茬高度 8 cm。

表 7.10 2016 年干草产量正交试验计算代码

试验	正交试验计算代码				均产（kg/hm²）
	A	B	C	D	
1	1	1	1	1	14 982.0
2	1	2	2	2	17 605.5
3	1	3	3	3	16 260.0
4	2	1	2	3	17 212.5
5	2	2	3	1	16 900.5
6	2	3	1	2	16 467.0
7	3	1	3	2	15 585.0
8	3	2	1	3	15 907.5
9	3	3	2	1	16 111.5
K1	48 847.5	47 779.5	47 356.5	47 994.0	
K2	50 580.0	50 413.5	50 929.5	49 657.5	
K3	47 604.0	48 838.5	48 745.5	49 380.0	
k1	16 282.5	15 926.5	15 785.5	15 998.0	
k2	16 860.0	16 804.5	16 976.5	16 552.5	
k3	15 868.0	16 279.5	16 248.5	16 460.0	
极差	992.0	878.0	1 191.0	554.5	
主次顺序		C＞A＞B＞D			
优水平	A2	B2	C2	D2	
优组合		A2B2C2D2			

5. 不同刈割期对 2017 年干草产量的影响

由表 7.11 可知，综合分析极差值，最终的优化组合为 A2B3C2D1，即第 1 次刈割最佳时期是现蕾末期，第 2 次刈割最佳时期是中花期，第 3 次刈割最佳时间是现蕾末期，留茬高度 5 cm。

表 7.11 2017 年干草产量正交试验计算代码

试验	正交试验代码				均产（kg/hm²）
	A	B	C	D	
1	1	1	1	1	14 856.0
2	1	2	2	2	17 748.0
3	1	3	3	3	17 760.0
4	2	1	2	3	17 362.5
5	2	2	3	1	18 175.5
6	2	3	1	2	16 305.0

（续表）

试验	正交试验代码				均产（kg/hm²）
	A	B	C	D	
7	3	1	3	2	16 035.0
8	3	2	1	3	14 407.5
9	3	3	2	1	17 634.0
K1	50 364.0	48 253.5	45 568.5	50 665.5	
K2	51 843.0	50 331.0	52 744.5	50 088.0	
K3	48 076.5	51 699.0	51 970.5	49 530.0	
k1	16 788.0	16 084.5	15 189.5	16 888.5	
k2	17 281.0	16 777.0	17 581.5	16 696.0	
k3	16 025.5	17 233.0	17 323.5	16 510.0	
极差	1 255.5	1 148.5	2 392.0	378.5	
主次顺序		C＞A＞B＞D			
优水平	A2	B3	C2	D1	
优组合		A2B3C2D1			

6. 不同刈割期对 3 年平均干草产量的影响

由表 7.12 可知，综合分析极差值，3 年平均干草产量优化组合为 A2B2C2D1，即第 1 次、第 2 次、第 3 次刈割最佳时间都是现蕾末期，留茬高度 5 cm。

表 7.12 3 年平均干草产量正交试验计算代码

试验	正交试验代码				均产（kg/hm²）
	A	B	C	D	
1	1	1	1	1	14 114.5
2	1	2	2	2	16 576.5
3	1	3	3	3	15 653.0
4	2	1	2	3	16 157.0
5	2	2	3	1	17 327.0
6	2	3	1	2	16 336.5
7	3	1	3	2	14 832.0
8	3	2	1	3	15 046.0
9	3	3	2	1	16 661.0
K1	46 344.0	45 103.5	45 497.0	48 102.5	
K2	49 820.5	48 949.5	49 394.5	47 745.0	
K3	46 539.0	48 650.5	47 812.0	46 856.0	
k1	15 448.0	15 034.5	15 165.7	16 034.2	

（续表）

试验	正交试验代码				均产（kg/hm²）
	A	B	C	D	
k2	16 606.8	16 316.5	16 464.8	15 915.0	
k3	15 513.0	16 216.8	15 937.3	15 618.7	
极差	1 158.8	1 282.0	1 299.2	415.5	
主次顺序	C＞B＞A＞D				
优水平	A2	B2	C2	D1	
优组合	A2B2C2D1				

7. 不同刈割期对粗蛋白质含量的影响

由表 7.13 可知，2015—2017 年，实验 1 的苜蓿 3 茬平均粗蛋白质含量最高，分别为 24.3%、22.0%、21.4%。

表 7.13　不同刈割期对苜蓿粗蛋白质含量的影响

处理	2015 年粗蛋白质（%）				2016 年粗蛋白质（%）				2017 年粗蛋白质（%）			
	第1茬	第2茬	第3茬	3茬平均	第1茬	第2茬	第3茬	3茬平均	第1茬	第2茬	第3茬	3茬平均
实验1	23.6	24.5	24.8	24.3	22.6	23.2	20.2	22.0	23.4	20.3	20.5	21.4
实验2	21.2	20.0	20.3	20.5	19.5	18.0	18.0	18.5	21.3	18.8	18.7	19.6
实验3	18.5	16.5	15.8	16.9	18.2	16.3	16.5	17.0	19.2	16.5	17.7	17.8
实验4	18.8	23.1	18.8	20.2	18.1	18.6	18.0	18.2	18.2	18.6	18.1	18.3
实验5	18.7	20.1	17.6	18.8	18.1	18.5	16.8	17.8	18.0	17.8	16.1	17.3
实验6	18.2	16.2	22.4	18.9	18.0	16.1	18.85	17.7	18.3	17.6	20.0	18.6
实验7	16.1	22.0	16.3	18.1	16.9	22.1	16.5	18.5	16.5	20.0	16.1	17.5
实验8	16.2	18.7	21.8	18.9	16.1	20.3	18.4	18.3	16.2	18.2	19.6	18.0
实验9	16.1	16.2	18.4	16.9	15.8	15.7	18.0	16.5	16.5	16.5	18.2	17.0

8. 结论

在黑龙江哈尔滨地区，农菁 8 号苜蓿最佳刈割时间是现蕾末期，留茬高度 5 cm。

第四节　内蒙古高原刈割调控苜蓿质量技术

一、内蒙古呼和浩特地区刈割调控苜蓿质量技术

1. 试验地概况

试验地在内蒙古呼和浩特市土默特左旗，地理坐标为北纬 40°36′、东经 111°45′，属于半干旱大陆性气候，海拔 1 065 m，年均气温 5.6 ℃，7 月最高气温 37.3 ℃，1 月最低气温 -32.8 ℃，年有效积温（≥10 ℃）2 700 ℃以上，年平均降水量 368 mm 左右，无霜期 130 d 左右，初霜日一般出现在 9

月 15 日左右，终霜日出现在翌年 5 月 12 日左右，土壤为砂壤土。试验地土壤养分状况见表 7.14。

表 7.14　试验地土壤养分状况

土层深度（cm）	全氮（g/kg）	全磷（g/kg）	全钾（g/kg）	有机质（g/kg）	碱解氮（mg/kg）	速效磷（mg/kg）	速效钾（mg/kg）	pH 值
0～30	0.71	0.55	16.0	11.1	20.7	2.8	154	8.4
30～60	0.60	0.44	15.3	12.6	21.3	2.2	90	8.5

2. 试验材料与设计

苜蓿品种为草原 3 号。于 2017 年 5 月 10 日播种，试验设置 A、B 种刈割处理，A 处理为刈割 1 次（刈割时间为 8 月 10 日），B 处理为刈割 2 次（刈割时间为 8 月 1 日和 9 月 10 日），每个处理 3 次重复，共 6 个小区，小区面积 20 m²（4 m×5 m），每个小区播种量统一为 30 g。全年生育期浇水 2 次，播种前施肥 1 次，苗期除草 1 次。

3. 不同刈割次数对苜蓿茎叶比、鲜干比及越冬率的影响

由表 7.15 可知，苜蓿茎叶比随着刈割次数的增加而降低，刈割 2 次处理的茎叶比平均值为 0.85，显著低于刈割 1 次处理（$P<0.05$）。苜蓿鲜干比随着刈割次数的增加而增加，刈割 2 次处理的鲜干比平均值为 3.76，显著高于刈割 1 次处理（$P<0.05$）。刈割 1 次处理的越冬率最高，为 95%，显著高于刈割 2 次处理（$P<0.05$），刈割 2 次处理的越冬率仅为 41%。

表 7.15　不同刈割次数对苜蓿茎叶比、鲜干比及越冬率的影响

处理	茬次	茎叶比	鲜干比	越冬率（%）
刈割 1 次	第 1 茬	0.98 a	3.57 a	95 a
刈割 2 次	第 1 茬	0.89	3.70	
	第 2 茬	0.81	3.81	41 b
	平均	0.85 b	3.76 b	

注：同列不同小写字母表示差异显著（$P<0.05$）。

4. 不同刈割次数对苜蓿干草产量的影响

由图 7.1 可知，不同刈割次数对苜蓿干草产量影响显著（$P<0.05$）。干草产量随刈割次数的增加而增加。刈割 2 次处理的干草总产量为 5 211 kg/hm²，显著高于刈割 1 次处理的干草总产量（$P<0.05$）。

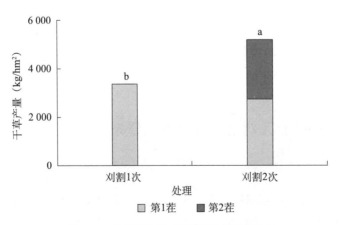

图 7.1　不同刈割次数对苜蓿干草产量的影响

注：不同小写字母表示差异显著（$P<0.05$）。

5. 不同刈割次数对苜蓿营养品质的影响

由表 7.16 可知，不同刈割次数对苜蓿粗蛋白质、酸性洗涤纤维、中性洗涤纤维含量和相对饲用价值影响显著（$P < 0.05$）。刈割 2 次处理的苜蓿平均粗蛋白质含量为 20.5%，显著高于刈割 1 次处理的（$P < 0.05$）。苜蓿酸性洗涤纤维含量和中性洗涤纤维含量随着刈割次数的增加而降低，刈割 2 次处理酸性洗涤纤维含量和中性洗涤纤维含量的平均值分别为 35.9%、40.6%，均显著低于刈割 1 次处理的（$P < 0.05$）。苜蓿相对饲用价值随着刈割次数的增加而增加，刈割 2 次处理的苜蓿相对饲用价值最高，为 140，显著高于刈割 1 次处理的（$P < 0.05$）。

表 7.16 不同刈割次数对苜蓿营养品质的影响

处理	茬次	粗蛋白质（%）	酸性洗涤纤维（%）	中性洗涤纤维（%）	相对饲用价值
刈割 1 次	第 1 茬	18.5 b	37.6 a	46.8 a	119 b
	第 1 茬	19.6	36.3	41.3	129
刈割 2 次	第 2 茬	21.4	35.5	39.9	151
	平均	20.5 a	35.9 b	40.6 b	140 a

注：同列不同小写字母表示差异显著（$P < 0.05$）。

6. 结论

在内蒙古呼和浩特地区，草原 3 号杂花苜蓿种植当年宜刈割 1 次。

二、内蒙古科尔沁地区刈割调控苜蓿质量技术

1. 试验地概况

试验地在国家牧草产业技术体系阿鲁科尔沁旗试验示范基地（北纬 43°37′、东经 120°22′），位于内蒙古自治区赤峰市阿鲁科尔沁旗绍根镇，属中温带半干旱大陆性季风气候区，年日照时数 2 767～3 034 h，年积温为 2 900～3 400 ℃，年平均气温为 5.5 ℃，极端最高气温 40.6 ℃，极端最低气温 -32.7 ℃，无霜期 125～135 d，年平均降水量 300～400 mm。土壤为沙土，土壤养分状况如下：有机质 10.0 g/kg、碱解氮 47 mg/kg、速效磷 14.4 mg/kg、速效钾 97 mg/kg。阿鲁科尔沁旗试验地 1—4 月（2016—2018 年）气象数据见表 7.17。气象资料由内蒙古赤峰市阿鲁科尔沁旗气象局和国家牧草产业技术体系试验示范基地提供。

表 7.17 2016—2018 年气象数据

项目	2016 年				2017 年				2018 年			
	1 月	2 月	3 月	4 月	1 月	2 月	3 月	4 月	1 月	2 月	3 月	4 月
月平均气温（℃）	-14.0	-7.6	2.5	9.5	-9.8	-5.1	1.3	11.3	-12.7	-11.4	0.8	10.5
日最低气温（℃）	-17.6	-12.1	-3.5	3.4	-22.3	-17.7	-14.0	4.6	-28.3	-25.4	-21.8	-8.5
日最高气温（℃）	—	—	—	—	5.90	13.2	17.1	30.0	1.9	4.7	28.3	33.7
月总降水量（mm）	—	—	—	—	0	0	0	0.3	0	0.4	0.1	1.9

2. 试验材料与设计

苜蓿品种为不同秋眠级的 6 个紫花苜蓿品种（表 7.18）。试验于 2015 年 6 月 26 日播种，人工条播，行距 20 cm，播种量 22.5 kg/hm²，小区面积 44 m²（5.5 m×8 m），3 次重复。建植当年未进行刈

割，2016 年每个首蓿品种刈割 3 次。2017 年，对不同秋眠级首蓿品种分别进行刈割 2 次（6 月 15 日、7 月 25 日）、3 次（6 月 4 日、7 月 12 日、8 月 21 日）、4 次（6 月 1 日、7 月 5 日、8 月 11 日、9 月 12 日）试验。试验期间根据土壤含水量及时进行灌溉，在越冬前和返青期分别灌溉越冬水和返青水。播种时施基肥磷酸二胺 150 kg/ hm²。2015 年 7 月下旬人工除杂草 1 次。2017 年和 2018 年 6 月中旬、8 月上旬人工除杂草各 1 次。

表 7.18　紫花首蓿品种及来源

品种名称	秋眠类型	秋眠级	来源
敖汉首蓿	极秋眠型	1.0	赤峰市农牧科学研究院
拉迪诺	半秋眠型	4.1	郑州华丰草业科技有限公司
5010	半秋眠型	5.0	郑州华丰草业科技有限公司
北极熊	秋眠型	2.0	北京百斯特草业有限公司
前景	半秋眠型	5.0	北京百斯特草业有限公司
雪豹	秋眠型	3.0	北京佰青源畜牧业科技发展有限公司

3. 不同刈割次数对首蓿越冬率的影响

由表 7.19 可知，2015 年未刈割条件下，2016 年越冬率最高的品种是北极熊，达到 100%，与敖汉、5010 和拉迪诺间无显著性差异（$P>0.05$）。2016 刈割 3 次条件下，2017 年敖汉的越冬率最高，为 98.3%。2017 年刈割 2 次、3 次、4 次条件下，2018 年越冬率随刈割次数的增加均表现出逐渐降低的趋势，所有品种均以年刈割 2 次的越冬率最高，达 78% 以上，越冬率最高的品种为雪豹，达91.3%，品种间差异不显著（$P>0.05$）。

表 7.19　不同刈割次数对首蓿越冬率的影响　　　　单位：%

年份	刈割次数	敖汉	拉迪诺	5010	北极熊	前景	雪豹
2016 年	2015 年未刈割	99.3 ab	98.3 ab	99.3 ab	100.0 a	91.3 c	95.0 c
2017 年	2016 年刈割 3 次	98.3 a	90.0 ab	86.3 b	88.7 ab	84.3 b	91.0 ab
2018 年	2017 年刈割 2 次	87.7 a	87.7 a	91.0 a	87.0 a	78.3 a	91.3 a
	2017 年刈割 3 次	68.0 a	68.0 a	60.3 a	65.3 a	24.0 b	49.0 b
	2017 年刈割 4 次	—	30.0 b	20.7 b	—	10.3 b	35.0 b

注：同列不同小写字母表示差异显著（$P<0.05$）。

4. 不同刈割次数对首蓿干草产量的影响

由表 7.20 可知，敖汉、北极熊、雪豹均以年刈割 3 次的首蓿干草产量最高，其中北极熊年刈割 3 次总产量显著高于年刈割 2 次和 4 次（$P<0.05$），拉迪诺、5010 和前景以年刈割 4 次首蓿干草产量最高，不同刈割次数之间产量差异不显著（$P>0.05$）。

表 7.20　不同刈割次数对首蓿干草产量的影响　　　　单位：kg/hm²

刈割次数	敖汉	拉迪诺	5010	北极熊	前景	雪豹
2 次	8 456.39 a	8 276.30 a	10 472.23 a	7 418.83 b	8 584.03 a	9 219.36 a
3 次	10 814.13 a	10 970.59 a	10 028.21 a	11 538.82 a	10 005.66 a	9 946.09 a
4 次	8 317.77 a	10 974.17 a	10 426.03 a	7 758.70 b	10 113.30 a	9 600.00 a

注：同列不同小写字母表示差异显著（$P<0.05$）。

5. 不同刈割次数对苜蓿粗蛋白质含量的影响

由表 7.21 可知，不同刈割次数对苜蓿粗蛋白质含量影响显著（$P<0.05$）。第 1 茬苜蓿粗蛋白质含量，敖汉以刈割 4 次最高，5010 以刈割 2 次最高，拉迪诺、北极熊、前景和雪豹均以刈割 3 次最高；第 2 茬苜蓿粗蛋白质含量，敖汉、拉迪诺、前景和雪豹以刈割 4 次最高，5010 和北极熊以刈割 3 次最高；第 3 茬苜蓿粗蛋白质含量，除敖汉外，其他苜蓿品种都是刈割 4 次的最高；第 4 茬苜蓿粗蛋白质含量，拉迪诺、5010、雪豹、前景的第 4 茬粗蛋白质含量均高于 25%。受秋眠性影响，敖汉和北极熊没能刈割第 4 茬。

表 7.21　不同刈割次数对苜蓿粗蛋白质含量的影响　　　　　　单位：%

不同茬次	刈割次数	敖汉	拉迪诺	5010	北极熊	前景	雪豹
第 1 茬	2 次	18.26 c	19.33 b	19.87 a	17.93 b	17.83 b	14.23 c
	3 次	18.63 b	20.22 a	18.71 b	20.61 a	18.75 a	18.40 a
	4 次	19.96 a	18.47 c	16.49 c	17.07 c	16.91 c	17.74 b
第 2 茬	2 次	18.67 c	19.21 c	18.44 c	20.18 b	19.48 c	19.41 c
	3 次	22.45 b	20.39 b	21.7 a	21.66 a	20.97 b	21.52 b
	4 次	23.67 a	22.74 a	20.87 b	21.52 a	21.62 a	23.21 a
第 3 茬	3 次	28.56 a	20.15 b	20.23 b	22.10 b	21.81 b	21.62 b
	4 次	24.10 b	22.52 a	23.12 a	22.80 a	22.08 a	22.37 a
第 4 茬	4 次	—	25.94	26.45	—	26.08	27.39

注：同列不同小写字母表示差异显著（$P<0.05$）。

6. 不同刈割次数对苜蓿相对饲用价值的影响

从表 7.22 可以看出，不同刈割次数对苜蓿相对饲用价值影响显著（$P<0.05$）。第 1 茬苜蓿相对饲用价值，5010 以刈割 2 次最高，其余 5 个品种均以刈割 3 次最高；第 2 茬苜蓿相对饲用价值，敖汉、5010 和雪豹以刈割 3 次最高，北极熊和前景以刈割 2 次最高，拉迪诺以刈割 4 次最高；第 3 茬苜蓿相对饲用价值，敖汉、北极熊、前景和雪豹以刈割 3 次最高，其余 2 个品种以刈割 4 次最高；第 4 茬苜蓿相对饲用价值，拉迪诺、5010、雪豹、前景的相对饲用价值均达到 180 以上。受秋眠性影响，敖汉和北极熊没能刈割第 4 茬。

表 7.22　不同刈割次数对苜蓿相对饲用价值的影响

不同茬次	刈割次数	敖汉	拉迪诺	5010	北极熊	前景	雪豹
第 1 茬	2 次	161 b	185 b	201 a	160 a	165 b	133 c
	3 次	188 a	212 a	190 a	169 a	185 a	197 a
	4 次	159 b	156 c	145 b	152 a	146 c	152 b
第 2 茬	2 次	124 b	131 a	139 ab	152 a	147 a	134 c
	3 次	166 a	141 a	148 a	148 a	145 a	157 a
	4 次	159 a	147 a	127 c	120 b	131 a	146 ab
第 3 茬	3 次	181 a	116 b	121 b	127 a	136 a	132 a
	4 次	145 b	132 a	171 a	109 b	124 b	122 b
第 4 茬	4 次	—	182	194	—	183	198

注：同列不同小写字母表示差异显著（$P<0.05$）。

7. 结论

在内蒙古科尔沁地区，苜蓿品种优先选择国内抗寒品种，年刈割 2～3 次为宜。

参考文献

包乌云，赵萌莉，安海波，等，2015. 刈割对不同苜蓿品种生长和产量的影响 [J]. 西北农林科技大学学报（自然科学版），43(2)：65-71.

蔡国军，张仁陟，柴春山，2012. 半干旱黄土丘陵区施肥对退耕地紫花苜蓿生物量的影响 [J]. 草业学报，21(5)：204-212.

柴绍芳，王志龙，郭宪，2020. 酒泉地区 9 个苜蓿品种适应性比较试验 [J]. 中国草食动物科学，40(1)：61-63.

陈萍，昝林森，陈林，2011. 不同灌溉量对紫花苜蓿生长和品质的影响 [J]. 家畜生态学报，32(5)：43-47.

陈卫东，张玉霞，夏全超，等，2022. 冷冻胁迫下磷肥对紫花苜蓿根颈含水量及氨基酸代谢的影响 [J]. 中国草地学报，44(1)：58-63.

陈文新，汪恩涛，陈文峰，2004. 根瘤菌－豆科植物共生多样性与地理环境的关系 [J]. 中国农业科学，37(1)：81-86.

陈香来，潘佳，陈利军，等，2019. 施肥对黄土高原紫花苜蓿产量及品质的影响 [J]. 草业科学，36(12)：3145-3154.

陈小芳，徐化凌，毕云霞，等，2021. 黄河三角洲地区引种紫花苜蓿的灰色关联度分析与综合评价 [J]. 种子，40(1)：112-118.

陈燕，王之盛，张晓明，等，2015. 常用粗饲料营养成分和饲用价值分析 [J]. 草业学报，24(5)：117-125.

丁洋，石凤翎，刘昊，2016. 在土默特平原地区配方施肥对苜蓿牧草产量的影响 [J]. 草原与草业，28(3)：42-50.

董国峰，成自勇，张自和，等，2006. 调亏灌溉对苜蓿水分利用效率和品质的影响 [J]. 农业工程学报，22(5)：201-203.

范富，徐寿军，张庆国，等，2011. 氮、磷、钾肥配施对紫花苜蓿产量及营养物质含量的影响 [J]. 中国土壤与肥料，2：51-56.

范锴，闫志坚，王育青，等，2021. 鄂尔多斯地区 16 个紫花苜蓿品种生产性能研究 [J]. 中国草地学报，43(6)：61-68.

冯萌，于成，林丽果，等，2016. 灌溉和施氮对河西走廊紫花苜蓿生物量分配与水分利用效率的影响 [J]. 中国生态农业学报，24(12)：1623-1632.

伏兵哲，高雪芹，高永发，等，2015. 21 个苜蓿品种主要农艺性状关联分析与综合评价 [J]. 草业学报，24(11)：174-182.

高丽敏，陈春，沈益新，2022. 氮磷肥对季节性栽培紫花苜蓿生长及再生的影响 [J]. 草业学报，31(4)：43-52.

耿华珠，1995. 中国苜蓿 [M]. 北京：中国农业出版社.

耿慧，徐安凯，栾博宇，等，2012. 不同灌水量对当年播种紫花苜蓿生长的影响 [J]. 山东农业科学，

44(9)：51-53.

韩博，张攀，王卫栋，等，2012. 关中地区紫花苜蓿生产性能和利用年限的研究 [J]. 西北农林科技大学学报（自然科学版），40(2)：51-56.

韩德梁，曾会明，梁小红，等，2008. 三种供水处理对紫花苜蓿播种当年生长及品质的影响 [J]. 中国草地学报，30(5)：59-64.

韩可，孙彦，张昆，等，2018. 接种不同根瘤菌对紫花苜蓿生产力的影响 [J]. 草地学报，26(3)：639-644.

韩瑞宏，蒋超，董朝霞，等，2017. 47 份苜蓿种质材料抗旱性综合评价 [J]. 中国草地学报，39(4)：27-35.

韩思训，王森，高志岭，等，2014. 不同施肥条件下苜蓿产量、氮素累积量及肥料氮素利用率研究 [J]. 华北农学报，29(6)：220-225.

韩志顺，郑敏娜，梁秀芝，2016. 接种不同根瘤菌对紫花苜蓿固氮效能及生物量的影响 [J]. 华北农学报，31(4)：214-219.

何飞，赵忠祥，康俊梅，等，2019. 氮磷钾配比施肥对紫花苜蓿草产量及品质的影响 [J]. 中国草地学报，41(5)：24-32.

何国兴，宋建超，温雅洁，等，2020. 不同根瘤菌肥对紫花苜蓿生产力及土壤肥力的综合影响 [J]. 草业学报，29(5)：109-120.

洪绂曾，2009. 苜蓿科学 [M]. 北京：中国农业出版社.

霍海丽，王琦，张恩和，等，2014. 灌溉和施磷对紫花苜蓿干草产量及营养成分的影响 [J]. 水土保持研究，21(1)：117-121，126.

姜慧新，刘栋，翟桂玉，等，2012. 氮、磷、钾配合施肥对紫花苜蓿产草量的影响 [J]. 草业科学，29(9)：1441-1445.

金文斌，张凡兵，2014. 紫花苜蓿生长特性及品质对不同刈割强度的响应 [J]. 北方园艺，21：72-77.

康桂兰，2014. 不同钾肥对紫花苜蓿产量和品质的影响 [J]. 天津农业科学，20(7)：81-82.

康俊梅，张丽娟，郭文山，等，2008. 中苜 1 号紫花苜蓿高效共生根瘤菌的筛选 [J]. 草地学报，16(5)：497-500.

李富宽，翟桂玉，沈益新，等，2005. 施磷和接种根瘤菌对黄河三角洲紫花苜蓿生长及品质的影响 [J]. 草业学报，(3)：87-93.

李荣霞，2007. 不同施肥水平对紫花苜蓿产量、营养吸收及土壤肥力的影响 [D]. 乌鲁木齐：新疆农业大学.

李思言，2017. 影响南方种植紫苜蓿根瘤发育的土壤肥料因素的实验研究 [D]. 长沙：湖南农业大学.

李天琦，赵力兴，林志玲，等，2020. 灌溉量对科尔沁沙地紫花苜蓿产量和水分利用效率的影响 [J]. 中国草地学报，42(2)：117-123.

李向林，何峰，2017. 苜蓿营养与施肥 [M]. 2 版. 北京：中国农业出版社.

李星月，2016. 土默特地区测土配方施肥对苜蓿产量及品质影响的研究 [D]. 呼和浩特：内蒙古农业大学.

李星月，米福贵，孟凯，等，2017. 施肥对土默特地区中苜 2 号干草产量的影响 [J]. 中国草地学报，39(2)：26-32.

李迎，王晓龙，王雪婷，等，2022. 内蒙古中部地区不同苜蓿品种生产性能评价 [J]. 中国草地学报，

44(9)：39-46.

李玉珠，吴芳，师尚礼，等，2019. 河西走廊 13 个引进紫花苜蓿品种生产性能和营养价值评价 [J]. 干旱地区农业研究，37(5)：119-129.

梁维维，张荟荟，张学洲，等，2023. 新疆北疆地区 32 个紫花苜蓿品种的生产性能研究 [J]. 中国草地学报，45(3)：68-77.

刘爱红，孙洪仁，孙雅源，等 . 2011. 灌溉量对紫花苜蓿水分利用效率和耗水系数的影响 [J]. 草业与畜牧，7：1-5.

刘东霞，刘贵河，杨志敏，2015. 种植及收获因子对紫花苜蓿干草产量和茎叶比的影响 [J]. 草业学报，24(3)：48-57.

刘杰淋，唐凤兰，朱瑞芬，等，2017. 不同时期刈割对苜蓿生长发育动态的影响 [J]. 黑龙江农业科学，3：108-110.

刘杰淋，王建丽，申忠宝，等，2021. 18 个引进紫花苜蓿品种生产性能比较研究 [J]. 饲料研究，1：91-95.

刘晓静，刘艳楠，蒯佳林，等，2013. 供氮水平对不同紫花苜蓿产量及品质的影响 [J]. 草地学报，21(4)：702-707.

刘晓静，张进霞，李文卿，等，2014. 施肥及刈割对干旱地区紫花苜蓿产量和品质的影响 [J]. 中国沙漠，34(6)：1516-1526.

刘旭艳，石凤翔，刘昊，等，2016. 接种根瘤菌对苜蓿生长及土壤养分的影响 [J]. 中国草地学报，38(6)：45-52.

刘艳楠，刘晓静，张晓磊，等，2013. 施肥与刈割对不同紫花苜蓿品种生产性能的影响 [J]. 草原与草坪，33(03)：69-73.

吕会刚，康俊梅，龙瑞才，等，2019. 播种量和行距配置对盐碱地紫花苜蓿草产量及品质的影响 [J]. 草业学报，28(3)：164-174.

马彦麟，齐广平，汪精海，等，2018. 西北荒漠灌区紫花苜蓿产量和营养品质对水肥调控的响应 [J]. 甘肃农业大学学报，53(6)：171-179.

麦麦提敏·乃依木，王玉祥，张博，2018. 施肥对新牧 4 号紫花苜蓿产量和品质的影响 [J]. 草食家畜，5：43-47.

孟捷，马红，李会军，等，2021. 2 种根瘤菌对新牧 1 号苜蓿光合特征和生长的影响 [J]. 新疆农业大学学报，2021(4)：241-247.

孟凯，闫士元，米福贵，2018. 刈割次数对种植当年草原 3 号杂花苜蓿生长特性、产量及品质的影响 [J]. 畜牧与饲料科学，39(11)：44-48.

农业农村部畜牧兽医局，全国畜牧总站，2022. 中国审定登记草品种集（1987—2020）[M]. 北京：中国农业出版社 .

南丽丽，师尚礼，郭全恩，等，2019. 甘肃荒漠灌区播量和行距对紫花苜蓿营养价值的影响 [J]. 草业学报，28(1)：108-119.

宁国赞，李元芳，刘惠琴，等，1992. 紫花苜蓿接种根瘤菌的效果 [J]. 草业科学，1：50-51.

钱亚斯，石凤翎，闫伟，等，2020. 不同根瘤菌接种对草原 3 号杂花苜蓿幼苗生长的影响 [J]. 草原与草业，32(1)：29-35.

山仑，张岁岐，李文娆，2008. 论苜蓿的生产力与抗旱性 [J]. 中国农业科技导报，10(1)：12-17.

师尚礼，曹致中，赵桂琴，2007. 苜蓿根瘤菌有效性及其影响因子分析 [J]. 草地学报，15(3)：221-226.

石茂玲，邓波，刘蒙，等，2014. 吉林省"公农 1 号"紫花苜蓿高效根瘤菌株的筛选 [J]. 草原与草坪，34(6)：24-28.

宋婷婷，田璞，勇月圆，等，2016. 根瘤共生对紫花苜蓿耐盐碱性及有机酸含量变化的影响 [J]. 分子植物育种，14(4)：1009-1015.

孙德智，李凤山，杨恒山，等，2005. 刈割次数对紫花苜蓿翌年生长及草产量的影响 [J]. 中国草地，27(5)：33-37.

孙浩，张玉霞，梁庆伟，等，2020. 施肥对科尔沁沙地苜蓿产量与品质的影响 [J]. 草原与草坪，40(3)：30-41.

孙洪仁，刘国荣，张英俊，等，2005. 紫花苜蓿的需水量、耗水量、需水强度、耗水强度和水分利用效率研究 [J]. 草业科学，22(12)：24-29.

陶雪，苏德荣，寇丹，等，2015. 西北旱区不同灌溉方式对苜蓿光合特性和产草量的影响 [J]. 中国草地学报，37(4)：35-41.

万修福，徐洪雨，何峰，等，2017. 灌水频率对紫花苜蓿耗水规律及产量的影响 [J]. 中国农学通报，33(34)：153-158.

汪精海，齐广平，康燕霞，等，2017. 干旱半干旱地区紫花苜蓿营养品质对水分胁迫的响应 [J]. 草业科学，34(1)：112-118.

汪堃，郝明明，南丽丽，等，2020. 播量和行距对荒漠灌区紫花苜蓿生产性能的影响 [J]. 甘肃农业大学学报，55(1)：128-135.

王常慧，杨建强，董宽虎，等，2004. 不同刈割方式对苜蓿草粉营养价值的影响研究 [J]. 中国生态农业学报，12(3)：140-142.

王成章，韩锦峰，史莹华，等，2008. 不同秋眠级类型苜蓿品种的生产性能研究 [J]. 作物学报，34(1)：133-141.

王加亭，陈志宏，2022. 中国草业统计 2020[M]. 北京：中国农业出版社．

王坤龙，王千玉，宋彦军，等，2016. 留茬高度对紫花苜蓿根系生长及翌年返青的影响 [J]. 中国饲料，1：17-20.

王琦，张恩和，龙瑞军，等，2006. 不同灌溉方式对紫花苜蓿生长性能及水分利用效率的影响 [J]. 草业科学，23(9)：75-78.

王伟，2015. 刈割技术对紫花苜蓿根系及干草品质的影响 [D]. 呼和浩特：内蒙古农业大学．

王伟东，邓波，王显国，等，2017. 末次刈割时间对科尔沁沙地苜蓿越冬率及根系营养物质含量的影响 [J]. 草地学报，25(4)：810-813.

王卫卫，胡正海，关桂兰，等，2002. 甘肃、宁夏部分地区根瘤菌资源及其共生固氮特性 [J]. 自然资源学报，17(1)：48-54.

王雪，陈国栋，张金龙，等，2016. 枣园间作条件下不同灌水处理对紫花苜蓿产量及水分利用率影响 [J]. 新疆农业科学，53(12)：2187-2193.

王莹，段学义，张胜昌，等，2011. 紫花苜蓿播种密度对草产量及其他生物学性状的影响 [J]. 草业科学，28(7)：1400-1402.

王园园，张红香，金成吉，等，2020. 磷肥对紫花苜蓿生产力影响的研究概述 [J]. 中国农学通报，36(35)：72-77.

魏永鹏，南丽丽，于闯，等，2017. 种植密度和行距配置对紫花苜蓿群体产量及品质的影响 [J]. 草业科学，34(9)：1898-1905.

文雅，张静，冯萌，等，2018. 水氮互作对河西走廊紫花苜蓿品质的影响 [J]. 草业学报，27（10）：76-83.

武瑞鑫，赵海明，李源，等，2018. 海河平原区不同紫花苜蓿品种生产性能评价 [J]. 中国草地学报，40(6)：86-92.

肖玉，贾婷婷，李天银，等，2015. 交替沟灌对紫花苜蓿产量和品质的影响 [J]. 中国草地学报，37（6）：42-48.

谢勇，孙洪仁，张新全，等，2012. 坝上地区紫花苜蓿氮、磷、钾肥料效应与推荐施肥量 [J]. 中国草地学报，34(2)：52-57.

徐博，王英哲，王莹，等，2017. 公农 5 号紫花苜蓿与根瘤菌共生匹配组合的筛选 [J]. 黑龙江畜牧兽医，6：143-146.

杨恒山，刘江，王俊慧，等，2010. 不同生长年限紫花苜蓿钾吸收与积累规律的研究 [J]. 中国草地学报，32(2)：10-14.

杨恒山，孙德智，肖艳云，等，2007. 灌溉条件下紫花苜蓿留茬高度的再生效应 [J]. 干旱地区农业研究，25(4)：185-190.

杨青川，2003. 苜蓿生产与管理指南 [M]. 北京：中国林业出版社 .

杨秀芳，梁庆伟，娜日苏，等，2018. 24 个紫花苜蓿品种在阿鲁科尔沁旗的生产性能评价 [J]. 草地学报，26(4)：1038-1042.

杨秀芳，梁庆伟，娜日苏，等，2019. 年刈割次数对科尔沁沙地不同秋眠级紫花苜蓿品种产量、品质和越冬率的影响 [J]. 草地学报，27(3)：637-643.

游永亮，李源，武瑞鑫，等，2019. 灌溉时期和灌水量对海河平原区紫花苜蓿生产性能的影响 [J]. 草地学报，27(1)：227-234.

游永亮，赵海明，李源，等，2018. 刈割制度对海河平原区紫花苜蓿产量和品质的影响 [J]. 中国草地学报，40(6)：47-55.

于辉，刘荣，刘惠青，等，2010. 刈割次数对肇东苜蓿生产能力影响的综合评估 [J]. 草业科学，27(4)：144-148.

于辉，宋莉萍，刘惠青，等，2007. 不同刈割次数对紫花苜蓿越冬率影响的研究 [J]. 中国草食动物，4：51-52.

于铁峰，刘晓静，吴勇，等，2019. 西北干旱灌区紫花苜蓿高产施肥效应及推荐施肥量研究 [J]. 草业学报，28(8)：15-27.

俞艳，刘晓静，齐敏兴，等，2012. pH 和氮素形态对紫花苜蓿根瘤特性的影响 [J]. 草原与草坪，32(5)：7-11.

喻文虎，贾德荣，1995. 红豆草、紫花苜蓿根瘤菌接种研究 [J]. 草业科学，12(3)：22-25.

曾昭海，隋新华，胡跃高，2004. 紫花苜蓿－根瘤菌高效共生体筛选及田间作用效果 [J]. 草业学报，13(5)：95-100.

张帆，康俊梅，赵忠祥，等，2018. 行距和播种量对黄淮海平原紫花苜蓿产草量及品质的影响 [J]. 草业科学，35(12)：2960-2967.

张荟荟，张学洲，兰吉勇，等，2016. 播种量对紫花苜蓿生物学特性及产草量的影响 [J]. 草食家畜，3：

49-52.

张静，王倩，肖玉，等，2016. 交替灌溉对紫花苜蓿生物量分配与水分利用效率的影响 [J]. 草业学报，25(3)：164-171.

张昆，康俊梅，龙瑞才，等，2018. 盐胁迫条件下中苜 3 号紫花苜蓿高效共生根瘤菌筛选 [J]. 中国草地学报，40(1)：9-16.

张庆昕，朱爱民，张玉霞，等，2019. 接种不同根瘤菌对沙地苜蓿结瘤及生长状况的影响 [J]. 草原与草业，39(1)：7-15.

张世超，仲伟光，金艳，等，2017. 公农二号紫花苜蓿与根瘤菌优化共生匹配的筛选 [J]. 黑龙江畜牧兽医，8：1-5，11.

张铁军，龙瑞才，赵忠祥，等，2018. 河北地区紫花苜蓿品种的生产性能比较研究 [J]. 中国草地学报，40(3)：35-42.

张铁军，赵忠祥，龙瑞才，等，2019. 黄淮海地区紫花苜蓿氮磷钾肥料效应与推荐施肥量研究 [J]. 草地学报，27(1)：243-249.

张晓娜，宋书红，陈志飞，等，2016. 紫花苜蓿叶、茎产量及品质动态 [J]. 草业科学，33(4)：713-721.

张晓娜，宋书红，林艳艳，等，2016. 生育期和品种对紫花苜蓿产量及品质的影响 [J]. 草地学报，24(3)：676-681.

赵静，师尚礼，齐广平，等，2010. 灌溉量对苜蓿生产性能的影响 [J]. 草原与草坪，30(5)：84-87.

郑敏娜，梁秀芝，李荫藩，等，2017. 紫花苜蓿人工草地土壤肥力的灰色关联度分析 [J]. 中国草地学报，39(2)：111-116.

朱瑞芬，唐凤兰，刘杰淋，等，2013. 基于 GGE 双标图分析紫花苜蓿根瘤菌的抗盐性 [J]. 中国草地学报，34(6)：26-31.

朱铁霞，邓波，王显国，等，2017. 灌水量对科尔沁沙地苜蓿草产量、土壤含水量及二者相关性的影响 [J]. 中国草地学报，39(4)：35-40.

HOVELAND C S, BOUTON J H, NEWSOME J F, et al., 1987. Alfalfa establishment as affected by land preparation and seeding rate[J]. Research Report-Georgia Agricultural Experiment Stations, 42: 4.

KRUEGER C R, HANSEN L H, 1974. Establishment method, variety and seeding rate affect quality production of alfalfa under dryland and irrigation[J]. South Dakota Farm & Home Research, 25: 10-13.